高等学校电子信息类专业系列教材

# PIC新版8位增强型单片机原理及应用

Microchip大学计划部　编著

西安电子科技大学出版社

## 内容简介

本书基于 Microchip 新版增强型系列单片机 PIC16(L)F18877，对 PIC 系列 8 位单片机产品进行了详细的介绍。本书介绍了 PIC16(L)F18877 系列单片机的架构和特点、23 种外设的工作原理和使用方法、汇编语言和 C 语言的编程、新版集成开发环境 X IDE 的界面设置和操作步骤、MPLAB 代码配置器的使用方法以及低功耗设计的考虑因素和技巧，本书还提供了部分示例工程的完整软件代码，以帮助读者了解 PIC 系列 8 位单片机工程开发的实际操作(可登录出版社网站查看)。

本书可作为高等学校电子工程、自动化控制、微电子应用等相关专业的单片机课程教材或教学参考书。本书的内容除了包含单片机基础知识外，还涵盖了实际产品开发过程中需要了解和掌握的技巧，因此也可作为相关职业培训学校的学生以及在职嵌入式研发人员的进阶学习资料。

**图书在版编目(CIP)数据**

PIC 新版 8 位增强型单片机原理及应用/ Microchip 大学计划部编著. --西安：西安电子科技大学出版社，2023.8(2025.4 重印)
ISBN 978 - 7 - 5606 - 6959 - 5

Ⅰ. ①P⋯ Ⅱ. ①M⋯ Ⅲ. ①单片微型计算机—高等学校—教材 Ⅳ. ①TP368.1

中国国家版本馆 CIP 数据核字(2023)第 131164 号

策　　划 秦志峰
责任编辑 秦志峰
出版发行 西安电子科技大学出版社（西安市太白南路 2 号）
电　　话 (029)88202421 88201467 邮　　编 710071
网　　址 www.xduph.com 电子邮箱 xdupfxb001@163.com
经　　销 新华书店
印刷单位 陕西天意印务有限责任公司
版　　次 2023 年 8 月第 1 版 2025 年 4 月第 2 次印刷
开　　本 787 毫米×1092 毫米 1/16 印张 13
字　　数 304 千字
定　　价 37.00 元
ISBN 978 – 7 – 5606 –6959–5
**XDUP 7261001-2**

# 前　言

人们在日常工作和生活中越来越多地接触到了一个词——嵌入式，比如嵌入式产品、嵌入式系统、嵌入式软件/硬件工程师等。那么什么是嵌入式？嵌入式产品的核心是什么？顾名思义，嵌入式即物体之间的相互融合、浑然一体。基于嵌入式概念的嵌入式产品通常指的是以微处理器为基础，能够完成特定功能的电子设备。嵌入式产品的相关组件都放置在同一块 PCB 上，通过板上的金属走线相互连接，形成一个整体，其核心组件是微处理器。简单来说，微处理器就是集成了中央处理器、数据和程序存储器、各种功能外设和 I/O 接口的单个集成电路芯片，通常也称为单片机。单片机通过表面贴装技术焊接到电路板上后，就可以在内部固件的控制下完成预先设定的各项功能。单片机通过 I/O 接口从片外采集各种信号，然后利用片内的算术逻辑单元进行数学运算或者逻辑处理，最后根据运算处理结果将相关数据发送到片外，以完成数据交换或者外部控制。随着半导体技术的快速发展，微处理器的集成度越来越高，数据处理能力越来越强，而且功耗越来越低，因此基于微处理器的嵌入式产品越来越多地出现在我们的工业生产和日常生活当中。小到蓝牙耳机、微型摄像头，大到工业机器人、重型航天装备，嵌入式产品可以说无处不在。当今热门的 IoT(Internet of Things，物联网)，同样也是因为有了各种嵌入式技术以及相关产品的加持，才有了实现的可能。因此，对于电子专业的在校学生以及相关从业人员来说，了解嵌入式的概念，学习嵌入式的理论，掌握嵌入式开发技术是为了适应当代电子科技发展的基本要求。

Microchip 公司是全球知名的嵌入式产品研发和生产厂商之一，公司产品涵盖 8 位、16 位、32 位单片机，各种模拟产品以及嵌入式接口产品等。尤其在 8 位单片机领域，Microchip 公司常年稳居全球市场占有率第一的位置。自从 1989 年推出首款 PIC 系列的 8 位单片机后，经过数十年的发展，PIC 系列单片机在多功能、多样式、低功耗等方面取得了长足的进步。

以近年推出的一款新版 8 位增强型单片机 PIC16(L)F18877 为例，该产品所支持的外设多达 23 种，功耗降至 30 μA/MHz。本书基于这一款产品对 PIC 系列 8 位单片机进行全方面、系统性的介绍，以帮助读者了解 8 位单片机的前沿技术，提高嵌入式产品的软硬件开发能力。根据 Microchip 中国区合作高校反馈的情况来看，目前高校电子相关专业所使用的单片机教材普遍存在年代久远、知识老旧的问题，不少院校，包括部分 985、211 院校，仍在使用基于 Intel 8051 系列的单片机教材，这些教材和当今单片机产品的发展水平严重脱节，导致在校学生无法了解最新的单片机技术和发展方向，毕业生在走上工作岗位后仍然需要从头学起，无法快速达到用人单位的工作要求。为了帮助在校大学生摆脱学而无用的尴尬情况，Microchip 大学计划部组织编写了本书，以帮助高校学生做到真正的学以致用、学用相长。

本书在撰写和出版的过程中，得到了贝能国际、禾琪商贸、旗港电子、品佳集团(排名不分先后)的大力支持，在此表示衷心的感谢！

本书部分章节(第 2～6 章和第 9 章)提供有示例源码，读者可在出版社网站下载。

由于编者水平有限，书中难免有疏漏之处，欢迎广大读者批评指正。

Microchip 大学计划部

2023 年 4 月

# 目　录

# 第 1 章　Microchip 公司及其单片机产品

Microchip(微芯科技)公司，是全球领先的美资半导体公司，公司产品包括 8 位、16 位、32 位系列单片机，以及有线/无线设备、FPGA/PLD、模拟器件等各种半导体产品，其中 8 位单片机产品多年来稳居全球市场占有率第一的位置。本书以具有代表性的 Microchip 公司 PIC 系列 8 位单片机(Micro Control Unit，MCU)为例来对单片机的原理和应用进行深入介绍。

## 1.1　PIC 系列 8 位单片机总述

PIC 系列 8 位单片机是一款独具特色的产品，除了具有接口丰富、性能可靠、指令高效等特点外，还具有低功耗特性。PIC 系列 8 位单片机采用 XLP 技术，在休眠模式下，其芯片消耗电流最低可以达到 20 nA；在工作模式下，其电流可以降至 35 μA/MHz。众所周知，节能减耗是现代产品的发展方向，特别是对于采用电池供电的应用，芯片的低功耗特性尤为重要，Microchip 公司的 XLP 技术很好地满足了客户对于产品功耗的要求。

PIC 系列 8 位单片机按照性能配置的高低，分为基础型(PIC10 系列/PIC12 系列)、中档型(部分 PIC12 系列/PIC16 系列)和高端型(PIC18 系列)三个档次。用户可以根据自身的应用需求选择适合的产品。

单片机架构主要分为两种，一种是冯·诺伊曼架构(简称冯氏架构)，又称为普林斯顿架构，它最先由美籍数学家冯·诺伊曼于 1946 年提出，此架构为世界上第一台现代通用计算机的研制提供了理论指导。冯氏架构的特点是数据存储区和程序存储区共用一条总线，内核对数据区的访问和对程序区的访问是分时进行的，内核不能同时访问数据区和程序区。如图 1-1 所示为采用冯氏架构的 8 位单片机架构框图。

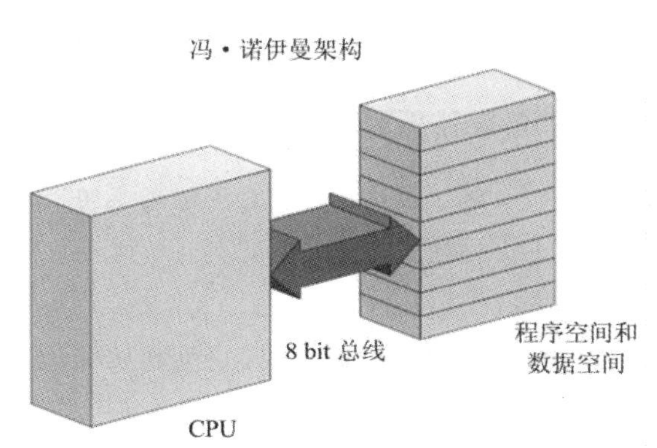


图 1-1　采用冯氏架构的 8 位单片机架构框图

另一种单片机架构是哈佛架构，这种架构采用不同的总线来访问程序空间和数据空间，即内核从程序空间读取指令的同时可以对数据空间的数据进行读/写。因此，与冯氏架构相比，哈佛架构能给系统带来更大的数据吞吐量。

PIC 系列 8 位单片机采用的是哈佛架构，其数据总线的宽度为 8 bit，但程序指令总线宽度并不固定。基础型 PIC 单片机的每条指令宽度为 12 bit；中档型 PIC 单片机的每条指令宽度为 14 bit；高端型 PIC 单片机的每条指令宽度为 16 bit。图 1-2 所示为 PIC16 系列中档型单片机的架构框图。

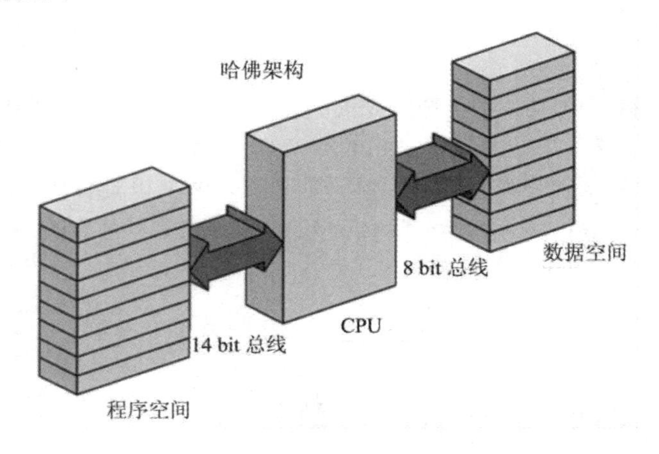


图 1-2　PIC16 系列中档型单片机架构框图

## 1.2　PIC16(L)F18877 系列单片机

PIC16(L)F18877 系列单片机是 Microchip 公司最新的 8 位增强型中档型单片机家族中的典型代表，它集成了众多的独立于内核的外设(Core Independent Peripheral，CIP)。为了降低芯片的整体功耗，PIC16(L)F18877 系列单片机采用了 XLP 低功耗技术，在休眠状态下的功耗可以降至 50 nA 以下，因此广泛应用于通用型设计以及低功耗设计中。本书将基于 PIC16(L)F18877 系列对 PIC 家族 8 位单片机产品进行介绍。

### 1.2.1　PIC16(L)F18877 系列单片机的主要特性

本小节主要从内核、存储器、模拟外设、数字外设等几个方面对 PIC16(L)F18877 系列单片机的主要特性进行介绍。

1. 内核

(1) 采用了 C 编译优化的改进型哈佛架构。

(2) 指令集包含 49 条指令。

(3) 最高系统时钟为 32 MHz，最大指令处理速度为 8 MIPS(Million Instructions Per Second)。

(4) 支持中断以及现场自动保护功能。

(5) 具有 16 级深度的硬件堆栈。

(6) 具有 3 个带周期寄存器的 8 位定时器(TIMER 2/4/6)。

(7) 具有 4 个 16 位定时器(TIMER 0/1/3/5)。

(8) 上电复位(POR)电路和欠压复位(BOR)电路带有低功耗功能的选项。

(9) 带有可配置的上电程序运行延时器(PWRT)。

(10) 带有一个窗口型看门狗。

(11) 用户可以自行使能或关闭代码保护功能。

#### 2. 存储器

(1) 程序存储区的容量为 56 KB。

(2) 数据存储区的容量为 4 KB。

(3) EEPROM 的容量为 256 B。

(4) 存储器支持直接、间接和相对寻址模式。

#### 3. 模拟外设

(1) 带有一个具有计算功能的 A/D 转换器。

(2) 带有两组模拟比较器。

(3) 带有一个分辨率为 5 bit 的 D/A 转换器。

(4) 带有内部参考电压源(1.024 V、2.048 V、4.096 V)。

#### 4. 数字外设

(1) 带有 4 组可编程逻辑单元(CLC)。

(2) 带有 3 组互补波形发生器(CWG)。

(3) 带有 5 组捕捉/比较/PWM 模块(CCP)。

(4) 带有 2 组 10 bit 分辨率的脉宽调制模块(PWM)。

(5) 带有 1 个数控振荡器(NCO)。

(6) 带有 2 组信号测量定时器(SMT)。

(7) 带有 1 个循环冗余校验扫描器(CRC/SCAN)。

(8) 带有以下 3 种通信模块：

① 增强型同步/异步串口 EUSART，兼容 RS-232、RS-485 和 LIN；

② 两组 SPI 模块；

③ 两组 $I^2C$ 模块(兼容 SMBUS 和 PMBUS)。

(9) 带有 36 条 I/O 引脚，I/O 引脚可以分别配置各引脚的上拉属性，监测引脚电平变化并产生中断，配置各引脚的开漏属性，支持外设引脚选择(PPS)。

(10) 带有一个数据信号调制模块(DSM)。

### 1.2.2　PIC16(L)F18877 系列单片机的引脚封装

PIC16(L)F18877 系列单片机支持 40 脚的 PDIP、UQFN 和 VQFN 封装，三种封装的引

脚图如图 1-3 所示。

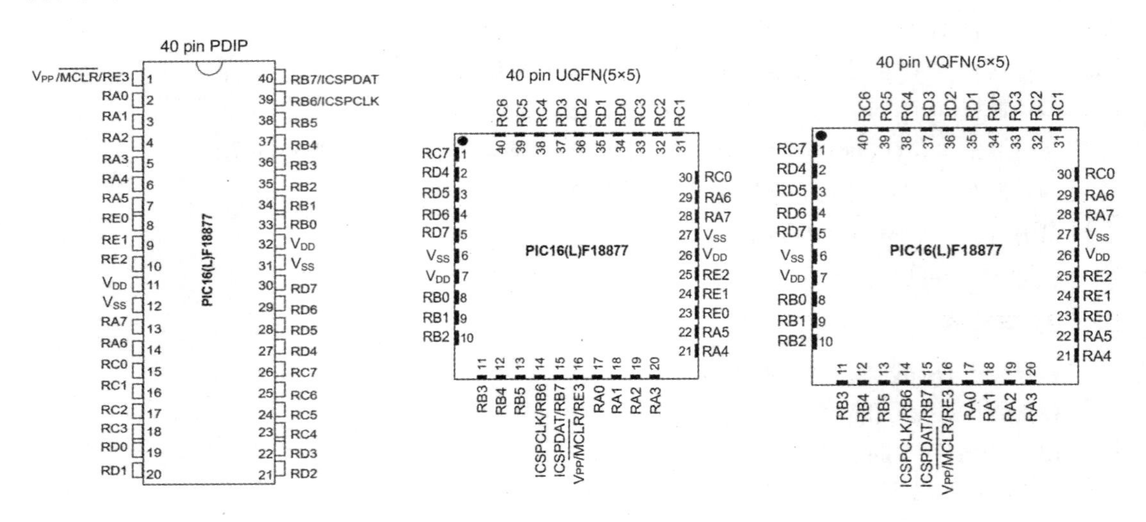


图 1-3　PIC16(L)F18877 系列单片机的 40 脚的三种封装引脚图

另外，PIC16(L)F18877 系列单片机还支持 44 脚的 TQFP 和 QFN 两种封装，其引脚图如图 1-4 所示。

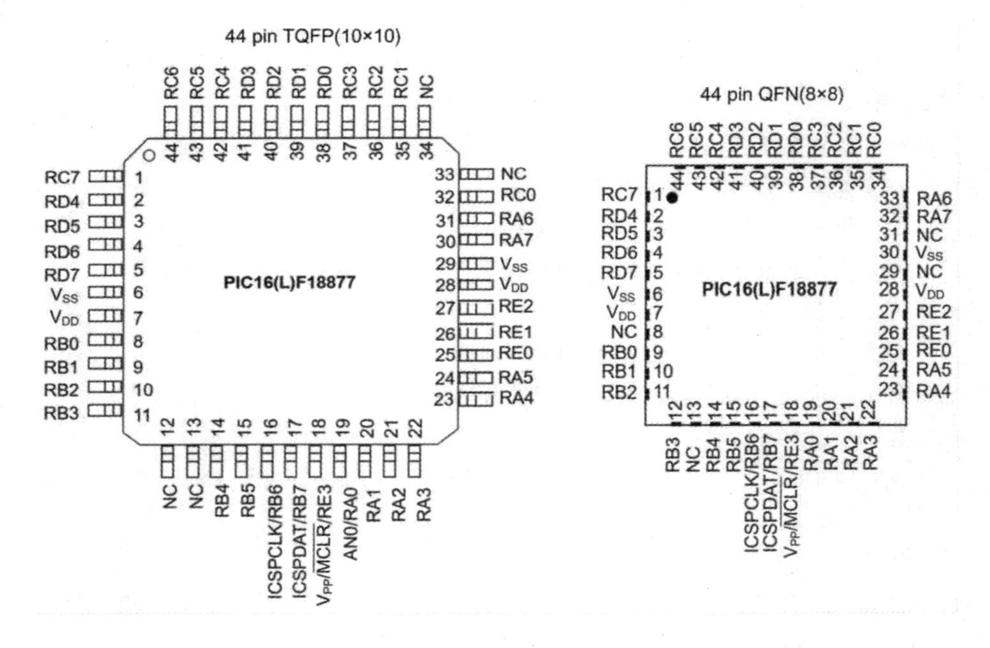


图 1-4　PIC16(L)F18877 系列单片机的 44 脚的两种封装引脚图

## 1.2.3　程序存储区、硬件堆栈区和数据存储区

PIC16(L)F18877 系列单片机的程序存储区包括配置字、器件 ID、用户 ID 和用户代码区。由于程序计数器 PC 的长度为 15 bit，所以整个可寻址的用户代码区地址范围是 32K(0～

0x7FFF)。另外，由于 PIC 中档型单片机的一条指令长度为 14 bit，因此用户代码区的物理大小为 32 K × 14 bit。硬件堆栈区是程序存储区和数据存储区之外的一块独立区域，它包含 16 级堆栈数据，每一级堆栈数据的长度为 15 bit，用于保存函数或者中断的返回地址。数据存储区包括内核寄存器、特殊功能寄存器、通用 RAM 和共享 RAM。数据存储区按页(Bank)来划分，每页的大小是 128 B，共分为 64 页。程序存储区、硬件堆栈区、数据存储区页的空间分布如图 1-5 所示。

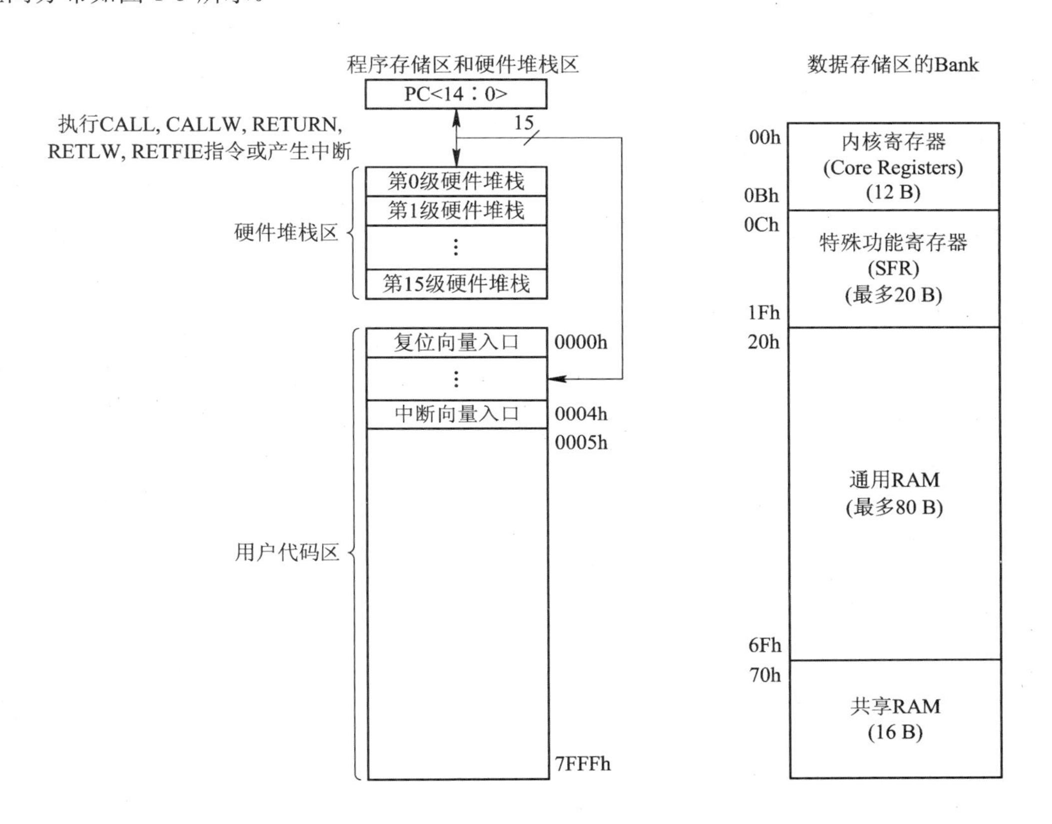


图 1-5　程序存储区、硬件堆栈区、数据存储区页的空间分布

对于每一个数据页，低地址 0x00～0x0B 的内容相同，都是用来保存 12 个内核寄存器的值的；高地址 0x70～0x7F 的内容也相同，它是大小为 16 B 的共享 RAM 区。

### 1.2.4 配置字

配置字(Configuration Word)内容保存在芯片的非易失存储空间，也就是说在断电的情况下，配置字的内容也不会丢失。芯片在上电时会根据配置字的内容完成功能的初始设置。配置字通常在用户代码中设置，并在烧写芯片的过程中随用户的应用代码一起下载到芯片里。

PIC16(L)F18877 系列单片机包含 5 个配置字寄存器，如表 1-1 所示。

表 1-1　配置字寄存器及地址

| 配 置 字 | 地　　址 |
|---|---|
| CONFIG1 | 8007h |
| CONFIG2 | 8008h |
| CONFIG3 | 8009h |
| CONFIG4 | 800Ah |
| CONFIG5 | 800Bh |

各个配置字寄存器的控制功能如下：

(1) CONFIG1 用于控制：

FCMEN——时钟失效监测使能；

CSWEN——时钟切换使能；

CLKOUTEN——OSC2 脚输出时钟使能；

RSTOSC——复位时的默认时钟；

FEXTOSC——外部时钟选择。

(2) CONFIG2 用于控制：

STVREN——堆栈溢出复位使能；

PPS1WAY——一次性 PPS 修改使能；

ZCDDIS——过零检测电路上电使能；

BORV——欠压复位门限电压选择；

BOREN——欠压复位模式选择；

LPBOREN——低功耗欠压复位使能；

PWRTE——上电定时器使能；

MCLRE——外部复位引脚使能。

(3) CONFIG3 用于控制：

WDTCCS——看门狗时钟选择；

WDTCWS——看门狗窗口大小选择；

WDTEN——看门狗模式选择；

WDTCPS——看门狗周期选择。

(4) CONFIG4 用于控制：

LVP——低电压编程使能；

SCANE——程序区扫描使能；

WRT——程序区写保护设置。

(5) CONFIG5 用于控制：

CPD——EEPROM 区读保护使能；

CP——程序区读保护使能。

为了方便用户对配置字进行设置，Microchip 公司在集成开发环境 MPLAB X IDE 中提供了一个可视化的配置字窗口，用户可以通过下拉菜单选择所需要的选项。在完成所有的选择后，单击配置字窗口中的 Generate Source Code to Output，可以自动生成配置字代码，随后用户就可以把配置字代码复制/粘贴到自己的代码中。

## 1.2.5　PIC16(L)F18877 系列单片机的内核结构框图

如图 1-6 所示为 PIC16(L)F18877 系列单片机的内核结构框图。

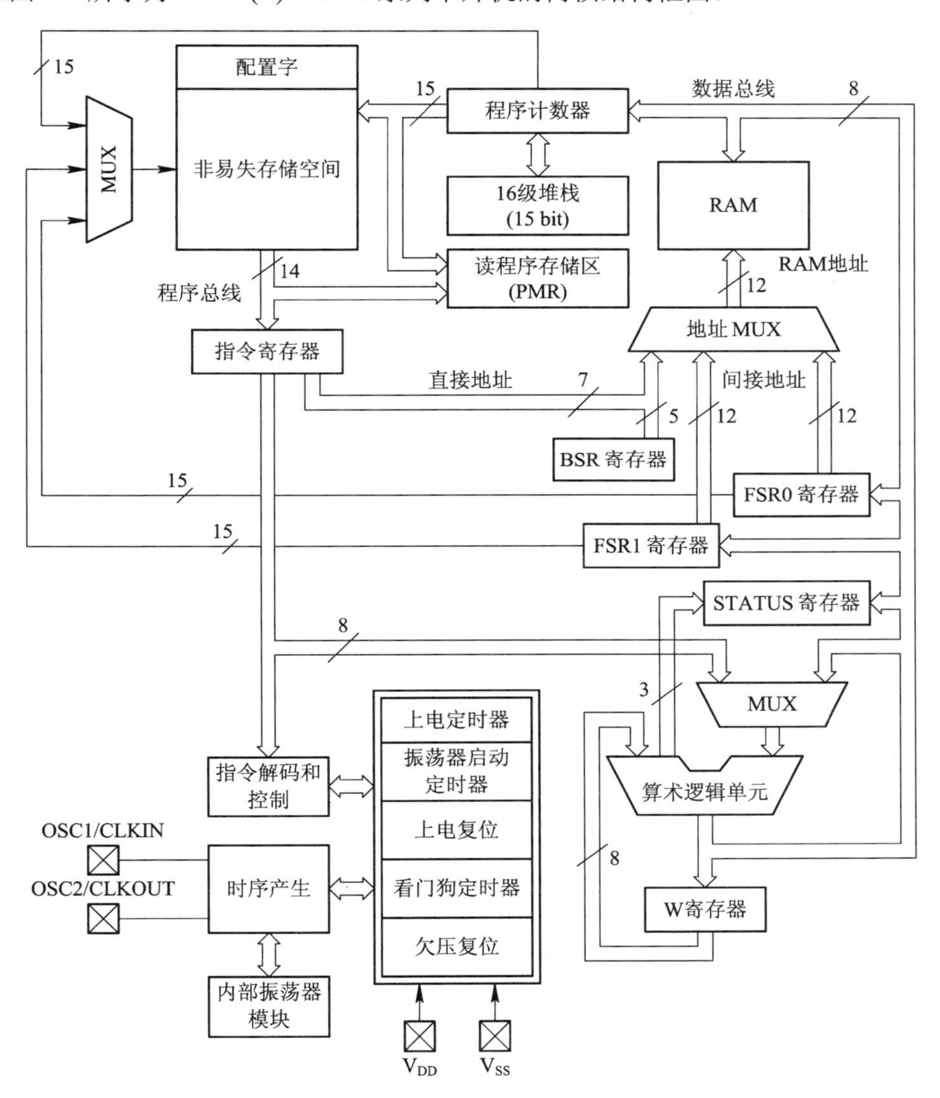


图 1-6　PIC16(L)F18877 系列单片机的内核结构框图

# 第 2 章 PIC 系列单片机的开发工具

## 2.1 软件开发工具

PIC 系列单片机的软件开发工具主要包括两大类，即编程语言工具和集成开发环境。编程语言工具又分为汇编语言和 C 语言两种。汇编语言是介于机器语言和高级语言之间的一种低级编程语言。机器语言由二进制数字组成，用于直接控制电平的高低变化或者电路的通断，虽然效率很高，但可读性很差，而汇编语言引入了助记符，因此更易于理解和维护。早期的单片机用户大都使用汇编语言进行程序开发，而不同厂家的产品通常使用不同的汇编语言，互不兼容，所以对编程人员来说这就是一个挑战。近年来，随着 C 编译器的不断演化，C 编译器的优化功能逐步增强，生成汇编代码的效率也有了很大程度的提高，再加上 C 语言的普及性以及可移植性远远高于汇编语言，因此越来越多的用户，尤其是新用户，会选择使用 C 语言进行单片机的开发。不过即便如此，汇编语言在单片机的编程领域仍然占有一席之地，尤其是在时序要求较高的应用场合以及 C 语言和硬件平台存在兼容性问题的情况下，汇编语言依然得到了程序员的青睐。

### 2.1.1 汇编语言工具

PIC 系列单片机的汇编语言工具按照发展历程分为 Microchip MPASM Assembler (MPASM)和 MPLAB XC8 PIC Assembler (PIC 汇编器)两种。MPASM 是早期的汇编器，目前已经被 PIC 汇编器所取代。这两种工具所采用的汇编语法存在较大差异，因此用 MPSAM 产生的汇编工程在 PIC 汇编器下可能无法编译成功。本小节主要介绍 PIC 汇编器在使用过程中需要注意的一些语法并提供部分示例代码供用户参考。

#### 1. 文件类型

如表 2-1 所示为 MPASM 和 PIC 汇编器的文件类型和扩展名比较。

表 2-1　MPASM 和 PIC 汇编器的文件类型和扩展名比较

| MPASM 文件扩展名 | 文件类型 | PIC 汇编器对应的文件扩展名 |
| --- | --- | --- |
| .asm | 汇编源文件 | .s 或者.S |
| .inc | 包含的头文件 | .inc |
| .hex | HEX 输出文件 | .hex |
| .o | 目标文件 | .o |
| .lib | 库文件 | .a |

PIC 汇编器使用的汇编代码源文件使用.s(小写)或者.S(大写)作为扩展名，而不是像 MPASM 一样使用.asm，其中.S(大写)的源文件需要经过预处理才能传给汇编器。PIC 汇编器的库文件是以.a 作为扩展名的，而不是 MPASM 所使用的.lib，并且两者所产生的库文件格式也不同，MPASM 所产生的库文件无法被 PIC 汇编器识别，因此不能把 MPASM 生成的库文件包含到使用 PIC 汇编器的项目中。

2. 常数

PIC 汇编器所用的常数需要遵循以下规则：

(1) 二进制常数：必须以大写的 B 结尾，如 movlw 10110011B。

(2) 八进制常数：用符号 O、o、Q 或 q 结尾，如 movlw 72q。

(3) 十进制常数：用符号 D 或 d 结尾或者不加结尾符号，如 movlw 34。

(4) 十六进制常数：用符号 H 或 h 结尾，或用 0x 开头，如 movlw 04Fh。

(5) ASCII 字符常数：用单引号包含，如 movlw'b'。

3. 标号

标号(Label)由一串长度自定的字符、数字或者特殊符号(如？、$、_ )组合而成，它包含了当前指令在当前程序段中的位置信息。PIC 汇编器中的标号必须以冒号(：)结尾，而 MPASM 中的标号没有这个要求。标号的第一个符号不能为数字，另外，标号也不能和汇编指令、关键词重名，并且标号是区分大小写的。标号可以自己作为一行，也可以放在指令左边，和指令在同一行。例如：

```
An_identifier:
movlw 55
an_identifier: movlw 0AAh
an_identifier1: DW 0x1234
?$_12345:
return
```

4. 配置字

MPSAM 的配置字(Configuation Words)采用以下格式书写：

```
_CONFIG (配置项 1 的值&配置项 2 的值& …)
```

例如：

```
_CONFIG ( _XT_OSC & _WDT_OFF)        ;复位后振荡器采用 XT 模式，同时关闭看门狗
```

PIC 汇编器中配置字采用以下格式书写：

```
CONFIG 配置项 = 配置项的值
```

例如：

```
CONFIG FEXTOST = ECH   ;复位后外部振荡器模式为 ECH
CONFIG WDTE = OFF      ;看门狗关闭
```

一个产生配置字代码的简单方法是通过集成开发环境 X IDE 的配置字窗口自动产生。其操作方法是，首先依次单击 X IDE 菜单栏的 Window→Target Memory View→Configuration Bits 来打开配置字窗口，然后在可视化界面中选择所需的配置项并设置合适的值，最后单击 Generate Source Code to Output 来自动生成配置字代码，用户只要将这些配置字代码复制/粘贴到自己的应用代码中即可。

**5. 程序段**

程序段(PSECT)包括代码段和数据段，它可以把源文件中不相邻的同名程序段，甚至不同源文件中的同名程序段整合到一起。程序段在存储区的位置是可变的，除非定义了 abs 属性。

程序段的定义格式是：

```
PSECT    自定义名称，   属性标志 1，属性标志 2，…
```

或者

```
PSECT    PSECT 名称
```

程序段(PSECT)常用的属性标志如表 2-2 所示。

**表 2-2　程序段(PSECT)常用的属性标志**

| PSECT 属性标志 | 含　义 |
|---|---|
| abs | 程序段位于绝对地址 |
| bit | 程序段包含的是位对象 |
| class=Linker 类名称 | 指定程序段属于哪一种 Linker 类 |
| delta=存储单元大小 | 一个地址对应的存储单元大小 |
| local | 程序段不可与其他同名段链接 |
| ovrld | 和其他模块中的相同程序段重合 |
| reloc=边界 | 程序段从指定的地址边界开始 |
| space=区域 | 指定程序段所处的区域 |

PSECT 名称以及所对应的链接目标区如表 2-3 所示。

表 2-3　PSECT 名称以及所对应的链接目标区

| PSECT 名称 | Linker 类 | 目标器件家族 | 作　用 |
|---|---|---|---|
| code | CODE | 全部 | 保存可执行代码 |
| edata | EEDATA | 全部 | 保存放置在 EEPROM 的数据 |
| data | STRCODE | 中档型和低档型 PIC 单片机 | 保存放置在程序区的数据 |
| data | CONST | PIC18 | 保存放置在程序区的数据 |
| udata | RAM | 全部 | 保存放置在通用 RAM 区任意位置的对象 |
| udata_acs | COMRAM | PIC18 | 保存放置在 Access bank 的对象 |
| udata_bankn | BANKN | 全部 | 保存放置在特定数据页的对象 |
| udata_shr | COMMON | 中档型和低档型 PIC 单片机 | 保存放置在共享 RAM 区的对象 |

### 6. 汇编代码示例

(1) 在共享 RAM 区放置变量：

```
psect   udata_shr
    Variable:           ;标号
        ds 3            ;预留 3 字节
```

(2) 在 ROM 中放置常量：

```
psect   rom_data, class=code, delta=2
my_data:
db 'X',1,2,3,4
```

(注：PIC16 系列单片机每个地址指向的数据是一个字，即 2 个字节，所以 delta=2。)

(3) 在 EEPROM 中放置数据：

```
psect edata
    my_ee:
    db 'bcde', 12
```

(4) 在 ROM 的绝对地址放置常量：

```
psect rom_data, class=code, delta=2, abs       ;需要添加 abs 属性标记
    org 30h
        db 'xyz'                               ;在 ROM 的 30 h 地址保存字符串“xyz”
```

(注：PIC16 系列单片机每个地址指向的数据是一个字，即 2 个字节，所以 delta=2)

(5) 在 EEPROM 的绝对地址放置数据：

```
psect edata
org 012h               ;从 EEDATA 的 0x12 地址处放置以下数据
my_ee:
db 'bcde', 10
```

本书附带了一个完整的汇编示例工程代码供读者参考。在该示例工程中用 Fsect 定义了一个名为 Reset_Vect 的复位向量段以及一个名为 Interrupt_Vect 的中断向量段。由于器件复位后 PC 指针将回到地址 0x0000，因此复位向量段 psect Reset_Vect 需要放到 0x0000 地址，

另外，PIC16(L)F18877 系列单片机的中断向量入口地址为 0x04，因此中断向量段 psect Interrupt_Vect 需要放到 0x04 地址。要实现上述功能，可以通过在集成开发环境中加入 Linker 选项来实现。其具体操作如下：

(1) 在集成开发环境 X IDE 中打开工程属性窗口，如图 2-1 所示。

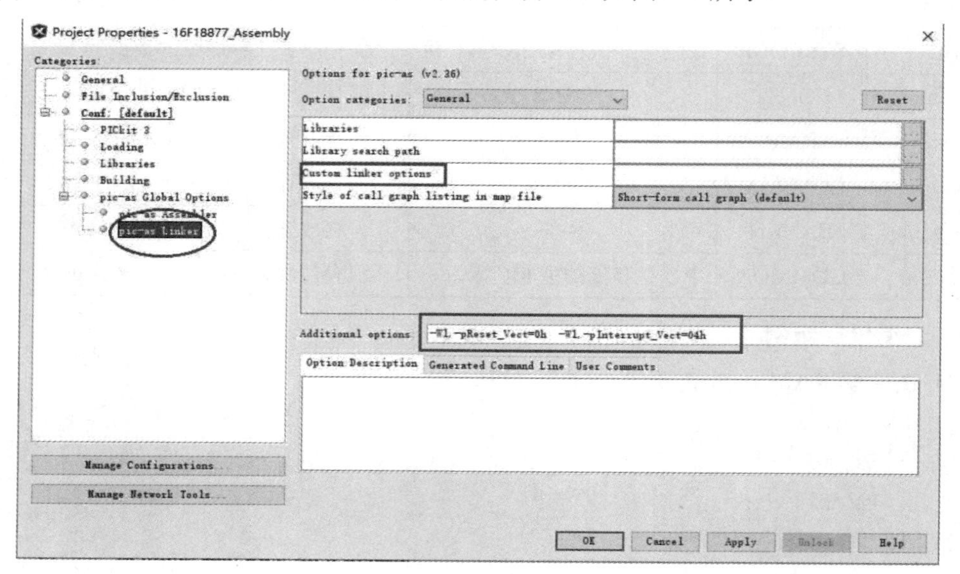


图 2-1　集成开发环境 X IDE 中的工程属性窗口

(2) 单击图 2-1 中左边椭圆框标出的“pic-as Linker”，然后在右边的 Additional Options 后的方框中输入“-Wl,-pReset_Vect=0h　-Wl,-pInterrupt_Vect=04h”，并单击 Apply 或 OK 保存。也可以在图 2-1 中的 Custom linker options 里把上述设置添加进去。

## 2.1.2　C 语言工具

对于 PIC 系列的 8 位单片机，无论是基础型、中档型，还是高端型的产品都可以统一使用 Microchip 的 XC8 编译器。XC8 编译器分为免费版和专业版，两者的主要区别是专业版可以提供不同级别的代码优化功能，使得编译后的代码更加精简、速度更快、效率更高。免费版除了不具备专业版的各种优化功能外，其他方面和专业版相同，它可以终生免费使用，而且对代码的大小没有限制。XC8 编译器支持多平台，而且在同一台电脑上可以同时安装多个版本，用户可以在集成开发环境中方便地进行版本切换。

XC8 编译器当前的最新版本是 V2.36，它支持 ISO/IEC 9899:1990(简称 C90)和 ISO/IEC 9899:1999(简称 C99)两种 C 语言标准。C90 和 C99 标准在使用方法上存在差异，本书主要基于 C99 的规范进行介绍。用户在使用 XC8 编译器时，可以在集成环境中打开工程属性窗口，单击“XC8 Global Options”，然后在“C standard”项中选择 C99 或者 C90。

嵌入式 C 语言编程和普通标准 C 语言的语法基本相同。用户编写的 C 语言代码中必须包含一个名为 main( )的主函数，但主函数通常定义成 void main(void)或者 int main(void)的形式。由于不存在一个上层应用来调用这个主函数，因此 C 编译器会在主函数的末尾添加特殊代码，起到软件复位的作用。也就是说，当 main( )函数执行 return 指令时，或者已经

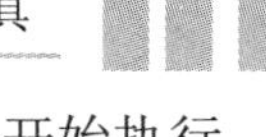

执行到 main( )函数的末尾时，程序指针将跳到 0x0000，即复位向量地址处，从头开始执行用户程序。通常来说，用户会在 main( )函数的末尾加入类似 while(1)的指令，使得程序不会从主函数中退出。

当器件被复位后，最先执行的并不是用户的 main( )函数，而是 C 编译器自动插入的起始代码(Startup)。起始代码的作用是对程序中的变量进行初始化，将各个变量按照程序中定义的初始值进行赋值；如果程序中没有对某个变量定义初始值，那么该变量的初始值将被设为 0。起始代码的另外一个作用是对寄存器进行基本配置(比如时钟)，以保证单片机进入所需的工作状态。

### 1. 常数

XC8 编译器所用的常数需要遵循以下规则：

(1) 二进制常数：以 0b 或者 0B 开头，如 0b10100101。

(2) 八进制常数：用 0 开头，如 0123。

(3) 十进制常数：以非 0 数字开头，如 123。

(4) 十六进制常数：用 0x 或者 0X 开头，如 0x123。

(5) ASCII 字符常数：用单引号包含，如'a'。

### 2. 配置字

在 C 语言中，配置字采用以下格式书写：

```
#pragma config 配置项 = 配置值
```

例如：

```
#pragma config RSTOSC = HFINT32        //复位默认振荡模式是 HFINT32
```

和汇编语言一样，X IDE 也提供了一个简单的方法来帮助用户自动生成配置字代码。其操作方法是，在 X IDE 菜单栏中依次单击 Window→Target Memory View→Configuration Bits 打开配置字窗口，然后在可视化界面中选择所需的配置项并设置合适的值，最后单击 Generate Source Code to Output 自动生成配置字代码，用户只要将这些配置字代码复制/粘贴到自己的应用代码中即可。

### 3. 特殊功能寄存器的访问

特殊功能寄存器(SFR)的定义在 XC8 编译器安装目录下的头文件中，如 C:\Program Files\Microchip\xc8\v2.36\pic\include\proc\pic16f18877.h。用户在访问特殊功能寄存器时，只需要在代码前加入#include <xc.h> 就可以将对应器件的头文件包含进来。特殊功能寄存器在头文件中是以在联合(Union)中定义结构(Structure)的方式进行定义的，这样用户可以方便地访问 SFR 的单个位、多个位组合以及整个 8 位 SFR。这里以表 2-4 中 PIC16(L)F18877 系列单片机的 TIMER0 的控制寄存器 0(T0CON0)为例来进行说明。

表 2-4　TIMER0 控制寄存器 0(T0CON0)

| R/W-0/0 | U-0 | R-0 | R/W-0/0 | R/W-0/0 | R/W-0/0 | R/W-0/0 | R/W-0/0 |
|---|---|---|---|---|---|---|---|
| T0EN | — | T0OUT | T016BIT | T0OUTPS<3:0> | | | |
| bit 7 | | | | | | | |

头文件中对 T0CON0 寄存器的定义如下：

```
extern volatile unsigned char    T0CON0    _at(0x01E);        //寄存器位于 RAM 中的 0x1e 地址
    typedef union {
    struct {
        unsigned T0OUTPS        :4;       //bit3～bit0: T0OUTPS<3:0>位
        unsigned T016BIT        :1;       //bit4: T016BIT 位
        unsigned T0OUT          :1;       //bit5: T0OUT 位
        unsigned                :1;       //bit6：未定义位
        unsigned T0EN           :1;       //bit7:   T0EN 位
            };

    struct {
        unsigned T0OUTPS0       :1;    //T0OUTPS<3:0> 的 bit0
        unsigned T0OUTPS1       :1;    //T0OUTPS<3:0> 的 bit1
        unsigned T0OUTPS2       :1;    //T0OUTPS<3:0> 的 bit2
        unsigned T0OUTPS3       :1;    //T0OUTPS<3:0> 的 bit3
            };

} T0CON0bits_t;

extern volatile T0CON0bits_t    T0CON0bits    _at(0x01E);
```

因此在 C 语言中可以采用如下方式访问 T0CON0 寄存器：

```
#include <xc.h>
    int main(void)
        {
            T0CON0 = 0B00010111;                    //对整个寄存器赋值
            T0CON0bits.T0OUTPS = 0B0111;            //对 T0OUTPS<3:0>位组合赋值
            T0CON0bits.T0OUTPS3 = 1;                //对 T0OUTPS 位组中单个位赋值
            …
}
```

### 4. 汇编/C 语言混合编程

XC8 编译器支持用户在 C 语言代码中插入汇编语言。它包括两种形式，一种是将所有汇编语句放在汇编文件.s 或.S 中，和.c 文件一起编译；另外一种是在.c 文件中插入一条或多条汇编语句。对于第一种形式，.s 或者.S 文件中的语句完全按照汇编语言的语法来编写；对于第二种形式，采用 asm("汇编语句")的格式书写，例如：

```
unsigned int var;
int main(void)
{
    asm("movlw 0x55");
```

```
        asm("BANKSEL _var");
        asm("movwf _var");              //前三条语句的效果等同于 C 语言的 var=0x55
        asm("sleep");
        …
        while(1);
    }
```

### 5. 放置变量/函数到绝对地址

用户在特定情况下有时需要将变量或者函数放置在某个固定的地址(绝对地址)处，而不是由 Linker 自动分配。在 XC8 编译器中可以通过使用_at( )来轻松实现上述功能。例如：

```
volatile unsigned char myVar   _at(0x20);
```

注：上述申明会把变量 myVar 保存在 RAM 空间的 0x20 地址处。

同样，用户也可以通过_at( )将函数放到 ROM 的某个固定地址处，例如：

```
int   _at(0x400) myFunc (void)
    {
        …
    }
```

以上定义的 myFunc()函数将从 ROM 的 0x400 地址开始放置。上例中的_at(0x400)被放置在函数名之前，这是 C99 规范的要求。对于 C90 规范，_at( )需要放在函数名之后，例如：

```
int   myFunc (void)   _at(0x400);
```

### 6. 中断服务程序

中档型(包括中档增强型)PIC 系列单片机只有一个中断向量入口地址(0x04)，因此用户只需要编写一个中断服务函数来处理所有的中断请求。当中断发生时，如果用户希望单片机能够跳到中断服务程序中，那么中断源的使能位必须置 1，全局中断使能位 GIE 也必须置 1，另外，除了 TIMER0、IOC 和外部引脚中断 INT 外，其他的中断源还需要将 PEIE 位(即外设中断使能位)设置为 1，才能让单片机在发生中断时能够进入中断服务程序。中断服务函数需要采用以下的格式书写才能和中断向量地址进行关联。

```
void    _interrupt( ) 中断服务函数名称(void)
    {
        …
    }
```

以下是引脚 RA0 上发生电平变化中断 IOC 的一个示例代码：

```
void   _interrpt( ) IOC_RA0_ISR(void)
    {
        if((IOCAF0) && (IOCIE))                   //判断是否在 RA0 引脚上发生了电平变化
        {
            IOCAFbits.IOCAF0=0;                   //清除中断标志位
```

```
            LATD1=1;
        }
    }
```

以上是单一中断源的示例，如果系统中存在多个中断源，那么在中断程序中需要逐个判断各中断源的中断标志和中断使能位是否都为 1，以确定该中断源是否发出了中断请求。由于 PIC 系列中档型单片机不对中断源作高/低优先级划分，因此中断服务程序中第一个处理的中断源具有事实上的最高优先级。用户在编写中断服务程序时需要遵循以下三个基本原则：

(1) 退出中断服务程序前必须将有效的中断标志位清除，避免重复进入中断。

(2) 不要在中断服务程序中将 GIE 位设置为 1。单片机进入中断服务程序后，GIE 位会被自动清零，等中断服务程序执行完毕退回主程序后，GIE 位会被自动置 1。

(3) 中断服务程序尽可能简短，尽可能在中断服务程序中仅设置标志，具体服务程序在主程序中执行，尽量不要在中断服务程序中调用其他函数。

**7. 堆栈**

PIC16(F)18877 系列单片机的堆栈包括用于保存函数或中断返回地址的 16 级硬件堆栈，以及用于保存函数自动变量、参数或者临时变量的数据堆栈。数据堆栈又分为两种，即编译堆栈(Compiled Stack)和软件堆栈(Software Stack))。编译堆栈的大小在程序编译时就可以确定，而软件堆栈的大小会随程序运行而动态变化，它的最大值无法在程序编译时确定。使用编译堆栈的函数将参数和局部变量保存在固定的地址，因此不支持函数的可重入(Reentrant)操作，而使用软件堆栈的函数通过堆栈指针来访问数据，支持可重入操作。所谓的可重入，指的是一个函数同时被多个进程共享，比如函数的递归调用，或者一个主程序正在运行一个函数时被中断打断，而中断服务程序又调用了主程序尚未执行完成的这个函数。每个函数可以通过以下方式显性地定义所采用的堆栈模式：

```
_compiled   int function_1(int   para1)    //使用编译堆栈
_software int function_1(int para1)        //使用软件堆栈
```

对于没有对堆栈类型作显性定义的函数，将根据编译器的堆栈选项-mstack 来确定所使用的堆栈类型。如果编译器没有使用-mstack 选项，则函数默认使用编译堆栈，因为它的速度更快，效率更高。

PIC16(L)F18877 系列单片机的硬件堆栈为 16 级，如果发生诸如多次函数嵌套调用等情况，并最终导致需要保存的函数返回地址超过 16 个，那么会出现硬件堆栈溢出的错误。为了解决这个问题，用户可以在编译选项中加入-mstackcall 选项，这样编译器将使用查表方式来处理函数返回地址的问题。

**8. 实用的函数和宏**

这里介绍几个 XC8 编译器提供的非常实用的函数和宏，通过调用这些函数和宏，用户可以方便地实现一些特定的功能。在调用这些函数和宏之前，需要先将头文件 xc.h 包含进来，即执行#include <xc.h>语句。

(1) 延时函数。XC8 编译器提供了以下几种内建延时函数：

• _delay(n)函数：延时 n 条指令周期，n 为无符号 long 型整数。
• __delay_us(n)函数：延时 n 微秒，n 为无符号 long 型整数。
• __delay_ms(n)函数：延时 n 毫秒，n 为无符号 long 型整数。

要使用__delay_us( )和__delay_ms( )函数，必须先定义_XTAL_FREQ，它是系统时钟的频率，调用示例如下：

```
#include <xc.h>
    #define   _XTAL_FREQ     8000000    //系统时钟为 8MHz

    void main(void)
        {
         …
        _delay(1000);                  //延时 1000 个指令周期
        while(1)
            {
                LATA0=1;
                __delay_us(2000);   //延时 2000μs
                LATA1=1;
                __delay_ms(10);     //延时 10ms
                LATA0=0;
                LATA1=0;
            }
        }
```

(2) 清看门狗函数：CLRWDT( )。
(3) 置 1/清零全局中断位 GIE：ei( ) / di( )。
(4) 进入休眠函数：SLEEP( )。
(5) 器件复位函数：RESET( )。
(6) EEPROM 赋初值函数：

```
_EEPROM_DATA(d1, d2, d3, d4, d5, d6, d7, d8)        //注：_EEPROM_DATA( )一次必须赋 8 个值
```

### 2.1.3　集成开发环境 MPLAB X IDE

MPLAB X IDE 是 Microchip 推出的功能强大的多平台集成开发环境。它完美支持了 Microchip 的软硬件开发工具以及大量的第三方插件工具。用户可以借助这个开发环境轻松地完成包括工程新建、开发调试、功能扩展、项目升级管理等在内的全套流程，大大缩短产品进入市场的时间。

用户可以在 Microchip 官网上免费下载和使用 X IDE，当前最新的版本是 6.5。本节将简单介绍 X IDE 的基本操作流程，用户可以通过浏览 X IDE 安装目录下的用户指南来获取更多的使用方法介绍。

### 1. X IDE 的下载安装

X IDE 的软件可以通过链接：www.microchip.com/ide 下载。下载后双击安装文件，按界面上的提示逐步完成安装。用户可以在同一台电脑上安装多个版本的 X IDE，每个版本将会被安装到不同的默认路径下。运行 X IDE 的安装文件时还会安装 IPE 编程下载工具，此工具专门用于程序下载，不支持器件调试等功能。

### 2. 在 X IDE 中新建工程

新建工程前需要先安装好 C 编译器，这样在新建工程时才能在工具链中看到所需的编译工具，包括 C 和汇编工具。新建工程的步骤示例如下：

(1) 单击如图 2-2 所示的菜单栏的“File”，弹出下拉菜单。

(2) 单击如图 2-2 所示的下拉菜单中的“New Project…”，弹出新工程窗口。

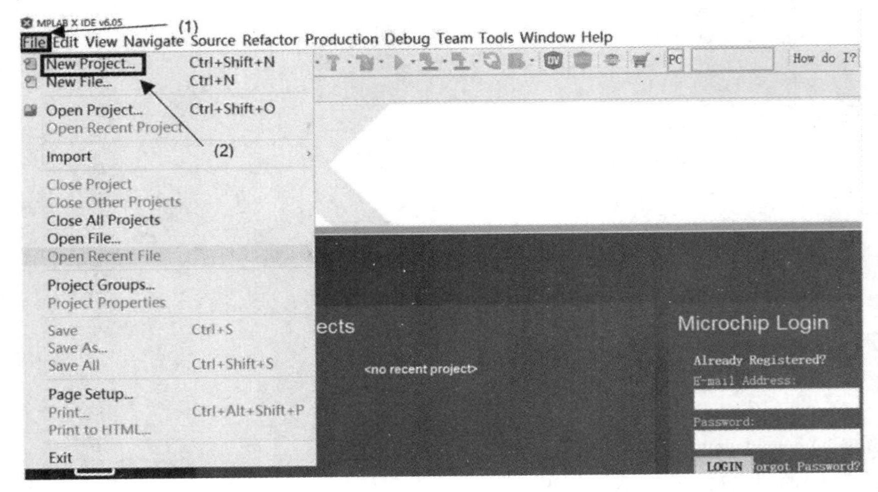


图 2-2　X IDE 界面 1

(3) 单击如图 2-3 所示的新工程窗口中的“Microchip Embedded”。

(4) 单击如图 2-3 所示的“Standalone Project”。

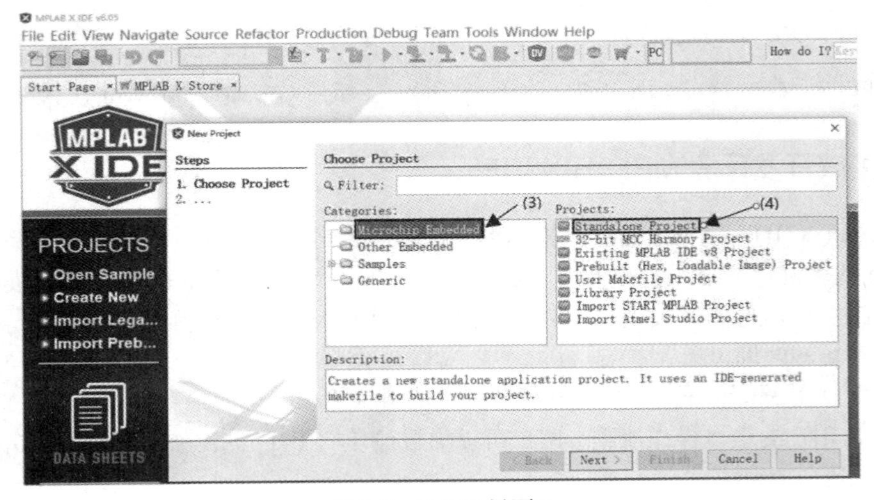


图 2-3　X IDE 界面 2

(5) 在如图 2-4 所示的 Device 栏中输入所用的单片机器件名，或者点开下拉菜单选择。

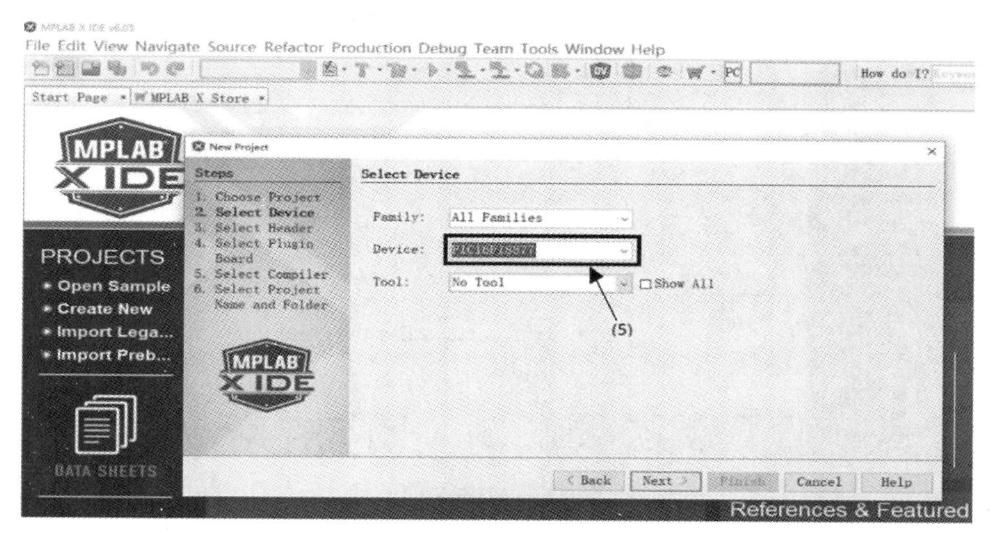


图 2-4　X IDE 界面 3

(6) 选择如图 2-5 所示的 XC8 编译器(假设源代码使用 C 语言)或下面的 pic-as 工具(假设源代码使用汇编语言)。

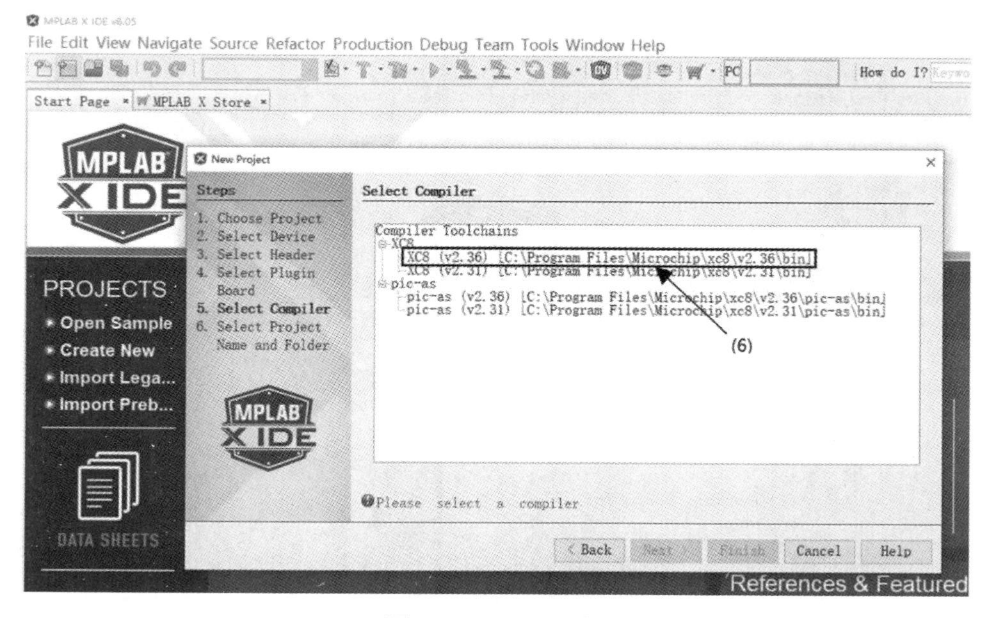


图 2-5　X IDE 界面 4

(7) 单击如图 2-6 所示的 Browse…选择工程的保存路径。

(8) 在如图 2-6 所示的 Project Name 栏中输入工程名。

(9) 在如图 2-6 所示的 Encoding 栏中通过下拉菜单选择源文件所能支持的编码语言，如 IBM871(英文)或者 GB2312(中文)。最后单击图中的 Finish 完成新工程的创建。

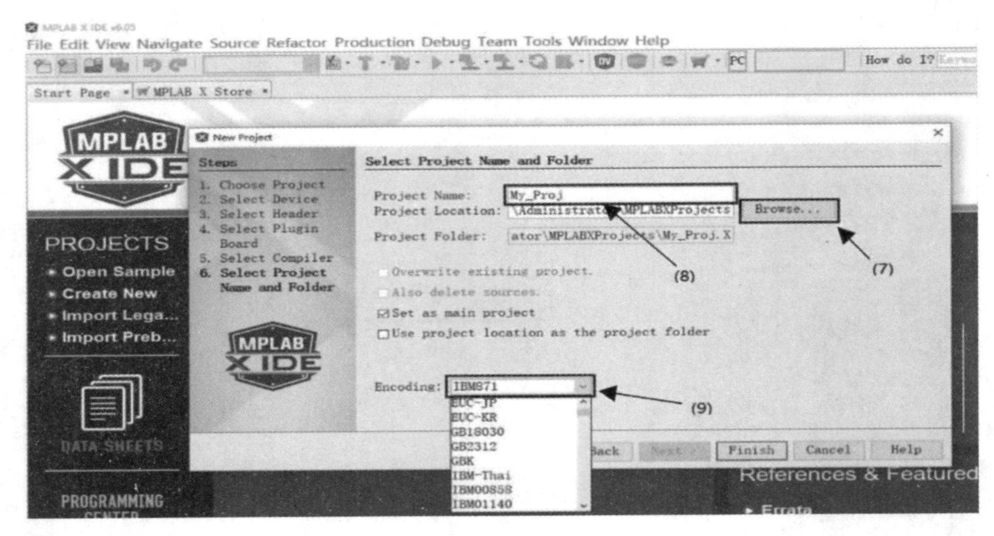

图 2-6　X IDE 界面 5

(10) 新工程创建好后，使用鼠标右键单击如图 2-7 所示的 Source Files，弹出新窗口。

(11) 在弹窗中单击 New，如图 2-7 所示。

(12) 在后续弹窗中单击 main.c…，添加源文件(假设源文件使用 C 语言)，如图 2-7 所示。如果源文件使用汇编语言，则须单击弹窗中的 Other…，进入 Assembler，选择后缀为.s 的文件作为源文件。

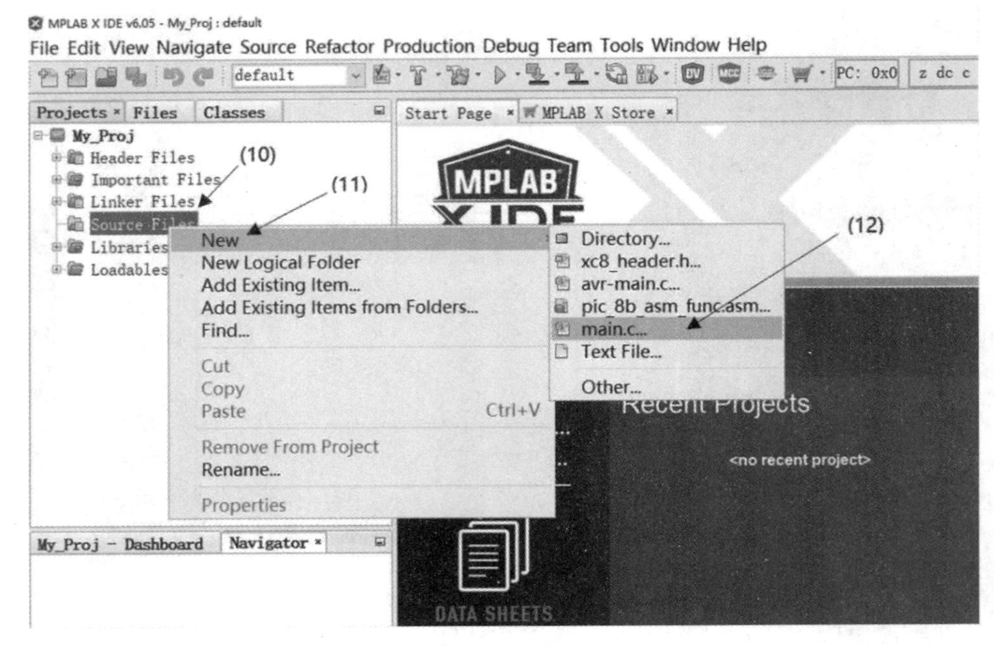

图 2-7　X IDE 界面 6

(13) 在 File Name 栏中输入源文件的文件名，单击 Finish，完成一个源文件的创建，如图 2-8 所示。

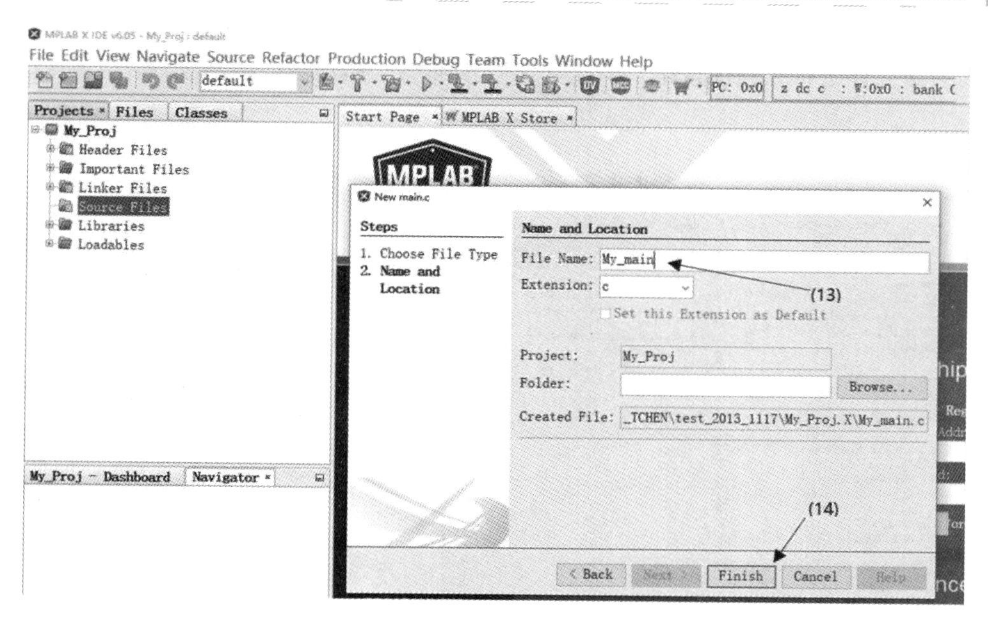


图 2-8　X IDE 界面 7

图 2-9 所示为包含一个 c 源文件的新建工程视图，用户可以采用上述方法继续添加 c 文件到项目树的 Source Files 中，或者添加头文件(*.h)到项目树的 Header Files 中。

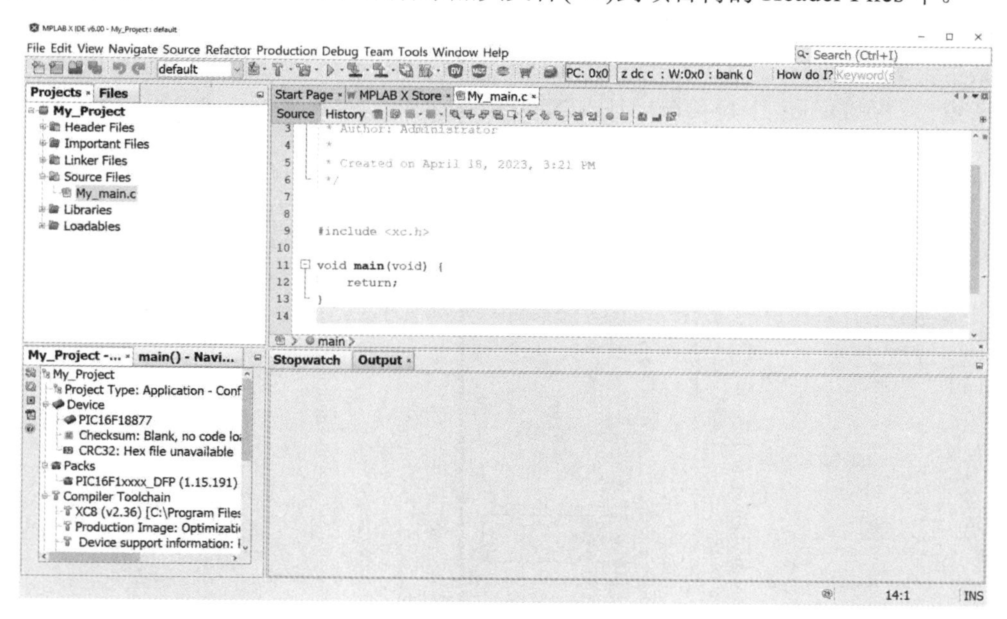


图 2-9　X IDE 新建工程界面

### 2.1.4　程序的编译调试

用户在新建工程中完成添加源文件以及编辑之后就可以对它们进行编译了。启动编译的一种方法是在 X IDE 的主界面中单击工具栏上的 Production，在下拉菜单中选择 Build

Main Project 或者 Clean and Build Main Project，如图 2-10 所示。前者将只对上次编译后做过修改的源文件进行重新编译，后者是对工程中的所有文件进行重新编译，无论是否做过修改。

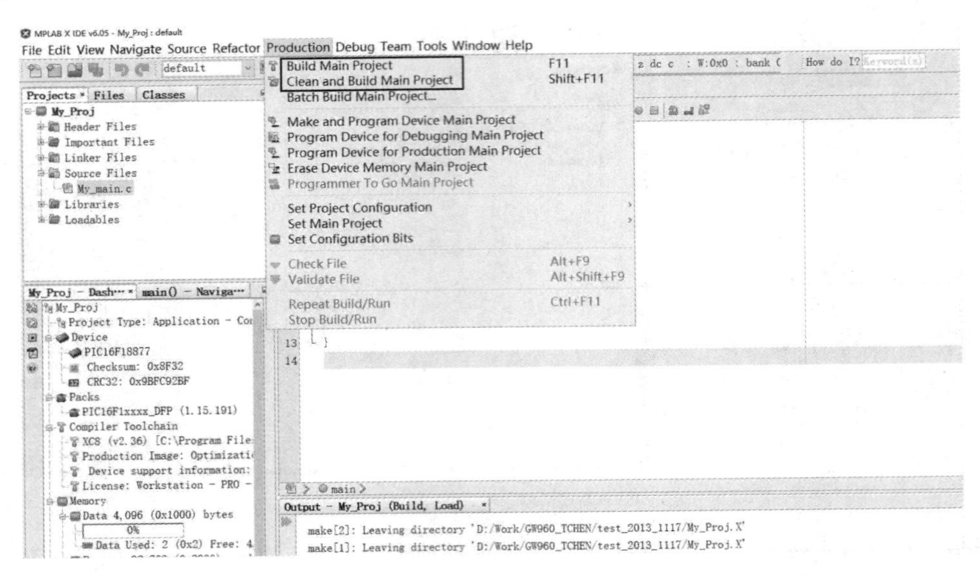


图 2-10　X IDE 编译的启动

编译成功后，用户就可以对代码进行调试了。启动调试的方法是，单击 X IDE 主界面中工具栏上的 Debug，在下拉菜单中单击 Debug Main Project，如图 2-11 所示，即可打开调试会话窗口。在 Debug 下拉菜单中还有 New Breakpoint、New Watch 和 New Runtine Watch 选项，用户可以通过它们来添加断点以及需要跟踪观察的 Watch 变量。

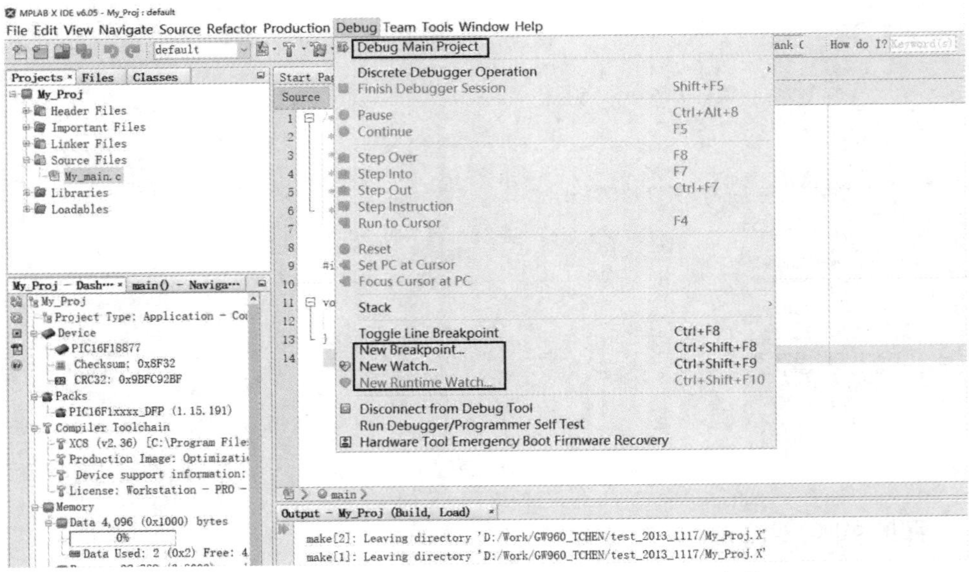


图 2-11　X IDE 启动调试以及添加断点和 Watch 变量

添加断点的一个简单方法是使用鼠标左键单击源代码中语句所对应的行号，如果单击后出现红色实心方框，则表示断点添加成功。程序在运行到设有断点的语句处是否能停下来，取决于该语句是否存在有效的汇编语句与之对应。断点可以分为硬件断点和软件断点，硬件断点是单片机自身硬件支持的断点，PIC16(L)F18877 系列单片机只支持一个硬件断点。软件断点是通过调试器在代码中设置特征值来实现的，理论上没有数量限制，但需要芯片和调试器共同支持。

用户在进行代码调试前，需要先选定调试工具。其方法是在 X IDE 主窗口用鼠标右键单击工程树中的工程名，然后在弹窗中单击 Properties，打开工程属性窗口，如图 2-12 中的①所示，或者用鼠标左键单击工程仪表板(Dash Board)窗口的工程属性图标，如图 2-12 中的②所示。弹出工程属性窗口后，用户可以在 Connected Hardware Tool 栏中选择已经连接的硬件调试器，如图 2-12 中的③所示，最后单击 OK，如图 2-12 中的④所示。另外，用户也可以选择软件仿真器 Simulator，它是 X IDE 自带的一个免费仿真工具。

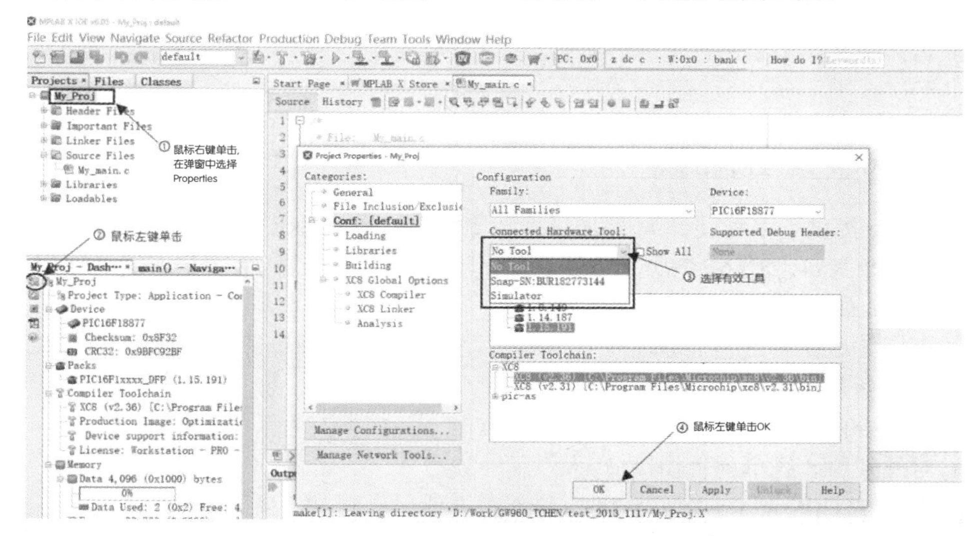


图 2-12　X IDE 调试工具的选择

## 2.2　硬件开发工具

单片机的硬件开发工具主要是编程/调试器。集成开发环境通过将编程/调试器和目标芯片进行连接后，完成程序下载或者进行在线调试。PIC 系列单片机定义了一个称为 ICSP 的编程调试接口以及配套协议，编程/调试器利用这个接口和目标芯片进行数据通信。

### 2.2.1　ICSP 接口

ICSP 是 In-Circuit Serial Programming 的缩写。ICSP 作为 PIC 系列单片机的编程调试接口，它需要使用 $\overline{MCLR}$ /$V_{PP}$、$V_{DD}$、$V_{SS}$、PGD (ICSPDAT)、PGC (ICSPCLK) 5 个单片机的

引脚。

PIC16(L)F18877 系列单片机的 ICSP 接口支持高电压编程和低电压编程两种模式。在高电压编程模式下，芯片需要两个电压，一个是芯片的正常工作电压(加载到芯片的 $V_{DD}$ 脚)，另外一个是 8～9 V 的高电压(由编程器产生，加载到 $V_{PP}/\overline{MCLR}$ 脚)。在低电压编程模式下，仅仅需要一个芯片的正常工作电压加载到芯片的 $V_{DD}$ 脚和 $V_{PP}/\overline{MCLR}$ 脚即可，但此时芯片需要在配置字中使能低电压编程(LVP)功能。

利用 ICSP 接口进行编程调试时，需要遵循以下原则，以保证接口连线上的信号能够满足编程协议所需的时序：

(1) PGD(ICSPDAT)和 PGC(ICSPCLK)不要接上拉电阻。

(2) PGD(ICSPDAT)和 PGC(ICSPCLK)不要使用电容连接到地。

(3) PGD(ICSPDAT)和 PGC(ICSPCLK)不要通过二极管和编程/调试器的引脚相连。

(4) $V_{PP}/\overline{MCLR}$ 不要通过电容连接到地，只需要连接一个 10～50 kΩ 的上拉电阻到 $V_{DD}$ 即可。

## 2.2.2 PICkit 4 编程/调试器

Microchip 提供了多种硬件编程/调试器，比如之前的 PICkit3、ICD3、Real-ICE 以及现在的 ICD4、PICkit4、SNAP 等。PICkit 4 因为具有很高的性价比而得到广泛的使用。

PICkit4 具有以下主要特点：

(1) 支持 PIC 系列 8 位、16 位、32 位单片机，AVR 系列单片机以及基于 CORTEX 内核的 SAM 系列芯片的编程调试。

(2) 可以给目标板提供最大 50mA 的电流。

(3) 对外采用 8 线单列直插接口。

(4) 支持 PTG(Program-To-Go)功能(将工程文件保存到 SD 卡，然后将 SD 卡插入 PICkit 4，并按正面红色 LOGO 面板下的隐藏按钮就能对目标芯片进行编程)。

PICkit 4 和目标芯片的连线方法如图 2-13 所示。电路板上的 1、2、3、4、5 编号分别对应 PICkit 4 的引脚 1 到引脚 5，引脚 1 对应图 2-13 中三角形所指向的位置。PICkit 4 的 8 线单列直插接口的引脚功能定义如图 2-14 所示。

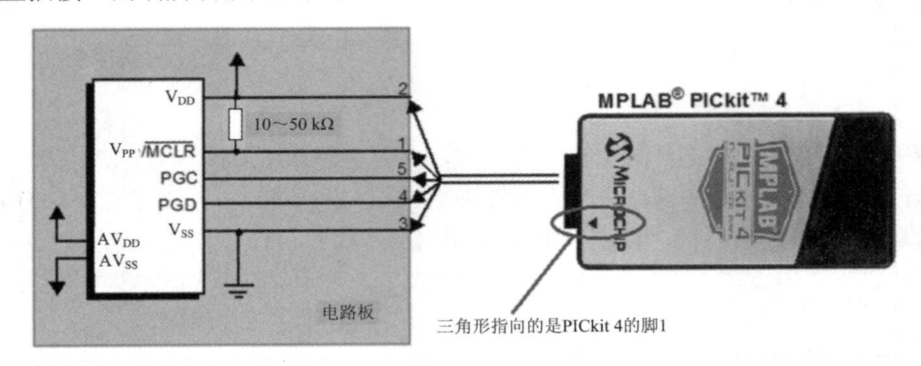


图 2-13　PICkit 4 和目标芯片的连线方法

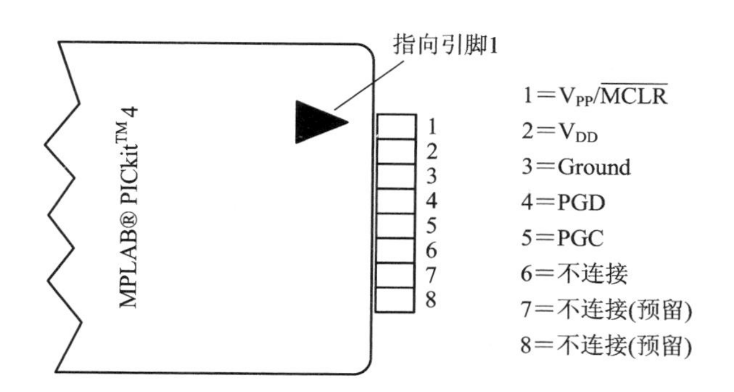


图 2-14　PICkit4 接口的引脚功能定义

用户在电脑上运行 X IDE 后，如果此时 PICkit 4 被接入电脑的 USB 口，则 PICkit 4 将被电脑识别为一个 WINUSB 设备。在 X IDE 的工程属性窗口的 Connected Hardware Tools 下可以看到已经接入的 PICkit 4 以及它的序列号，如图 2-15 所示。用户在所连硬件工具窗口中点选 PICkit 4 后再单击窗口下部的“OK”按钮，就可以使用 PICkit 4 对目标芯片进行编程和硬件仿真。

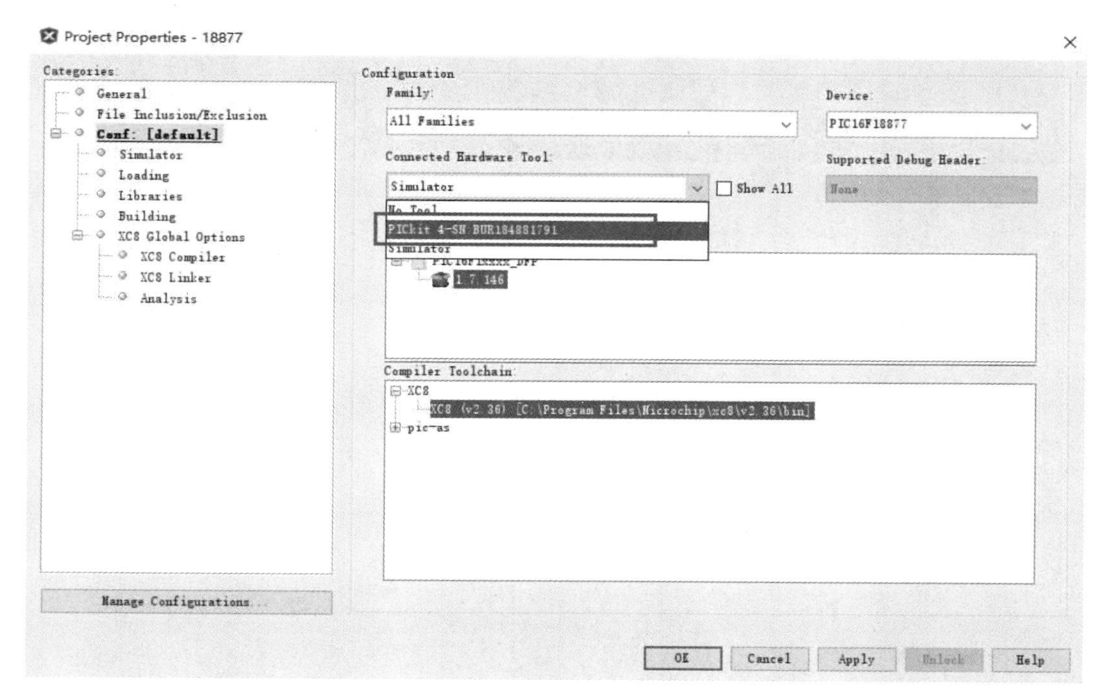


图 2-15　X IDE 中 PICkit 4 的选取

## 2.2.3　SNAP 在线编程/调试器

SNAP 在线编程/调试器和 PICkit 4 一样采用 8 线单列直插接口，它的引脚定义和用法和 PICkit 4 相同，其外观如图 2-16 所示。它是 Microchip 目前推出的支持高速编程和调试并且价格最低的编程/调试器。SNAP 支持绝大部分 PIC 系列 8 位、16 位、32 位单片机，

AVR 系列单片机以及基于 CORTEX 内核的 SAM 系列芯片的编程与调试，但不支持部分较老的产品。此外，SNAP 不能像 PICkit 4 那样对外供电，也不支持 Program-To-Go 功能。由于 SNAP 具有较高的总体性能以及非常低廉的价格，因此非常适合对编程调试工具价格比较敏感的用户使用。

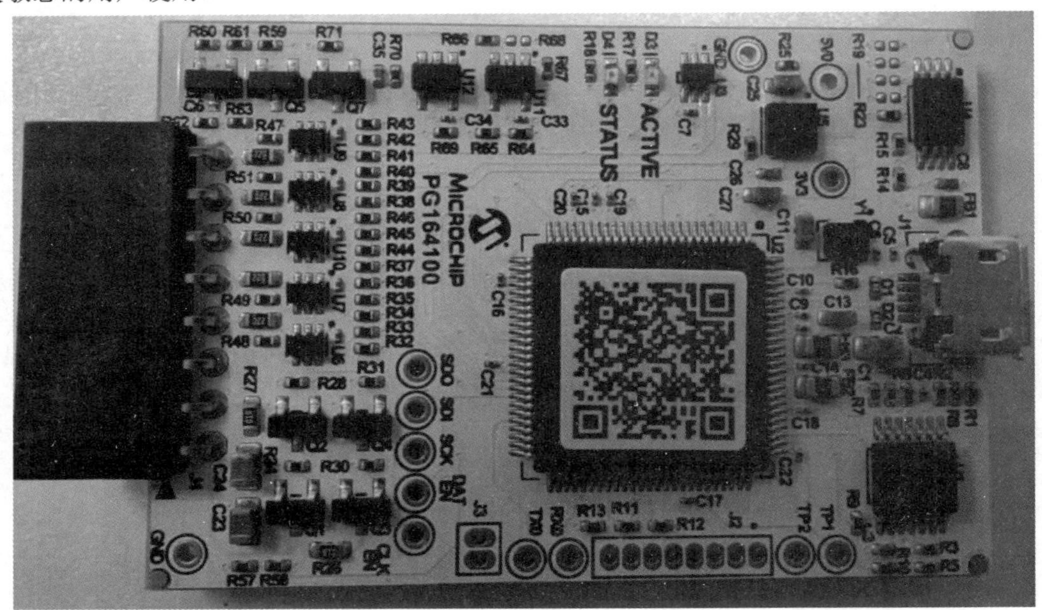


图 2-16　SNAP 在线编程/调试器的外观

# 第 3 章 时钟单元的配置和设计

对于数字系统来说，时钟单元是一个十分重要的组成部分，内核以及绝大多数外设的运行都需要时钟的参与，时钟频率的高低决定了系统运行速度的快慢。PIC16(L)F18877 系列单片机所能支持的最高时钟频率为 32 MHz，由于执行一条指令需要 4 个时钟周期，因此，PIC16(L)F18877 系列单片机的最大处理能力为 8 MIPS (Million Instructions Per Second)。为了适应各种应用场景的需求，PIC16(L)F18877 系列单片机为用户提供了多种时钟选择。根据振荡器/谐振器所处位置的不同，时钟源可以分为片内和片外两种，片外时钟源可以由晶体谐振器或者陶瓷谐振器构成，用户也可以直接利用片外有源时钟信号发生器作为时钟源。

PIC16(L)F18877 系列单片机的时钟单元具有以下特点：

(1) 可利用软件实现内部/外部时钟切换。

(2) 使用 FSCM 模块实时监测外部时钟信号(LP、XT、HS、ECH、ECM、ECL)的存在，当外部时钟出现异常时，自动切换到内部时钟。

(3) 当使用外部谐振器时，可利用振荡器起振定时器 OST 来保证程序在时钟单元工作稳定后才开始执行。

(4) 高频内部时钟 HFINTOSC 可以通过 OSCTUNE 寄存器进行频率微调。

芯片内部时钟单元总体结构框图如图 3-1 所示。

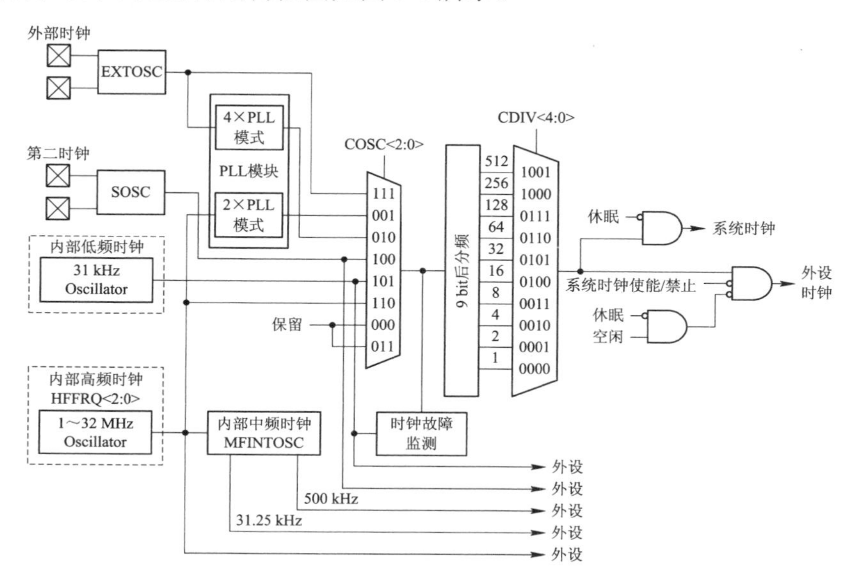


图 3-1　芯片内部时钟单元总体结构框图

由图 3-1 可知，时钟单元带有内部 PLL 倍频电路，外部时钟 LP/XT/HS 可以连接到 4 × PLL 电路实现 4 倍频输出，内部高频时钟 HFINTOSC 可以连接到 2 × PLL 电路实现 2 倍频输出。经过 PLL 倍频的时钟再经过后分频器提供给内核和外设使用。为了使 PLL 能正常锁定，它的输入信号频率必须在 4～8 MHz 范围内。

## 3.1 时钟源的种类

单片机的时钟源分为片外时钟源和片内时钟源两种。

### 1. 片外时钟源

片外时钟源包含以下 6 种：

(1) HS：高增益晶体/陶瓷振荡器(4～20 MHz)。

(2) XT：中等增益晶体/陶瓷振荡器(100 kHz～4 MHz)。

(3) LP：外部低功耗晶体谐振器(简称晶振)(低于 100 kHz)。

(4) ECH：高功耗外部有源时钟(8～32 MHz)。

(5) ECM：中等功耗外部有源时钟(500 kHz～8 MHz)。

(6) ECL：低功耗外部有源时钟(低于 500 kHz)。

LP/HS/XT 三种工作模式(片外时钟源)都是将晶体/陶瓷谐振器接到芯片 OSC1 和 OSC2 引脚，通过芯片内部驱动谐振器产生时钟信号，典型的外部晶振连接方式如图 3-2 所示。

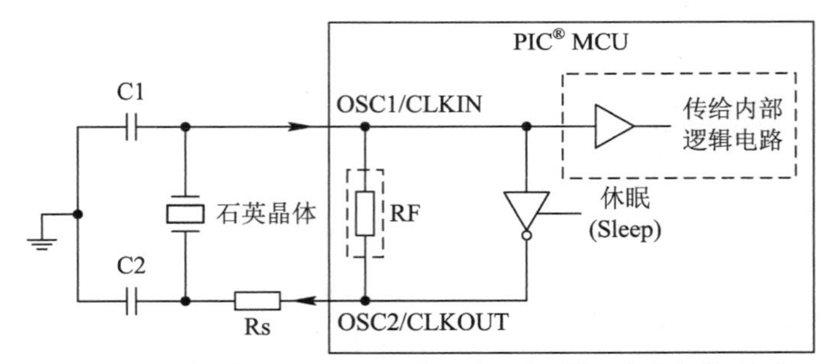


图 3-2　外部晶振连接方式

在采用 ECH/ECM/ECL 三种工作模式(片外时钟源)时，时钟信号由外部有源时钟发生器产生，因此直接将有源时钟发生器产生的时钟信号从 OSC1 脚输入即可，EC 模式的工作框图如图 3-3 所示。

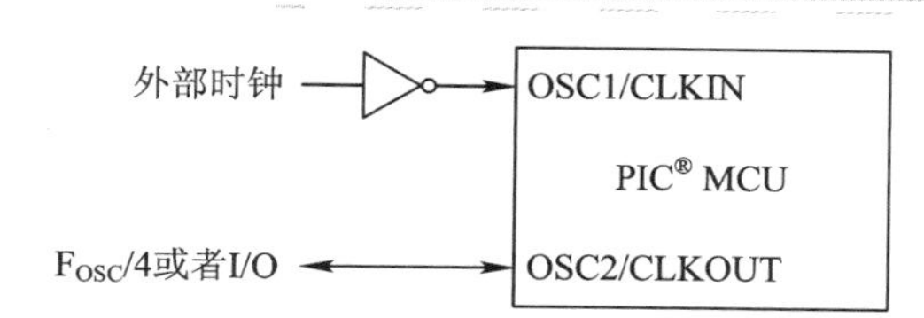


注：如果时钟需要从I/O脚输出，那么要在配置字中使能CLKOUTEN

图 3-3　EC 模式的工作框图

### 2. 片内时钟源

片内时钟源包含以下 2 种：

(1) HFINTOSC：片内高频时钟源(频率范围为 1～32 MHz)。

(2) LFINTOSC：片内低频时钟源(频率为 31 kHz)。

## 3.2 系统时钟源的配置

### 1. 上电默认时钟模式的选择

单片机上电时默认的时钟模式通过芯片配置字 CONFIG1 进行选择，所选的时钟模式必须和片外的硬件相匹配。

### 2. 时钟源的切换

当用户程序开始运行后，用户可以使用代码来重新选择时钟模式，如在内部和外部时钟源之间进行切换，改变分频比或者在带 PLL 的时钟源和不带 PLL 的时钟源之间进行切换等。需要注意的是，如果希望通过软件方式来切换时钟源，那么配置字寄存器 CONFIG1 中 CSWEN 项需要设为 1(ON)。

在程序运行中对时钟源的改变是通过改变表 3-1 中寄存器 OSCCON1 的 NOSC<2:0>来进行的。改变 NDIV<3:0>可以改变时钟源的分频比。单片机会在新的时钟源达到稳定状态后自动从旧时钟源切换到新时钟源。

表 3-1　OSCCON1：振荡控制寄存器 1

| U-0 | R/W-f/f | R/W-f/f | R/W-f/f | R/W-q/q | R/W-q/q | R/W-q/q | R/W-q/q |
|---|---|---|---|---|---|---|---|
| — | NOSC<2:0> | | | NDIV<3:0> | | | |
| bit7 | | | | | | | bit 0 |

注：

f = 复位默认值等于配置寄存器 1 中 RSTOSC<2:0>的值；

U-0 = 未使用，读为 0；　　q = 数值根据具体情况确定。

对于带有 PLL 的时钟源，切换后如果 PLL 不能锁定，时钟监测模块 FSCM 将触发异常操作。

## 3.3 时钟监测模块

当单片机使用外部时钟源进行工作时，芯片内部的时钟监测(FSCM)模块会实时监测外部时钟信号是否存在，外部时钟停振最多不能超过 3 ms，否则单片机会产生时钟异常标志(OSFIF)，如果此时时钟异常中断使能位 OSFIE 为 1，则系统将产生中断。当外部时钟源出现异常时，FSCM 将把时钟切换到内部时钟 HFINTOSC(1 MHz)，在外部时钟源恢复并通过重新设置寄存器 OSCCON1 里的 NOSC/NDIV 成功切换到外部时钟源之前，系统将一直使用这个内部时钟。

使系统复位、执行 SLEEP 指令或者改变寄存器 OSCCON1 的 NOSC/NDIV，都可以清除时钟异常状态。

时钟监测模块的框图如图 3-4 所示。

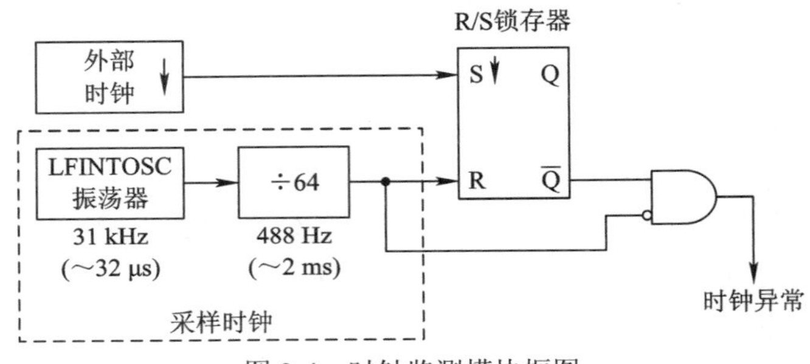


图 3-4　时钟监测模块框图

## 3.4 外部时钟源电路的设计

PIC 系列单片机的外部振荡器通常使用如图 3-5 所示的架构。

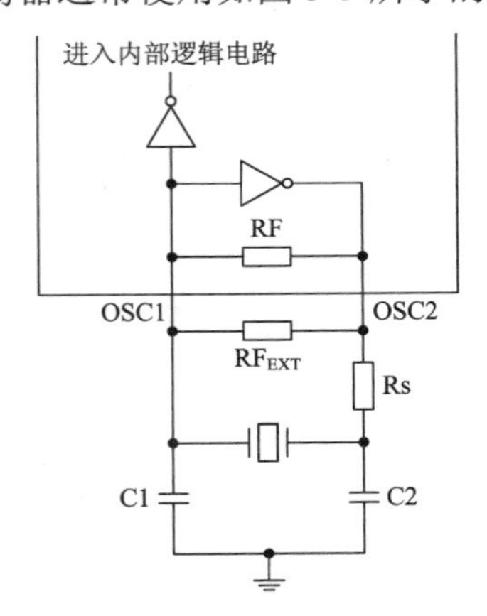


图 3-5　单片机外部振荡器架构

单片机外部振荡器主要由芯片内部反向放大器、片外晶体和电容组成，有些应用设计还会加上并联电阻 $RF_{EXT}$ 以及串联电阻 Rs。振荡器的工作状况会受到一些因素的综合影响，比如工作模式、供电电压和环境温度等。工作模式一般有三种，即 LP、XT 和 HS，其中 HS 模式的环路增益最大，XT 模式的增益次之，LP 模式的增益最小。工作频率越高，所需要的环路增益越大。不同的工作频率需要选择与之相适合的环路增益，如果选择的增益过小，将会导致振荡器工作困难甚至不能起振；如果选择的增益过大，将会导致功耗过高，干扰信号增大，甚至有可能造成振荡器的永久物理损坏。同样，供电电压和环境温度也会影响振荡器的工作效果。高温和低压会降低反向放大器的增益，低温和高压会加强放大器的增益。一般来说，PIC 系列单片机对于不同模式下的振荡器电容 C1 和 C2 的容值可以参考表 3-2 中所列数值。

**表 3-2　外部振荡器的晶振频率和电容参考值**

| 工作模式 | 晶振频率 | C1 取值范围 | C2 取值范围 |
|---|---|---|---|
| LP | 32 kHz | 33 pF | 33 pF |
| | 200 kHz | 15 pF | 15 pF |
| XT | 200 kHz | 47-68 pF | 47-68 pF |
| | 1 MHz | 15 pF | 15 pF |
| | 4 MHz | 15 pF | 15 pF |
| HS | 4 MHz | 15 pF | 15 pF |
| | 8 MHz | 15-33 pF | 15-33 pF |
| | 20 MHz | 15-33 pF | 15-33 pF |

用户可以选取位于参考值范围内，能使振荡器在所允许的最低供电电压和最高环境温度的条件下正常工作，并且容值较小的电容。C1 和 C2 通常可以使用相同容值的电容，不过为了改善振荡器的起振特性，也可以选择让 C2 的值稍大于 C1，这样可以增加上电时晶体的相移，从而加快起振速度。对于起振困难的陶瓷谐振器，可以考虑在谐振器两端并联一个电阻 $RF_{EXT}$，其阻值的选择范围通常是 1～5 MΩ。

如前所述，大的环路增益可以使振荡电路更容易起振，但需要注意的是在某些情况下，振荡电路会出现过度激励的现象，这将导致所产生的时钟信号发生波形畸变、系统功耗以及内部干扰过大等问题。为了解决过度激励的问题，可以在 C2 和 OSC2 脚之间串联一个电阻 Rs，其阻值通常小于 40 kΩ。

# 第 4 章 PIC16(L)F18877 系列单片机的基础外设

## 4.1 输入/输出端口和外设引脚重定位功能

PIC16(L)F18877 系列单片机带有 5 个输入/输出(I/O)端口，分别为 PORTA、PORTB、PORTC、PORTD 和 PORTE。这些端口具有以下特性：

(1) 拉电流/灌电流高达 50 mA。

(2) 可通过设置相关寄存器来使能或禁止内部弱上拉电阻。

(3) 可通过设置相关寄存器来控制输出信号的压摆率，以改善电磁干扰(EMI)性能。

通用 I/O 端口结构如图 4-1 所示。

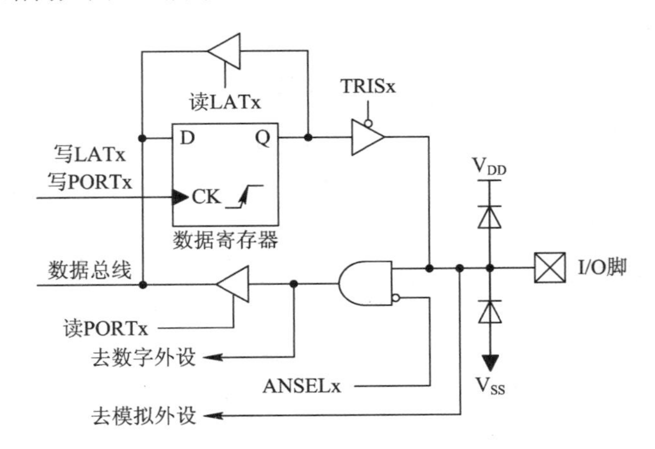


图 4-1 通用 I/O 端口结构

### 4.1.1 输入/输出端口的设置

#### 1. 端口的数字/模拟属性设置

大部分端口为复用端口，包括模拟和数字复用以及通用 I/O 端口和外设引脚的复用。当属性控制寄存器 ANSELx(x 为 A、B、C、D 或者 E，分别表示 A、B、C、D、E 端口)

的某一位为 1 时，其对应的端口为模拟端口，模拟端口可以供模拟外设(如 ADCC、比较器等)使用；当寄存器 ANSELx 的某一位为 0 时，其对应的端口为数字端口。单片机复位后的端口默认状态为模拟输入口。表 4-1 列出了寄存器 ANSELx 的位定义和复位值。

**表 4-1　端口 x 的模拟属性控制寄存器 ANSELx**

| R/W-1/1 | R/W-1/1 | R/W-1/1 | R/W-1/1 | R/W-1/1 | R/W-1/1 | R/W-1/1 | R/W-1/1 |
|---|---|---|---|---|---|---|---|
| ANSx7 | ANSx6 | ANSx5 | ANSx4 | ANSx3 | ANSx2 | ANSx1 | ANSx0 |
| bit 7 | | | | | | | bit 0 |

说明：
R = 可读；　　W = 可写；
-n/n = 　POR 和 BOR 时的值/其他复位时的值；
'1' = 该位被置 1；　'0' = 该位被清零

注：bit 7～bit 0　ANSx <7:0>：端口模拟属性选择位；

1 = 端口为模拟端口；

0 = 端口为数字端口。

### 2. 端口的方向设置

端口的方向包括输入和输出，通过方向控制寄存器 TRISx(x 为 A、B、C、D 或者 E)来设置。当方向控制寄存器 TRISx 的某一位的值为 0 时，表示该位对应的端口为输出；当寄存器 TRISx 的某一位的值为 1 时，表示该位对应的端口为输入。表 4-2 列出了寄存器 TRISx 的位定义和复位值。

**表 4-2　端口 x 的方向控制寄存器 TRISx**

| R/W-1/1 | R/W-1/1 | R/W-1/1 | R/W-1/1 | R/W-1/1 | R/W-1/1 | R/W-1/1 | R/W-1/1 |
|---|---|---|---|---|---|---|---|
| TRISx7 | TRISx6 | TRISx5 | TRISx4 | TRISx3 | TRISx2 | TRISx1 | TRISx0 |
| bit 7 | | | | | | | bit 0 |

说明：
R = 可读；　W = 可写；
-n/n = 　POR 和 BOR 时的值 / 其他复位时的值；
'1' = 该位被置 1；　'0' = 该位被清零

注：bit 7～bit 0　TRISx<7:0>：端口 x 的方向控制位；

1 = 端口配置为输入(三态)；

0 = 端口配置为输出。

### 3. 端口的上拉设置

当端口被设置为数字输入口时，可以通过设置弱上拉控制寄存器 WPUx 来使能弱上拉电阻，表 4-3 列出了寄存器 WPUx 的位定义和复位值。

**表 4-3 端口 x 的弱上拉控制寄存器 WPUx**

| R/W-0/0 | R/W-0/0 | R/W-0/0 | R/W-0/0 | R/W-0/0 | R/W-0/0 | R/W-0/0 | R/W-0/0 |
|---|---|---|---|---|---|---|---|
| WPUx7 | WPUx6 | WPUx5 | WPUx4 | WPUx3 | WPUx2 | WPUx1 | WPUx0 |
| bit 7 | | | | | | | bit 0 |

说明：
R = 可读； W = 可写；
-n/n = POR 和 BOR 时的值 / 其他复位时的值；
'1'= 该位被置 1； '0' = 该位被清零

注：bit 7～bit 0 WPUx<7:0> : 端口 x 的弱上拉控制位；
1 = 使能弱上拉；
0 = 禁止弱上拉。

**注**：端口为输出口时，弱上拉被自动禁止。

### 4. 端口的输入电平设置

端口的输入电平可以是 ST 电平或者 TTL 电平，用户可以通过配置输入电平选择寄存器 INLVLx 来选择输入电平的模式。表 4-4 列出了端口输入电平选择寄存器 INLVLx 的位定义和复位值。

**表 4-4 端口 x 的输入电平选择寄存器 INLVLx**

| R/W-1/1 | R/W-1/1 | R/W-1/1 | R/W-1/1 | R/W-1/1 | R/W-1/1 | R/W-1/1 | R/W-1/1 |
|---|---|---|---|---|---|---|---|
| INLVLx7 | INLVLx6 | INLVLx5 | INLVLx4 | INLVLx3 | INLVLx2 | INLVLx1 | INLVLx0 |
| bit 7 | | | | | | | bit 0 |

说明:
R = 可读； W = 可写；
-n/n = POR 和 BOR 时的值 / 其他复位时的值；
'1'= 该位被置 1； '0' = 该位被清零

注：bit 7～bit 0 INLVLx<7:0>: 端口 x 输入电平选择位；
1 = 采用 ST 电平来读端口以及判断输入变化；
0 = 采用 TTL 电平来读端口以及判断输入变化。

### 5. 端口的开漏属性设置

PIC16(L)F18877 系列单片机的端口还可以设置为开漏模式。在开漏模式下，端口只能吸收电流，而在标准的推挽工作模式下，端口既可以吸收电流也可以提供电流。开漏属性的设置是通过开漏属性使能寄存器 ODCONx 来进行的，当寄存器 ODCONx 的某一位被设置为 1 时，所对应的端口将工作在开漏模式下，否则端口将工作在标准推挽模式下。表 4-5 列出了寄存器 ODCONx 的位定义和复位值。

**表 4-5　端口 x 的开漏属性使能寄存器 ODCONx**

| R/W-0/0 | R/W-0/0 | R/W-0/0 | R/W-0/0 | R/W-0/0 | R/W-0/0 | R/W-0/0 | R/W-0/0 |
|---|---|---|---|---|---|---|---|
| ODCx7 | ODCx6 | ODCx5 | ODCx4 | ODCx3 | ODCx2 | ODCx1 | ODCx0 |
| bit 7 | | | | | | | bit 0 |
| 说明：<br>R = 可读；　W = 可写；<br>-n/n = POR 和 BOR 时的值 / 其他复位时的值；<br>'1' = 该位被置 1；　'0' = 该位被清零 | | | | | | | |

注：bit 7～bit 0　ODCx<7:0>：端口 x 的开漏属性使能位；

1 = 端口工作在开漏模式下；

0 = 端口工作在标准推挽模式下。

### 6. 端口压摆率的设置

端口压摆率是指输出信号的电平变化速率。降低电平变化的速率有助于降低开关功耗以及电磁干扰。PIC16(L)F18877 系列单片机可以通过设置端口压摆率使能寄存器 SLRCONx 来使能压摆率控制。将寄存器 SLRCONx 的某一位置 1 将使能对应端口的压摆率控制，如果清零寄存器 SLRCONx 的某一位，则对应端口的输出压摆率将使用最大值。表 4-6 列出了寄存器 SLRCONx 的位定义和复位值。

**表 4-6　端口 x 的压摆率使能寄存器 SLRCONx**

| R/W-1/1 | R/W-1/1 | R/W-1/1 | R/W-1/1 | R/W-1/1 | R/W-1/1 | R/W-1/1 | R/W-1/1 |
|---|---|---|---|---|---|---|---|
| SLRx7 | SLRx6 | SLRx5 | SLRx4 | SLRx3 | SLRx2 | SLRx1 | SLRx0 |
| bit 7 | | | | | | | bit 0 |
| 说明：<br>R = 可读；　W = 可写；<br>-n/n = POR 和 BOR 时的值 / 其他复位时的值；<br>'1' = 该位被置 1；　'0' = 该位被清零 | | | | | | | |

注：bit 7～bit 0　SLRx<7:0>：端口 x 压摆率使能位；

1 = 端口的压摆率受限；

0 = 端口的压摆率为最大值。

## 4.1.2　通用 I/O 口的读/写操作

### 1. 读操作(输入)

当端口属性为数字输入时，通过读取寄存器 PORTx(x 为 A、B、C、D、E)可以获得对应端口的电平值，当端口的输入电平大于等于 $V_{IH}$ 时，寄存器 PORTx 对应位的值为 1；当端口的输入电平值小于等于 $V_{IL}$ 时，寄存器 PORTx 对应位的值为 0。当端口属性为模拟输入时，读取寄存器 PORTx 得到的值始终为 0。表 4-7 为 PIC16(L)F18877 系列单片机的 $V_{IH}$ 和 $V_{IL}$ 的电气规范参数。

**表 4-7　输入高/低电平的电气参数**

| 参数编号 | | 特　征 | 最小值 | 典型值 | 最大值 | 单位 | 条　件 |
|---|---|---|---|---|---|---|---|
| | $V_{IL}$ | 输入的电平 | | | | | |
| | | I/O 端口： | | | | | |
| D300 | | 带有 TTL 缓冲器 | — | — | 0.8 | V | 4.5 V≤$V_{DD}$≤5.5 V |
| D301 | | | — | — | 0.15 $V_{DD}$ | V | 1.8 V≤$V_{DD}$≤4.5 V |
| D302 | | 带有施密特触发缓冲器 | — | — | 0.2 $V_{DD}$ | V | 2.0 V≤$V_{DD}$≤5.5 V |
| D303 | | 带有 $I^2C$ 电平 | — | — | 0.3 $V_{DD}$ | V | |
| D304 | | 带有 SMBus 电平 | — | — | 0.8 | V | 2.7 V≤$V_{DD}$≤5.5 V |
| D305 | | $\overline{MCLR}$ | — | — | 0.2 $V_{DD}$ | V | |
| | $V_{IH}$ | 输入的高电平 | | | | | |
| | | I/P 端口： | | | | | |
| D320 | | 带有 TTL 缓冲器 | 2.0 | — | — | V | 4.5 V≤$V_{DD}$≤5.5 V |
| D321 | | | 0.25 $V_{DD}$ + 0.8 | — | — | V | 1.8 V≤$V_{DD}$≤4.5 V |
| D322 | | 带有施密特触发缓冲器 | 0.8 $V_{DD}$ | — | — | V | 2.0 V≤$V_{DD}$≤5.5 V |
| D323 | | 带有 $I^2C$ 电平 | 0.7 $V_{DD}$ | — | — | V | |
| D324 | | 带有 SMBus 电平 | 2.1 | — | — | V | 2.7 V≤$V_{DD}$≤5.5 V |
| D325 | | $\overline{MCLR}$ | 0.7 $V_{DD}$ | — | — | V | |

### 2. 写操作(输出)

对于型号较老的单片机产品，端口输出是通过写寄存器 PORTx 来实现的。由于单片机对端口的位操作采用的是读—改—写的流程，即先读取整个端口的值，修改成所需要的值后再整体回写到端口，这在实际应用中可能会导致意外的错误，例如，用户在寄存器 PORTA 的 RA0 位写 1，希望在 RA0 上输出高电平，但由于 RA0 当前的外部负载过大，RA0 上的电压被拉到了低电平，如果用户对 PORTA 的其他端口(比如 RA2)进行位操作，那么由于读-改-写的原因，RA0 的值会变为 0，即 RA0 将输出低电平。为了解决这个问题，PIC16(L)F18877 系列单片机增加了输出锁存寄存器 LATx 用于端口输出。用户在执行输出操作时可以通过写寄存器 LATx 来完成，这样可以避免读-改-写操作可能带来的错误。表 4-8 列出了输出低电压 $V_{OL}$ 和输出高电压 $V_{OH}$ 的电气参数，单片机的输出电压必须符合这些规范。

表 4-8　输出高/低电平的电气参数

| 参数编号 | | 特　征 | 最小值 | 典型值 | 最大值 | 单位 | 条　件 |
|---|---|---|---|---|---|---|---|
| D360 | $V_{OL}$ | 输出的低电平 | | | | | |
| | | I/O 端口 | — | — | 0.6 | V | $I_{OL}=10.0\,mA$，$V_{DD}=3.0\,V$ |
| D370 | $V_{OH}$ | 输出的高电平 | | | | | |
| | | I/O 端口 | $V_{DD}-0.7$ | — | — | V | $I_{OH}=6.0\,mA$，$V_{DD}=3.0\,V$ |
| D380 | $C_{IO}$ | 所有的 I/O 引脚 | — | 5 | 50 | pF | |

### 4.1.3　外设引脚重定位功能

PPS 是 Peripheral Pin Select 的简称，即外设引脚重定位，它的功能是将单片机外设的输入/输出信号和想要连接的端口在单片机内部实现物理连接，也就是说，外设端口在芯片上的位置不再是固定的，用户可以根据产品 PCB 布板的需求灵活设定外设引脚的位置。目前 PPS 功能只支持数字信号脚，模拟输入/输出引脚只能出现在芯片的固定位置，不支持重定位。

#### 1. 输入引脚的 PPS 设置

支持 PPS 功能的外设并非可以映射到芯片的任意引脚，需要查阅芯片数据手册确定可映射的引脚范围，对于 PIC16(L)F18877 系列单片机，可以参考表 4-9 了解哪些端口可以用来连接某个特定的外设输入。

表 4-9　输入信号的重定位选择

| 输入信号 | 输入寄存器 | 上电复位的默认位置 | 可用于重定位的端口 | | | | | | | |
|---|---|---|---|---|---|---|---|---|---|---|
| | | | PIC16F18857 | | | PIC16F18877 | | | | |
| | | | PORTA | PORTB | PORTC | PORTA | PORTB | PORTC | PORTD | PORTE |
| INT | INTPPS | RB0 | ● | ● | | ● | ● | | | |
| T0CKI | T0CKIPPS | RA4 | ● | ● | | ● | ● | | | |
| T1CKI | T1CKIPPS | RC0 | ● | | ● | ● | | ● | | |
| T1G | T1GPPS | RB5 | | ● | ● | | ● | ● | | |
| T3CKI | T3CKIPPS | RC0 | | ● | ● | | ● | ● | | |
| T3G | T3GPPS | RC0 | ● | | ● | ● | | ● | | |
| T5CKI | T5CKIPPS | RC2 | ● | | ● | ● | | ● | | |
| T5G | T5GPPS | RB4 | | ● | ● | | ● | | ● | |
| T2IN | T2AINPPS | RC3 | ● | | ● | | ● | | ● | |
| T4IN | T4AINPPS | RC5 | | ● | ● | | ● | ● | | |
| T6IN | T6AINPPS | RB7 | | ● | ● | | ● | | ● | |
| CCP1 | CCP1PPS | RC2 | | ● | ● | | ● | ● | | |

续表

| 输入信号 | 输入寄存器 | 上电复位的默认位置 | 可用于重定位的端口 | | | | | | | |
|---|---|---|---|---|---|---|---|---|---|---|
| | | | PIC16F18857 | | | PIC16F18877 | | | | |
| | | | PORTA | PORTB | PORTC | PORTA | PORTB | PORTC | PORTD | PORTE |
| CCP2 | CCP2PPS | RC1 | | ● | ● | | ● | ● | | |
| CCP3 | CCP3PPS | RB5 | | ● | ● | | ● | | ● | |
| CCP4 | CCP4PPS | RB0 | | ● | ● | | ● | | ● | |
| CCP5 | CCP5PPS | RA4 | ● | | ● | ● | | | | ● |
| SMTWIN1 | SMT1WINPPS | RC0 | | ● | ● | | ● | | | |
| SMTSIG1 | SMT1SIGPPS | RC1 | | ● | ● | | ● | | | |
| SMTWIN2 | SMT2WINPPS | RB4 | | ● | ● | | ● | | ● | |
| SMTSIG2 | SMT2SIGPPS | RB5 | | ● | ● | | ● | | ● | |
| CWG1IN | CWG1PPS | RB0 | | ● | ● | | ● | | ● | |
| CWG2IN | CWG2PPS | RB1 | | ● | ● | | ● | | ● | |
| CWG3IN | CWG3PPS | RB2 | | ● | ● | | ● | | ● | |
| MDCARL | MDCARLPPS | RA3 | ● | | ● | ● | | | ● | |
| MDCARH | MDCARHPPS | RA4 | ● | | ● | ● | | | ● | |
| MDMSRC | MDSRCPPS | RA5 | ● | | ● | ● | | | ● | |
| CLCIN0 | CLCIN0PPS | RA0 | ● | | ● | ● | | ● | | |
| CLCIN1 | CLCIN1PPS | RA1 | ● | | ● | ● | | ● | | |
| CLCIN2 | CLCIN2PPS | RB6 | | ● | ● | | ● | | ● | |
| CLCIN3 | CLCIN3PPS | RB7 | | ● | ● | | ● | | ● | |
| ADCCACT | ADCCACTPPS | RB4 | | ● | ● | | ● | | ● | |
| SCK1/SCL1 | SSP1CLKPPS | RC3 | | ● | ● | | ● | ● | | |
| SDI1/SDA1 | SSP1DATPPS | RC4 | | ● | ● | | ● | ● | | |
| SS1 | SSP1SSPPS | RA5 | ● | | ● | ● | | | ● | |
| SCK2/SCL2 | SSP2CLKPPS | RB1 | | ● | ● | | ● | | ● | |
| SDI2/SDA2 | SSP2DATPPS | RB2 | | ● | ● | | ● | | ● | |
| SS2 | SSP2SSPPS | RB0 | | ● | ● | | ● | | ● | |
| RX/DT | RXPPS | RC7 | | ● | ● | | ● | ● | | |
| CK | TXPPS | RC6 | | ● | ● | | ● | ● | | |

外设的输入引脚拥有唯一的与之对应的 PPS 寄存器，该寄存器的具体名称如表 4-9 的第二列所示。通过将不同的值赋予这个 PPS 寄存器，就可以将该输入和不同的物理引脚进行连接。表 4-10 列出了各物理引脚所对应的值。

**表 4-10　输入引脚对应的 PPS 寄存器值**

| 输入信号需要映射到的目标脚位 | 需要写入对应寄存器的数值 | 输入信号需要映射到的目标脚位 | 需要写入对应寄存器的数值 |
|---|---|---|---|
| RA0 | 0x00 | RC2 | 0x12 |
| RA1 | 0x01 | RC3 | 0x13 |
| RA2 | 0x02 | RC4 | 0x14 |
| RA3 | 0x03 | RC5 | 0x15 |
| RA4 | 0x04 | RC6 | 0x16 |
| RA5 | 0x05 | RC7 | 0x17 |
| RA6 | 0x06 | RD0 | 0x18 |
| RA7 | 0x07 | RD1 | 0x19 |
| RB0 | 0x08 | RD2 | 0x1A |
| RB1 | 0x09 | RD3 | 0x1B |
| RB2 | 0x0A | RD4 | 0x1C |
| RB3 | 0x0B | RD5 | 0x1D |
| RB4 | 0x0C | RD6 | 0x1E |
| RB5 | 0x0D | RD7 | 0x1F |
| RB6 | 0x0E | RE0 | 0x20 |
| RB7 | 0x0F | RE1 | 0x21 |
| RC0 | 0x10 | RE2 | 0x22 |
| RC1 | 0x11 | RE3 | 0x23 |

## 2. 输出引脚的 PPS 设置

如需将某个物理引脚和某个外设输出相连接，则需要将寄存器 RxyPPS 设置为特定的值，例如，要将 PORTA 的引脚 0 与某个外设输出相连，那么需要将此外设对应的值写入寄存器 RA0PPS。和外设输入脚一样，外设输出脚也不能映射到芯片的任意引脚，表 4-11 列出了各外设所对应的值以及它们可以映射的芯片引脚范围。

**表 4-11　输出信号的重定位选择**

| 输出信号 | 寄存器 RxyPPS 的值 | 可用于重定位的端口 | | | | | | | |
|---|---|---|---|---|---|---|---|---|---|
| | | PIC16F18857 | | | PIC16F18877 | | | | |
| | | PORTA | PORTB | PORTC | PORTA | PORTB | PORTC | PORTD | PORTE |
| ADGRDG | 0x25 | ● | | ● | ● | | ● | | |
| ADGRDA | 0x24 | ● | | ● | ● | | ● | | |
| CWG3D | 0x23 | ● | | ● | ● | | | ● | |
| CWG3C | 0x22 | ● | | ● | ● | | | ● | |
| CWG3B | 0x21 | ● | | ● | ● | | | | ● |
| CWG3A | 0x20 | | ● | ● | | ● | ● | | |

续表

| 输出信号 | 寄存器 RxyPPS 的值 | 可用于重定位的端口 | | | | | | | |
|---|---|---|---|---|---|---|---|---|---|
| | | PIC16F18857 | | | PIC16F18877 | | | | |
| | | PORTA | PORTB | PORTC | PORTA | PORTB | PORTC | PORTD | PORTE |
| CWG2D | 0x1F | | ● | ● | | ● | | ● | |
| CWG2C | 0x1E | | ● | ● | | ● | | ● | |
| CWG2B | 0x1D | | ● | ● | | ● | | ● | |
| CWG2A | 0x1C | | ● | ● | | ● | ● | | |
| DSM | 0x1B | ● | | ● | ● | | | ● | |
| CLKR | 0x1A | | ● | ● | | ● | ● | | |
| NCO | 0x19 | ● | | ● | ● | | | ● | |
| TMR0 | 0x18 | | ● | ● | | ● | ● | | |
| SDO2/SDA2 | 0x17 | | ● | ● | | ● | | ● | |
| SCK2/SCL2 | 0x16 | | ● | ● | | ● | | ● | |
| SD01/SDA1 | 0x15 | | ● | ● | | ● | ● | | |
| SCK1/SCL1 | 0x14 | | ● | ● | | ● | ● | | |
| C2OUT | 0x13 | ● | | ● | ● | | | | ● |
| C1OUT | 0x12 | ● | | ● | ● | | | ● | |
| DT | 0x11 | | ● | ● | | ● | ● | | |
| TX/CK | 0x10 | | ● | ● | | ● | ● | | |
| PWM7OUT | 0x0F | ● | | ● | ● | | | ● | |
| PWM6OUT | 0x0E | ● | | ● | ● | | | | ● |
| CCP5 | 0x0D | ● | | ● | ● | | | ● | |
| CCP4 | 0x0C | | ● | ● | | ● | | ● | |
| CCP3 | 0x0B | | ● | ● | | ● | | ● | |
| CCP2 | 0x0A | | ● | ● | | ● | ● | | |
| CCP1 | 0x09 | | ● | ● | | ● | ● | | |
| CWG1D | 0x08 | | ● | ● | | ● | | ● | |
| CWG1C | 0x07 | | ● | ● | | ● | | ● | |
| CWG1B | 0x06 | | ● | ● | | ● | ● | ● | |
| CWG1A | 0x05 | | ● | ● | | ● | | | |
| CLC4OUT | 0x04 | | ● | ● | | ● | | ● | |
| CLC3OUT | 0x03 | | ● | ● | | ● | | ● | |
| CLC2OUT | 0x02 | ● | | ● | ● | | ● | | |
| CLC1OUT | 0x01 | ● | | ● | ● | | ● | | |

注：当寄存器 RxyPPS 的值设为 0 时，Rxy 脚的输出由对应的寄存器 LATx 控制。

### 3. 双向引脚的 PPS 设置

双向引脚指的是该引脚有的时候作为输入引脚使用，有的时候作为输出引脚使用。一

个典型的例子就是 $I^2C$ 的 SDA 引脚，它既可以向外发送数据，也可以从外部接收数据。对于双向引脚的重映射，需要注意以下两点：

(1) PPS 输入寄存器和 PPS 输出寄存器都需要配置。

(2) PPS 输入和 PPS 输出必须使用同一个引脚。

### 4. PPS 寄存器的锁定功能

为了防止 PPS 寄存器被误写或误改，从而导致系统功能丧失甚至造成损坏，PIC16(L)F18877 系列单片机提供了一个控制位 PPSLOCKED(在 PPSLOCK 寄存器中)，用来使能或者禁止 PPS 寄存器的操作。当 PPSLOCKED 被设为 1 时，禁止用户操作 PPS 寄存器，反之，当 PPSLOCKED 被设为 0 时，允许用户操作 PPS 寄存器。

要修改 PPSLOCKED 位，用户必须首先连续执行两条赋值指令进行解锁，第一条指令是将 0x55 赋给 PPSLOCK 寄存器，第二条指令是将 0xAA 赋给 PPSLOCK 寄存器，解锁过程不允许被打断，因此在修改 PPSLOCKED 的值之前，需要关闭全局中断，以防解锁被中断打断，在修改 PPSLOCKED 完成后，再重新使能全局中断，这也是防止 PPS 相关寄存器被误操作的一种保护手段。器件进入睡眠状态不会改变 PPS 相关寄存器的值。当器件上电复位时，PPS 的相关寄存器将被重置为特定的默认值，但对于其他的复位，如看门狗复位、外部复位等，则不会改变 PPS 相关寄存器的值。

## 4.2 定时/计数器模块

PIC16(L)F18877 系列单片机具有丰富的片内定时/计数器资源，它带有 3 种共 7 个定时/计数器(Timer)，分别为 Timer0、Timer1/3/5 和 Timer2/4/6。Timer0 是一个可以配置为 8 位模式或者 16 位模式的传统定时/计数器，Timer1/3/5 是 3 个带有门控功能的 16 位定时/计数器，Timer2/4/6 是 3 个带有周期寄存器的 8 位定时/计数器。

### 4.2.1 定时/计数器 Timer0

Timer0 的整体结构框图如图 4-2 所示。

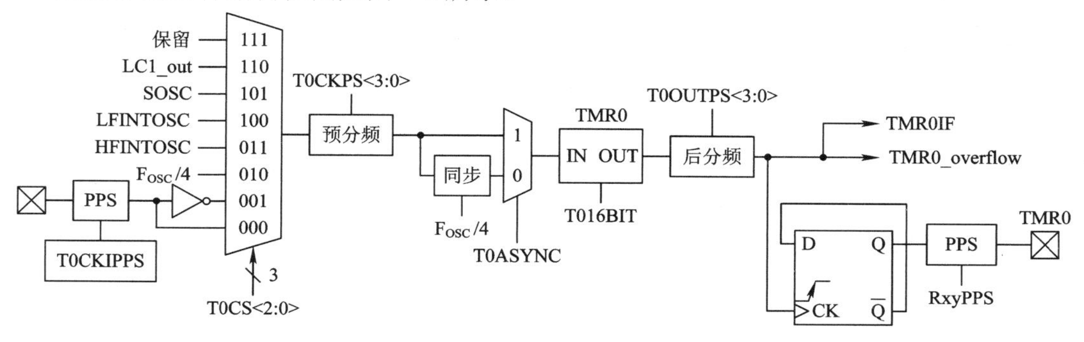


图 4-2　Timer0 整体结构框图

## 1. Timer0 的设置

1) Timer0 运行模式的设置

Timer0 有 8 位或 16 位两种运行模式，即 Timer0 既可以作为一个 8 位定时/计数器运行，也可作为一个 16 位定时/计数器运行。Timer0 的运行模式可通过 Timer0 控制寄存器 T0CON0 中的 T016BIT 位来设置。当 T016BIT 位设为 0 时，Timer0 以 8 位模式运行，当 T016BIT 位设为 1 时，Timer0 以 16 位模式运行。

(1) 8 位模式。在 8 位模式下，寄存器 TMR0H 的值将复制到一个周期缓冲器中，而寄存器 TMR0L 的值在经过预分频器的时钟信号的每个上升沿递增，并与周期缓冲器的值(寄存器 TMR0H 的副本)进行比较。当比较匹配时，将发生以下事件：

① Timer0 的中断标志位 TMR0IF 置 1(匹配次数等于后分频比的数值)。

② Timer0 的输出翻转(匹配次数等于后分频比的数值)。

③ 寄存器 TMR0L 复位。

④ 寄存器 TMR0H 的内容被复制到周期缓冲器。

在 8 位模式下，8 位寄存器 Timer0 的值可通过 TMR0L 直接读写。

如图 4-3 所示为 Timer0 8 位模式的 TMR0 主体框图。

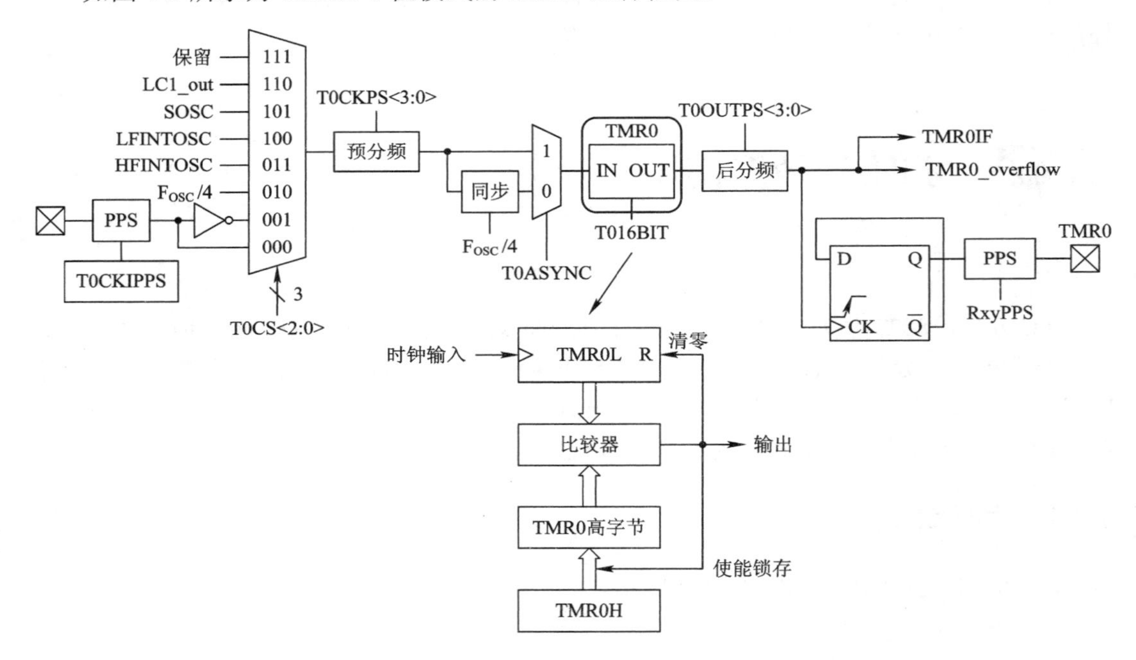


图 4-3 Timer0 8 位模式的 TMR0 主体框图

(2) 16 位模式。在 16 位模式下，TMR0(TMR0H:TMR0L)的值在预分频器输出时钟信号的每个上升沿加一。当 TMR0 的值达到 0xFFFF 后，将溢出返回到 0x0000。当溢出次数等于后分频比的数值时，将发生以下事件：

① Timer0 的中断标志位 TMR0IF 置 1；

② Timer0 的输出翻转。

在 16 位模式下，寄存器 TMR0H 并不是 Timer0 的实际高字节寄存器，它是实际高字节的缓冲寄存器，Timer0 的实际高字节不能直接读写。寄存器 TMR0L 是 Timer0 的实际低字节寄存器。在用户通过 TMR0L 读出当前 TMR0 的低字节的同时，TMR0 的高字节会被加载到寄存器 TMR0H 中。这样用户就可以通过读取 TMR0H 来获得 TMR0 的高字节。当用户需要写 16 位 Timer0 寄存器时，必须先将要写入 TMR0 高字节的内容加载到寄存器 TMR0H 中。然后，将要写入 TMR0 低字节的数据写入寄存器 TMR0L 中。在写 TMR0L 时，TMR0H 中的内容会同时被写入寄存器 TMR0 的高字节。如图 4-4 所示为 Timer0 16 位模式的 TMR0 主体框图。

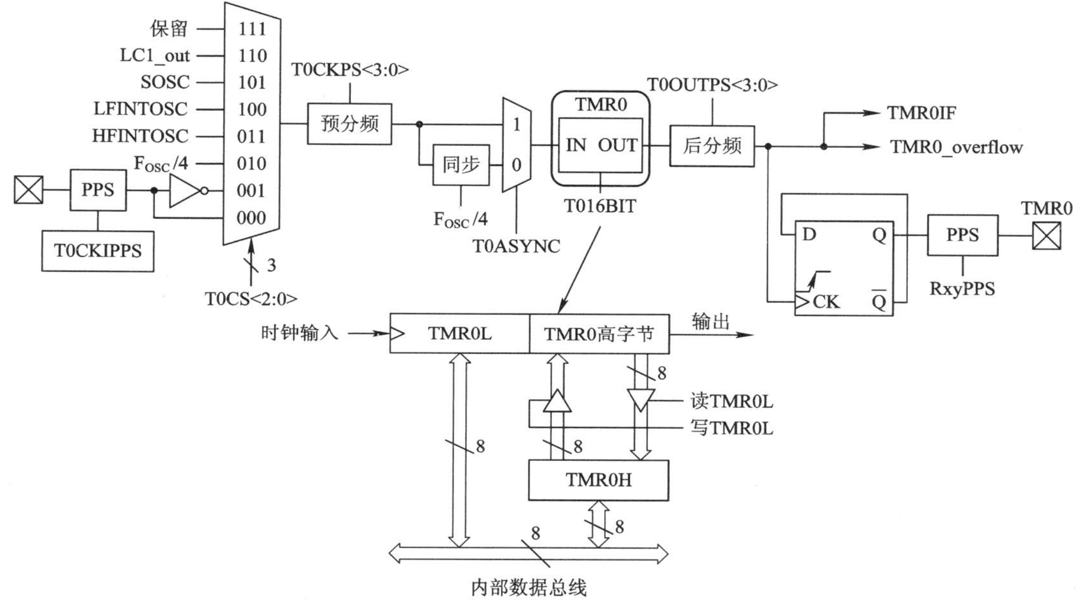


图 4-4　Timer0 16 位模式的 TMR0 主体框图

2) Timer0 的时钟源设置

如图 4-4 所示，Timer0 的时钟源可通过 Timer0 控制寄存器 T0CON1 中的时钟源选择位 T0CS<2:0>来设置。T0CS<2:0>位和 Timer0 采用时钟源的对应关系如表 4-12 所示。

**表 4-12　Timer0 时钟源选择**

| T0CS<2:0> | 采用的时钟源 |
|---|---|
| 111 | 保留 |
| 110 | LC1_out(可配置逻辑单元 1 的输出) |
| 101 | SOSC(辅助振荡器) |
| 100 | LFINTOSC(低频内部振荡器) |
| 011 | HFINTOSC(高频内部振荡器) |
| 010 | $F_{OSC}/4$(指令周期) |
| 001 | 反相 T0CKIPPS(T0CKI 引脚上输入的外部时钟信号的反相) |
| 000 | T0CKIPPS(T0CKI 引脚上输入的外部时钟信号) |

3) Timer0 的预分频器设置

Timer0 内部有一个软件可编程的预分频器，提供了范围从 1:1 到 1:32768 的 16 个预分频比选项，可对输入时钟源进行分频。预分频比的数值可通过寄存器 T0CON1 中的预分频比选择位 T0CKPS<3:0>来设置。

4) Timer0 的后分频器设置

Timer0 还有一个软件可编程的后分频器，提供了范围从 1:1 到 1:16 的 16 个后分频比选项，可对 Timer0 产生中断和输出的频率进行分频。后分频比的数值通过寄存器 T0CON0 中的后分频比选择位 T0OUTPS<3:0>来设置。

5) Timer0 同步或异步操作的设置

Timer0 的同步或异步操作模式的选择是通过设置寄存器 T0CON1 中的输入异步使能位 T0ASYNC 来完成的。当 T0ASYNC 位设为 0 时，Timer0 将进行同步操作，Timer0 的时钟源信号将与指令时钟 Fosc/4 进行同步。因此，将 Timer0 设置为进行同步操作时，Timer0 的时钟频率无法超过 Fosc/4。当 T0ASYNC 位设为 1 时，Timer0 将进行异步操作，Timer0 的时钟源信号将不与系统时钟进行同步。

### 2. Timer0 的操作

1) Timer0 的使能

Timer0 的使能是通过设置寄存器 T0CON0 中的 T0EN 位来完成的。当 T0EN 位置 1 时，Timer0 被使能；当 T0EN 位清 0 时，Timer0 被禁止。

2) Timer0 的输出

在 8 位模式下，当 TMR0L 和 TMR0H 数值匹配的次数等于后分频比的数值(T0OUTPS<3:0>+1)时，或者在 16 位模式下，TMR0 从 0xFFFF 溢出的次数等于后分频比的数值(T0OUTPS<3:0>+1)时，Timer0 的输出将发生翻转，Timer0 的输出是一个占空比为 50%的信号。

Timer0 的输出可以通过输出选择寄存器 RxyPPS 映射到 I/O 引脚，也可以在单片机内部被用作其他外设的输入，如作为 ADCC 模块的自动转换触发源。Timer0 的输出状态也可以通过软件访问寄存器 T0CON0 中的 T0OUT 位来获得。

3) Timer0 的中断

当后分频系数为 1:1 时，在 8 位模式下，每当 TMR0L 的值递增到和 TMR0H 的值相等时，Timer0 的中断标志位 TMR0IF 将被置 1；在 16 位模式下，每当 TMR0 的值递增达到 0xFFFF 后发生溢出时，Timer0 的中断标志位 TMR0IF 将被置 1。当后分频系数不为 1:1 时，在 8 位模式下，当 TMR0L 和 TMR0H 数值匹配的次数等于后分频比的数值(T0OUTPS<3:0>+1)时，TMR0IF 将被置 1；在 16 位模式下，当 TMR0 从 0xFFFF 溢出的次数等于后分频比的数值(T0OUTPS<3:0>+1)时，TMR0IF 将被置 1。当 Timer0 的中断标志位 TMR0IF 为 1 时，如果中断控制寄存器 INTCON 中的全局中断使能位 GIE 和外设中断使能寄存器 PIE0 中的 Timer0 中断使能位 TMR0IE 也都为 1，那么 Timer0 中断将被允许。

4) Timer0 在休眠状态下的运行

如果 Timer0 被设置为同步模式(即 T0ASYNC 位为 0)，Timer0 在休眠状态下将停止工作。如果 Timer0 被设置为异步模式(即 T0ASYNC 位为 1)，那么 Timer0 在休眠状态下能否继续工作则取决于 Timer0 的输入时钟源，如果时钟源继续存在，那么 Timer0 就能继续工作，并最终产生中断标志 TMR0IF，如果这时同时使能了全局中断和 Timer0 中断，单片机将从休眠状态被唤醒。

## 4.2.2　定时/计数器 Timer1/3/5

PIC16F18877 系列单片机提供了 3 个带门控的 16 位定时/计数器模块，分别是 Timer1、Timer3 和 Timer5。这 3 个 Timer 的结构、功能以及操作方法完全相同，区别仅在于它们各自拥有属于自己的一套寄存器，这些寄存器名称中包含的数字决定了此寄存器属于哪个 Timer，例如，控制寄存器 T1CON、T3CON 和 T5CON 分别属于 Timer1、Timer3 和 Timer5。本节将以 Timer1 为例介绍此类带门控的定时/计数器。

与 Timer0 相比，Timer1 的最主要特点是可以通过门控信号来关闭或开启对输入时钟的计数。

如图 4-5 所示为 Timer1/3/5 的整体结构框图。

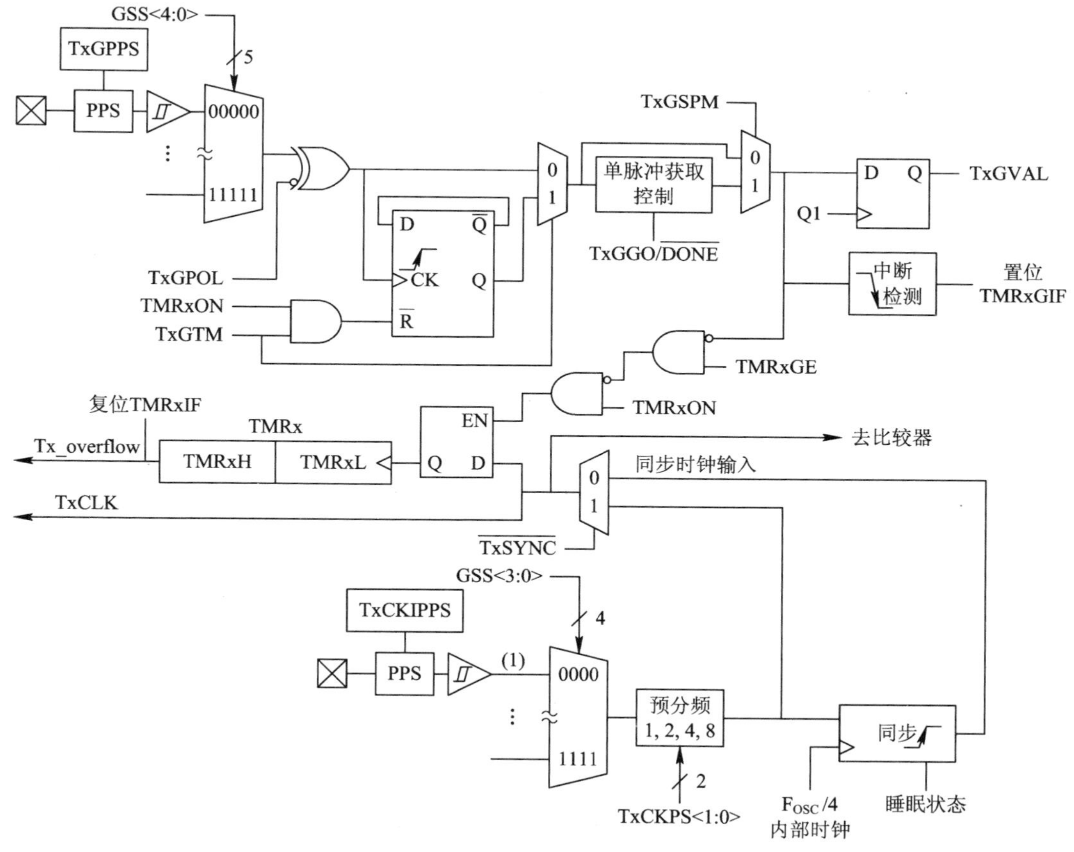


图 4-5　Timer1/3/5 的整体结构框图

### 1. Timer1 的设置

1) Timer1 运行模式的设置

Timer1 的运行模式是通过设置寄存器 T1CON 中的使能位 ON 和门控寄存器 T1GCON

中的门控使能位 GE 来设置的。ON 位和 GE 位的设置与 Timer1 的使能和运行模式之间的对应关系如表 4-13 所示。

表 4-13　Timer1 的使能和运行模式之间的对应关系

| ON | GE | Timer1 的使能和运行模式 |
| --- | --- | --- |
| 1 | 1 | 使能 Timer1，Timer1 受门控功能控制<br>当门控信号变为有效时，允许 TMR1 在 Timer1 时钟信号的上升沿递增<br>当门控信号变为无效时，禁止 TMR1 在 Timer1 时钟信号的上升沿递增 |
| 1 | 0 | 使能 Timer1<br>TMR1 始终在 Timer1 时钟信号的每个上升沿递增 |
| 0 | 1 | 禁止 Timer1 |
| 0 | 0 | 禁止 Timer1 |

2) Timer1 的时钟源设置

如果使能了 Timer1，那么 TMR1 将在 Timer1 的时钟信号上升沿递增。在 PIC16F18877 系列单片机中，有多个内部信号和外部信号可以作为 Timer1 的时钟源，用户可以通过设置寄存器 T1CLK 中的 CS<3:0>位来进行选择。

3) Timer1 的预分频器设置

Timer1 有一个 2 bit 预分频器，提供了 4 个预分频比选项，可对 Timer1 选中的时钟源信号进行 1、2、4 或 8 分频。预分频比的数值是通过控制寄存器 T1CON 中的 CKPS<1:0>位来设置的。

4) Timer1 的 16 位读/写模式设置

Timer1 是 16 位定时/计数器，用户可以分别读取两个 8 位寄存器(TMR1H:TMR1L)来获得 Timer1 的 16 位数据，但是这种方法存在一定的隐患，例如，我们假设用户先读 TMR1L，再读 TMR1H，但是在读取寄存器 TMR1L 时，TMR1H 正好发生了溢出。用户获得 Timer1 的 16 位数据的一个比较安全的做法是将 T1CON 中的 RD16 位置 1，此时 TMR1H 是作为 Timer1 高 8 位的缓冲器，这样在读取寄存器 TMR1L 时，Timer1 的高 8 位将会自动加载到寄存器 TMR1H，即一次性获取了 Timer1 的 16 位值。

用户如果要将 16 位数据一次性写入 Timer1，同样需要将寄存器 T1CON 中的 RD16 位置 1。用户需要首先将高 8 位数据写入寄存器 TMR1H，然后将低 8 位写入寄存器 TMR1L。在程序将低 8 位写入 TMR1L 的同时，TMR1H 中的数据也会同时写入 Timer1 的高 8 位。

5) Timer1 的门控设置

Timer1 可以使用门控信号来使能或禁止 Timer1 对时钟进行计数，门控功能是通过置 1 寄存器 T1GCON 中的 GE 位来使能。当门控功能被使能之后，只有当门控信号电平为有效值时，才允许 Timer1 对输入时钟信号的上升沿进行计数；当门控信号电平是无效值时，Timer1 将停止计数。

(1) 门控信号的选择。Timer1 的门控信号有多个选项，可以是来自外部输入信号或内部其他外设的输出信号。Timer1 的门控信号通过寄存器 T1GATE 中的 GSS<4:0>来进行选择。

(2) 门控信号有效电平的极性设置。寄存器 T1GCON 中的 GPOL 位被用来选择门控信号有效电平的极性。当 GPOL 位为 1 时，门控信号为高电平有效；当 GPOL 位为 0 时，门控信号为低电平有效。

(3) 门控功能的模式设置。Timer1 门控功能具有三种模式，分别是门控使能模式、门控翻转模式和门控单脉冲模式。Timer1 门控功能的模式由寄存器 T1GCON 中的 GE、GTM 和 GSPM 的设置来决定。GE、GTM 和 GSPM 位的设置和 Timer1 门控功能的模式之间的对应关系如表 4-14 所示。

**表 4-14　Timer1 门控功能的模式设置**

| GE | GTM | GSPM | Timer1 门控功能的模式 |
|---|---|---|---|
| 1 | 1 | 1 | 门控单脉冲和门控翻转组合模式 |
| 1 | 1 | 0 | 门控翻转模式 |
| 1 | 0 | 1 | 门控单脉冲模式 |
| 1 | 0 | 0 | 门控使能模式 |
| 0 | 1 | 1 | 禁止门控功能 |

① 门控使能模式。在门控使能模式下，当门控信号的电平变为有效值时(GPOL 位决定有效电平是高还是低)，TMR1 就会在预分频器输出信号的上升沿驱动下递增。当门控信号的电平变为无效值时，就会禁止 TMR1 递增。

如图 4-6 所示为 Timer1 门控使能模式的工作示意图，其中，门控使能位 GE 为 1，门控极性位 GPOL 为 1(即高电平有效)。因此，当门控信号变为高电平时，TMR1 就会在 T1CKI 时钟信号的上升沿驱动下递增计数。当门控信号变为低电平时，TMR1 就会停止计数，并保持不变。

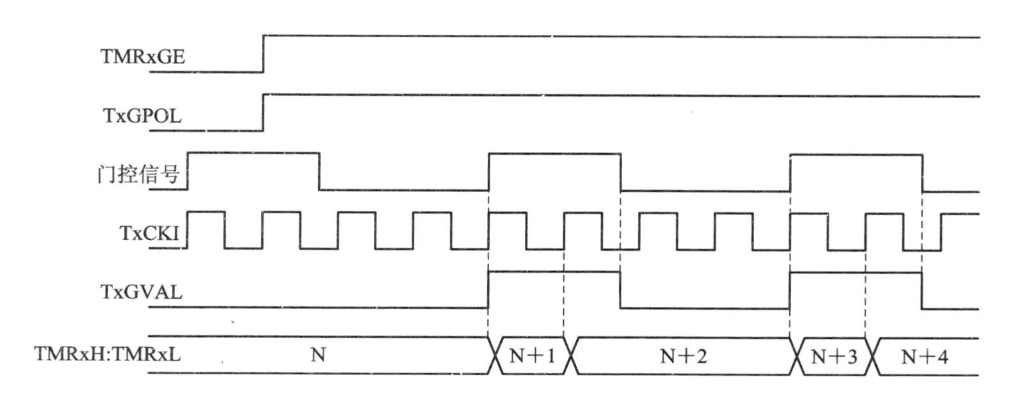


图 4-6　Timer1 门控使能模式

从以上可以看出，在门控使能模式下，TMR1 其实是在门控信号的有效电平脉冲持续期间随着时钟信号的上升沿递增的。因此，可以利用 Timer1 来测量门控信号有效电平脉冲的持续时间。

② 门控翻转模式。在门控翻转模式下，当门控信号的电平第一次变为有效值时，TMR1 将开始对时钟信号的上升沿计数。当门控信号的电平变为无效值时，TMR1 将继续计数，

直到门控信号的电平第二次变为有效值时，TMR1 才停止计数。然后，当门控信号的电平再一次(第三次)变为有效值时，TMR1 将再次开始随着经过预分频器的时钟信号的上升沿递增，并重复之前的过程。

如图 4-7 所示为 Timer1 门控翻转模式的工作示意图，其中门控使能位 GE 为 1，门控翻转模式位 GTM 为 1，门控极性位 GPOL 为 1(高电平有效)。

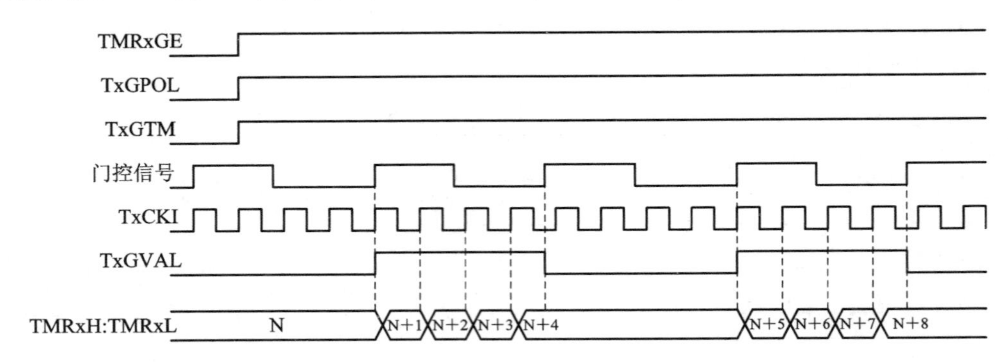


图 4-7　Timer1 门控翻转模式

从以上可以看出，在门控翻转模式下，可以利用 Timer1 来测量门控信号的周期。

③ 门控单脉冲模式。要使用门控单脉冲模式，必须先将 Timer1 门控寄存器 T1GCON 中的门控单脉冲采集状态位 GGO/DONE 置 1。在此条件下，当门控信号的电平为有效值时，TMR1 将开始递增计数。当门控信号的电平变为无效值时，TMR1 将停止递增。同时，GGO/DONE 位将被自动清零。只有当 GGO/DONE 位再次被置 1，才能重复之前的过程。否则，无论门控信号是否变为有效，TMR1 都将停止递增。

如图 4-8 所示为 Timer1 门控单脉冲模式的工作示意图，其中，门控使能位 GE 为 1，门控翻转模式位 GSPM 为 1，门控极性位 GPOL 为 1(高电平有效)。

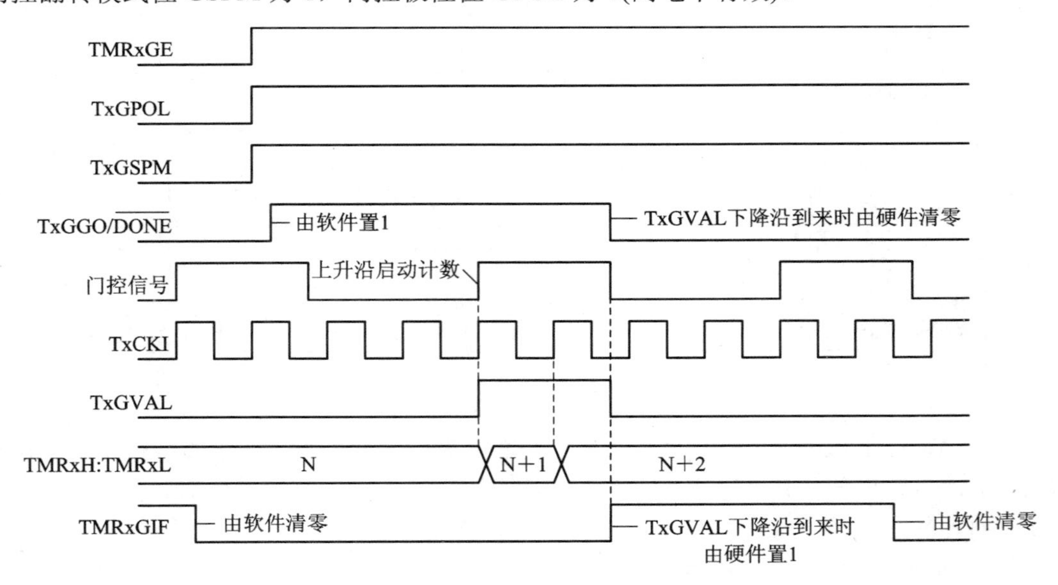


图 4-8　Timer1 门控单脉冲模式

从以上可以看出，在门控单脉冲模式下，TMR1 其实是在门控信号的单个有效电平脉冲持续期间随着时钟信号的上升沿递增的。因此，可以利用 Timer1 来测量门控信号上单个有效电平脉冲的时间。

④ 门控单脉冲和门控翻转组合模式。如图 4-9 所示为 Timer1 门控单脉冲和门控翻转组合模式的工作示意图。

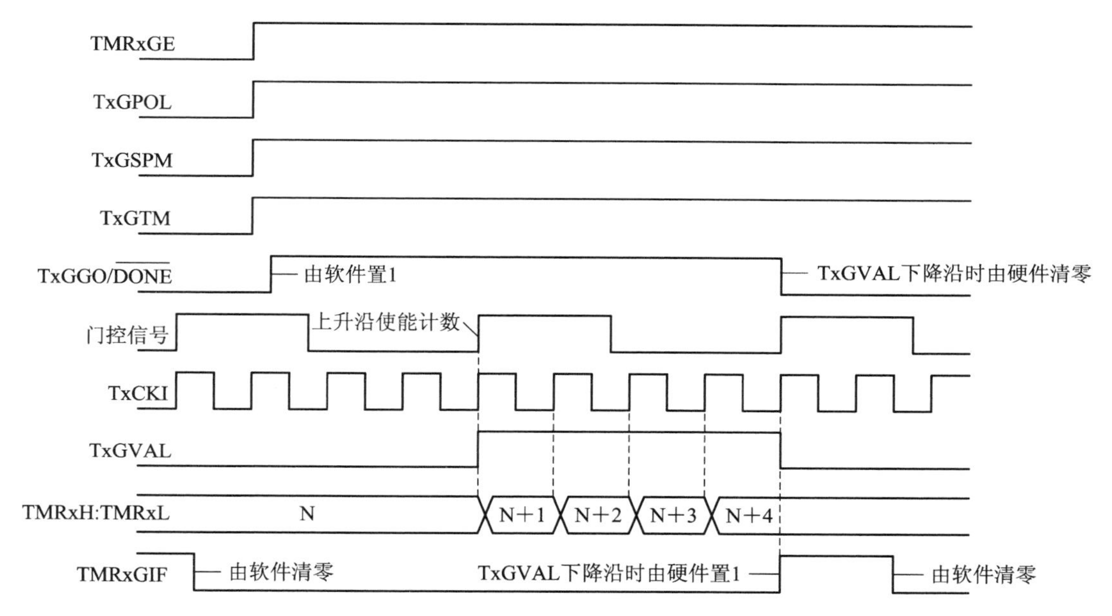


图 4-9　Timer1 门控单脉冲和门控翻转组合模式

在门控单脉冲和门控翻转组合模式下，TMR1 其实是在门控信号的单个周期内随着时钟信号的上升沿递增的。因此，可以利用 Timer1 来测量门控信号的某个单个周期的时间。

### 2. Timer1 的操作

#### 1) Timer1 的使能

通过 Timer1 控制寄存器 T1CON 中的 ON 位来使能或禁止 Timer1 模块的功能。当 ON 位被置 1 时，Timer1 模块被使能；当 ON 位被清 0 时，Timer1 模块被禁止。

#### 2) Timer1 的中断

Timer1 可以产生以下两种中断：

(1) Timer1 溢出中断。每当 16 位 Timer1 寄存器 TMR1 递增到 FFFFh 后，会溢出并返回到 0000h，这时外设中断请求寄存器 PIR4 中的中断标志位 TMR1IF 将置 1。如果这时全局中断使能位 GIE、外设中断使能位 PEIE 以及外设中断使能寄存器 PIE4 中的 Timer1 溢出中断使能位 TMR1IE 的值也全部为 1，那么 Timer1 溢出中断将被允许，单片机将跳转到中断向量地址，执行中断服务程序。

(2) TIMER1 门控中断。当一个门控事件完成，Timer1 门控状态位 GVAL 从 1 变为 0 时，外设中断请求寄存器 PIR5 中的 TIMER1 门控中断标志位 TMR1GIF 将置 1。如果这时同时使能了全局中断使能位 GIE、外设中断使能位 PEIE 以及外设中断使能寄存器 PIE5 中的 Timer1 门控中断使能位 TMR1GIE，那么 Timer1 门控中断将被允许，单片机将跳转到中断向量地址，执行中断服务程序。

3) Timer1 在休眠状态下的运行

只有当选择了能在单片机处于休眠状态时仍然可以继续工作的时钟信号作为 Timer1 的时钟源，并且 Timer1 同步控制位 $\overline{\text{SYNC}}$ 设置为 1 时，Timer1 才能在休眠模式下工作，并在发生 Timer1 溢出中断时将单片机从休眠状态唤醒。

### 4.2.3 定时/计数器 Timer2/4/6

PIC16(L)F18877 系列单片机提供了 3 个带有周期寄存器的 8 位定时器，分别是 Timer2、Timer4 和 Timer6。这 3 个 Timer 的结构、功能以及操作方法完全一样，区别仅在于它们各自拥有独立的一套特殊功能寄存器。这些寄存器名称中包含的数字决定了此寄存器属于哪个 Timer，例如，控制寄存器 T2CON、T4CON 和 T6CON 分别属于 Timer2、Timer4 和 Timer6。

如图 4-10 所示为 Timer2/4/6 的整体结构框图。

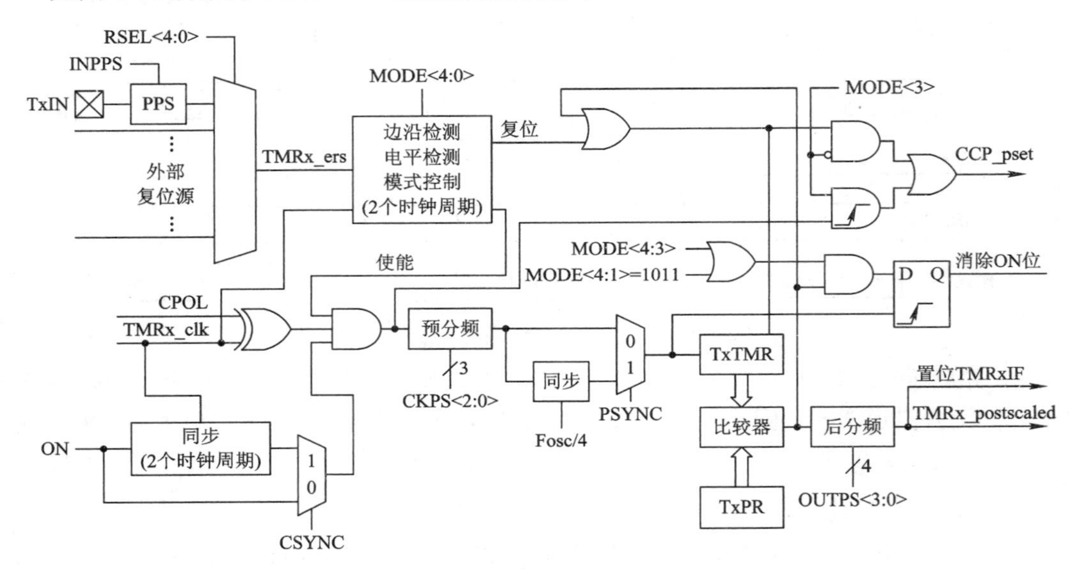


图 4-10 Timer2/4/6 的整体结构框图

本节将以 Timer2 为例介绍此类带有周期寄存器的定时/计数器。

#### 1. Timer2 的设置

1) Timer2 的周期寄存器设置

在 Timer2 的所有工作模式下，Timer2 的 8 位定时器寄存器 TMR2 都将随着预分频器输出的时钟信号上升沿递增，并与 Timer2 的 8 位周期寄存器 T2PR 进行比较。当寄存器 TMR2 和寄存器 T2PR 相等时，会在时钟信号的下一个上升沿将 TMR2 清 0，并输出一个高电平脉冲到后分频器。因此，周期寄存器 T2PR 的值决定了 Timer2 定时器的周期。

周期寄存器 T2PR 可直接读写，其复位后的默认值为 0xFF。但周期寄存器是一个双缓冲寄存器，当用户写入一个新的值到寄存器 T2PR 时，Timer2 的实际周期寄存器并不会立即更新，只有当发生以下事件时，才会将寄存器 T2PR 的值更新到实际的周期寄存器中。

① 写寄存器 TMR2。

② 写寄存器 T2CON。

③ 写寄存器 T2HLT。

④ TMR2 = T2PR。

⑤ 定时器被外部信号复位。

2) Timer2 的时钟源设置

Timer2 可以通过设置寄存器 T2CLKCON 中的 CS<3:0>位来选择一个时钟源。

3) Timer2 的预分频器设置

Timer2 带有一个软件可编程的预分频器，可以提供范围从 1:1 到 1:128 的 8 个预分频比选项。用户可以通过设置寄存器 T2CON 中的 CKPS<2:0>位来选择所需的预分频比。

4) Timer2 的后分频器设置

Timer2 还带有一个软件可编程的后分频器，可以提供范围从 1:1 到 1:16 的 16 个后分频比选项，后分频比的数值可通过 T2CON 中 OUTPS<3:0>位来设置。每当寄存器 TMR2 和寄存器 T2PR 相等时，后分频器的计数器都会递增。当后分频器的计数器值和 OUTPS<3:0>的数值相等时，后分频器会产生一个周期脉冲作为 Timer2 输出以及产生 Timer2 中断标志，并且将后分频器的计数器清零。

5) Timer2 的外部复位源设置

Timer2 可以通过设置寄存器 T2RST 中的 RSEL<4:0>位来选择一个信号源的输出作为自己的复位信号。复位信号可以来自片外引脚，也可以来自片内的特定外设。

6) Timer2 的工作模式设置

Timer2 定时器具有自由运行周期、单发和单稳态三种主要工作模式。表 4-15 列出了在三种主要工作模式下控制 Timer2 启动、停止和复位的全部组合。Timer2 的工作模式通过硬件限制控制寄存器 T2HLT 中的模式选择位 MODE<4:0>来选择。

**表 4-15　Timer2 的模式和运行方式**

<table>
<tr><th rowspan="2">模式</th><th colspan="2">MODE<4:0></th><th rowspan="2">输出操作</th><th rowspan="2">运　行</th><th colspan="3">定时器控制</th></tr>
<tr><th><4:3></th><th><2:0></th><th>开始计数</th><th>复位</th><th>停止计数</th></tr>
<tr><td rowspan="8">自由运行周期模式</td><td rowspan="8">00</td><td>000</td><td rowspan="3">周期性脉冲</td><td>软件门控</td><td>ON=1</td><td>—</td><td>ON=0</td></tr>
<tr><td>001</td><td>硬件门控，高电平有效</td><td>ON=1 并且 TMRx_ers=1</td><td>—</td><td>ON=0 或 TMRx_ers=1</td></tr>
<tr><td>010</td><td>硬件门控，低电平有效</td><td>ON=1 并且 TMRx_ers=0</td><td>—</td><td>ON=0 或 TMRx_ers=1</td></tr>
<tr><td>011</td><td rowspan="5">带硬件复位的周期性脉冲</td><td>任意边沿触发复位</td><td rowspan="5">ON=1</td><td>TMRx_ers ↕</td><td rowspan="3">ON=0</td></tr>
<tr><td>100</td><td>上升沿触发复位</td><td>TMRx_ers ↑</td></tr>
<tr><td>101</td><td>下降沿触发复位</td><td>TMRx_ers ↓</td></tr>
<tr><td>110</td><td>低电平触发复位</td><td>TMRx_ers=0</td><td>ON=0 或 TMRx_ers=0</td></tr>
<tr><td>111</td><td>高电平触发复位</td><td>TMRx_ers=1</td><td>ON=0 或 TMRx_ers=1</td></tr>
</table>

续表

<table>
<tr><td rowspan="2">模式</td><td colspan="2">MODE<4:0></td><td rowspan="2">输出操作</td><td rowspan="2">运　　行</td><td colspan="3">定时器控制</td></tr>
<tr><td><4:3></td><td><2:0></td><td>开始计数</td><td>复位</td><td>停止计数</td></tr>
<tr><td rowspan="8">单发模式</td><td rowspan="8">01</td><td>000</td><td>单发</td><td>软件触发计数</td><td>ON=1</td><td>—</td><td rowspan="8">ON=0<br>或者在<br>TMRx=PRx 后<br>的下一个时钟</td></tr>
<tr><td>001</td><td rowspan="3">边沿触发计数开始</td><td>上升沿触发计数</td><td>ON=1 并且 TMRx_ers ↑</td><td>—</td></tr>
<tr><td>010</td><td>下降沿触发计数</td><td>ON=1 并且 TMRx_ers ↓</td><td>—</td></tr>
<tr><td>011</td><td>任意沿触发计数</td><td>ON=1 并且 TMRx_ers ↕</td><td>—</td></tr>
<tr><td>100</td><td rowspan="4">边沿触发计数开始以及硬件复位</td><td>上升沿触发计数，上升沿复位定时器</td><td>ON=1 并且 TMRx_ers ↑</td><td>TMRx_ers ↑</td></tr>
<tr><td>101</td><td>下降沿触发计数，下降沿复位定时器</td><td>ON=1 并且 TMRx_ers ↓</td><td>TMRx_ers ↓</td></tr>
<tr><td>110</td><td>上升沿触发计数，低电平复位定时器</td><td>ON=1 并且 TMRx_ers ↑</td><td>TMRx_ers=0</td></tr>
<tr><td>111</td><td>下降沿触发计数，高电平复位定时器</td><td>ON=1 并且 TMRx_ers ↓</td><td>TMRx_ers=1</td></tr>
<tr><td rowspan="4">单稳态模式</td><td rowspan="8">10</td><td>000</td><td colspan="5">保留</td></tr>
<tr><td>001</td><td rowspan="3">边沿触发计数开始</td><td>上升沿触发计数</td><td>ON=1 并且 TMRx_ers ↑</td><td>—</td><td rowspan="3">ON=0<br>或者在<br>TMRx=PRx 后<br>的下一个时钟</td></tr>
<tr><td>010</td><td>下降沿触发计数</td><td>ON=1 并且 TMRx_ers ↓</td><td>—</td></tr>
<tr><td>011</td><td>任意沿均可触发计数</td><td>ON=1 并且 TMRx_ers ↕</td><td>—</td></tr>
<tr><td>保留</td><td>100</td><td colspan="5">保留</td></tr>
<tr><td>保留</td><td>101</td><td colspan="5">保留</td></tr>
<tr><td rowspan="2">单发模式</td><td>110</td><td rowspan="2">电平触发计数开始以及硬件复位</td><td>高电平触发计数，低电平复位计数器</td><td>ON=1 并且 TMRx_ers=1</td><td>TMRx_ers=0</td><td rowspan="2">ON=0<br>或者保持复位</td></tr>
<tr><td>111</td><td>低电平触发计数，高电平复位计数器</td><td>ON=1 并且 TMRx_ers=0</td><td>TMRx_ers=1</td></tr>
<tr><td>保留</td><td>11</td><td>xxx</td><td colspan="5">保留</td></tr>
</table>

(1) 自由运行周期模式。在自由运行周期模式下，寄存器 TMR2 在预分频器输出的时钟信号上升沿驱动下递增，并与周期寄存器 T2PR 进行比较。当 TMR2 和 T2PR 相等时，TMR2 将在时钟信号的下一个上升沿到来时清 0，并输出一个时钟周期的高电平到后分频器，然后 TMR2 重新从 0 开始递增。

在自由运行周期模式下，通过和软件或复位源配合，还能以不同的方式控制 Timer2 的启动、运行、停止和复位。因此，在自由运行周期模式下，根据不同的控制方式，还可以细分为以下 4 种模式：

① 软件门控模式。

② 硬件门控模式。

③ 边沿触发硬件限制模式。

④ 电平触发硬件限制模式。

本节以较为常用的软件门控模式为例进行简单介绍。

在软件门控模式下，用户通过软件设置 Timer2 使能位 ON 来控制 Timer2 的启动或停止。当在软件中将 ON 位置 1，TMR2 就开始随着时钟信号递增。当在软件中将 ON 位清 0，TMR2 就停止递增。当寄存器 TMR2 等于寄存器 T2PR，TMR2 就在时钟信号的下一个周期复位，然后重新从 0 开始递增。

如图 4-11 所示为软件门控模式的一个时序例图，其周期为 5。

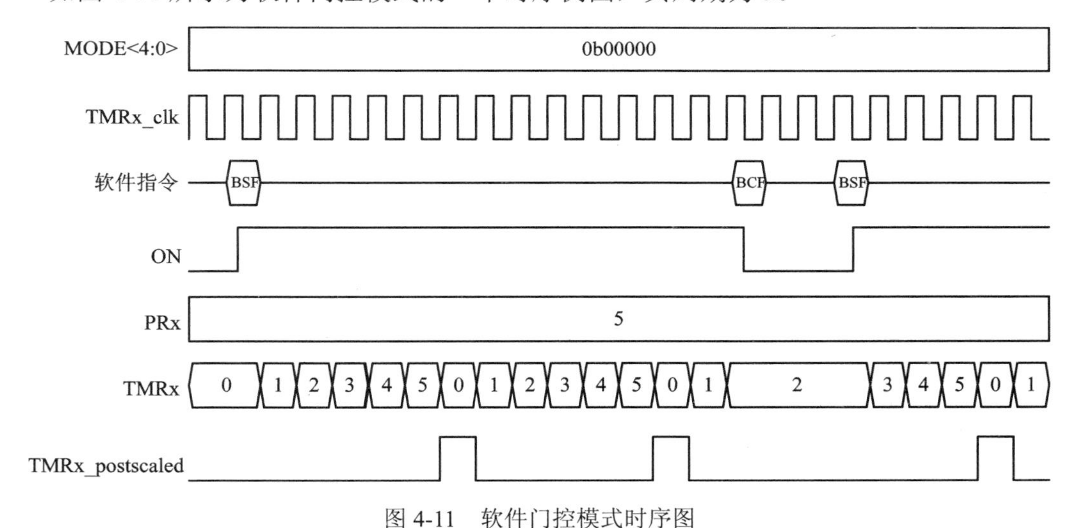


图 4-11　软件门控模式时序图

(2) 单发模式。单发模式与自由运行周期模式相同，唯一的区别是在单发模式下，每当 TMR2 与 T2PR 相等时，Timer2 的使能位 ON 会被硬件自动清零，使得 Timer2 停止工作。只有通过软件将 ON 位再次置 1 后，Timer2 才会重新启动。

(3) 单稳态模式。在单稳态模式下，当 Timer2 的使能位 ON 为 1 时，Timer2 还需要复位源信号提供一个有效边沿才能启动 TMR2 对时钟进行递增计数。当 TMR2 和周期寄存器 T2PR 的值相等时，Timer2 将停止工作，但使能位 ON 不会被硬件自动清零。当复位源信号再次提供一个有效边沿后，Timer2 将再次开始对时钟计数。用户可以通过设置寄存器 T2HLT 的 MODE<4:0>位来选择所需要的复位源信号有效边沿：

① MODE<4:0>=10001，TMR2 由上升沿触发计数。

② MODE<4:0>=10010，TMR2 由下降沿触发计数。

③ MODE<4:0>=10011，TMR2 既可以由上升沿触发计数也可以由下降沿触发计数。

如图 4-12 所示为上升沿触发的单稳态模式时序例图。如果工作在此模式的 Timer2 被用作 CCP 模块的 PWM 时基，那么当用于触发的上升沿出现时，PWM 将同步输出有效值，但是当 Timer2 的计数值达到周期值时，PWM 并不会输出有效值。

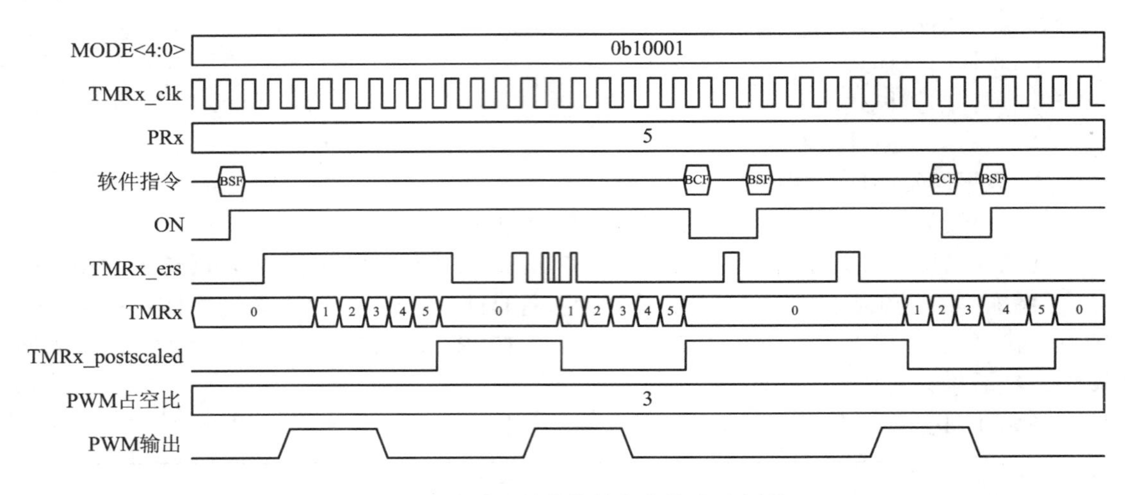


图 4-12 上升沿触发的单稳态模式时序图

### 2. Timer2 的操作

1) Timer2 的使能

控制寄存器 T2CON 中的 ON 位被用来使能或禁止 Timer2 模块。如果 ON 位置 1，则 Timer2 模块被使能；如果 ON 位清 0，则 Timer2 模块被禁止。

2) Timer2 的中断

当寄存器 TMR2 的值和寄存器 T2PR 的值相等的次数等于后分频比时，寄存器 PIR4 中的 Timer2 中断标志位 TMR2IF 将会置 1。如果这时全局中断使能位 GIE、外设中断使能位 PEIE，以及寄存器 PIE4 中的 Timer2 中断使能位 TMR2IE 都为 1，那么 Timer2 中断将被响应，单片机将跳转到中断向量地址，执行中断服务程序。

3) Timer2 的输出

当寄存器 TMR2 的值和寄存器 T2PR 的值相等的次数等于后分频比时，Timer2 会输出一个宽度为一个时钟周期的脉冲。这个输出信号可以被其他一些外设模块选择作为输入。例如，它可以给 ADCC 模块作为 ADCC 自动转换的触发信号，也可以给互补波形发生器模块 CWG 作为自动关闭的控制源，或者给 Timer1/3/5 模块作为门控输入信号等等。

4) Timer2 在休眠状态下的运行

如果选择了将 Timer2 时钟信号与指令时钟(Fosc/4)进行同步(即 PSYNC=1)，那么 Timer2 在休眠状态下将无法工作。寄存器 TMR2 和 T2PR 的内容在休眠状态下将保持不变。如果不选择将 Timer2 时钟信号与指令时钟(Fosc/4)进行同步(即 PSYNC = 0)，那么只要给 Timer2 选择的时钟源在休眠状态下仍然能够继续工作，那么 Timer2 就能在休眠状态下工作。

# 4.3 窗口型看门狗

看门狗是单片机系统中防止软件陷入异常状态无法自我恢复的一种重要机制。看门狗的本质是一个定时器，当它被使能后，看门狗定时器会在 31 kHz 左右的系统低频时钟的驱动下不断累加计数，当计数值超过某个预先设定的上限值时，系统将自动产生复位信号，此时单片机的控制寄存器将被重置为默认值，指令代码从 PC = 0 开始重新运行。如果用户不希望看门狗定时器产生溢出复位，用户代码必须在看门狗定时器溢出前执行喂狗指令，即将看门狗计数器清零。

PIC16(L)F18877 系列单片机提供了一种新型的看门狗，即窗口型看门狗(Windowed Watchdog Timer，WWDT)。和传统的看门狗相比，窗口型看门狗对喂狗的时间有进一步的限制。对于传统看门狗，只要喂狗指令在看门狗计数器溢出前执行，看门狗计数器就会被立即清零，而窗口型看门狗的喂狗指令必须在设定的窗口期内执行才能正常清零看门狗计数器，如果在窗口期外执行喂狗指令，则系统将产生看门狗复位信号，对单片机进行热复位，这和看门狗定时器发生溢出的效果相同。

窗口型看门狗的结构框图如图 4-13 所示。

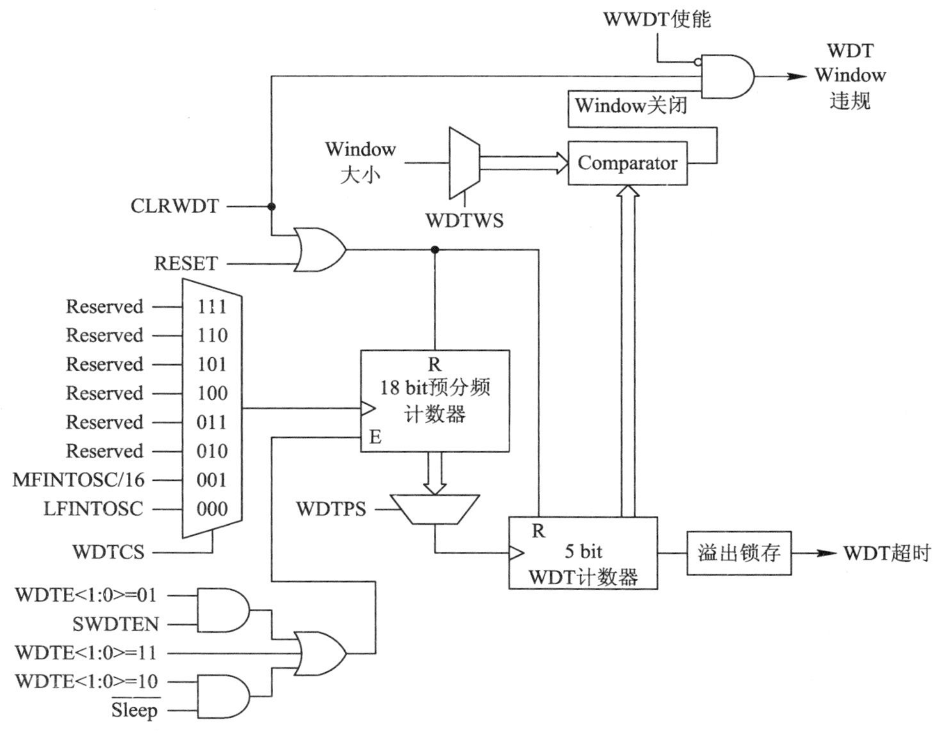


图 4-13 窗口型看门狗的结构框图

### 4.3.1 窗口型看门狗的设置

#### 1. 工作模式的设置

看门狗的工作模式包括以下 4 种，用户通过配置字寄存器 CONFIG3 的 WDTE<1:0>来选择一种作为当前的工作模式。

(1) 始终开启。 (此时 WDTE<1:0>的值设为 11)

(2) 睡眠状态下关闭。 (此时 WDTE<1:0>的值设为 10)

(3) 由软件控制工作状态。(此时 WDTE<1:0>的值设为 01。当寄存器 WDTCON0 中的 SEN=1 时，看门狗被使能，当 SEN = 0 时，看门狗被关闭)

(4) 始终关闭。 (此时 WDTE<1:0>的值设为 00)

#### 2. 看门狗定时器周期的设置

看门狗定时器周期范围为 1 ms～256 s，具体选择哪个周期值可以通过以下两种途径完成：

1) 使用配置字寄存器 CONFIG3

CONFIG3 里 WDTCPS 的选项包括 WDTCPS_0、WDTCPS_1、...、WDTCPS_31，分别对应不同的分频比。用户可以在 WDTCPS_0 到 WDTCPS_30 范围内选取一个值来确定看门狗周期值。

2) 使用配置字寄存器 CONFIG3 以及寄存器 WDTCON0

将 CONFIG3 的 WDTCPS 设为 WDTCPS_31，此时上电默认的看门狗时钟分频比为 1∶65536，用户可以在自己的代码里修改寄存器 WDTCON0 中的 WDTPS<4:0>值来选择不同的分频比。

#### 3. 看门狗窗口大小的设置

和看门狗周期设置的方法类似，看门狗窗口大小也可以通过以下两种方式进行配置。

1) 使用配置字寄存器 CONFIG3

CONFIG3 的 WDTCWS 的选项有 8 种(WDTCWS_0～WDTCWS_7)，分别对应的窗口范围为 12.5%～100%，用户可以在 WDTCWS_0～WDTCWS_6 内选取一个值来确定看门狗的窗口大小。一旦在配置字里从 WDTCWS_0～WDTCWS_6 里选择了一种，那么看门狗的窗口大小就固定下来了，用户无法在程序里更改窗口大小。

2) 使用配置字寄存器 CONFIG3 以及寄存器 WDTCON1

将 CONFIG3 的 WDTCWS 设为 WDTCWS_7，此时上电默认的看门狗窗口大小为 100%，用户可以在程序运行中通过代码修改寄存器 WDTCON1 中的 WINDOW<2:0>值来选择不同的窗口大小。

当窗口大小设为 100%时，此时的窗口型看门狗和传统看门狗相同。如图 4-14 所示为窗口型看门狗的工作示意图，喂狗指令需要落在 Window 开启的时间段内才有效。

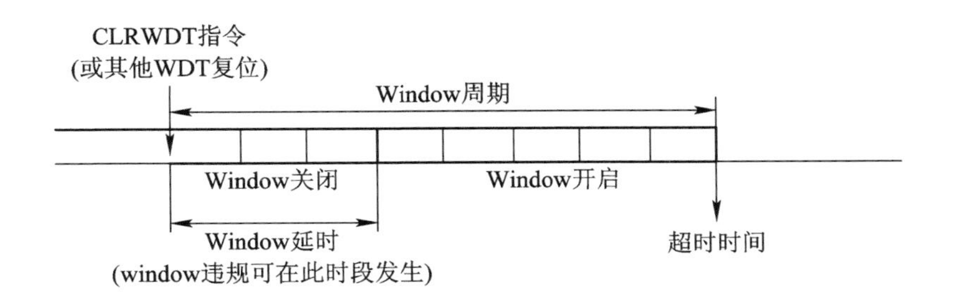


图 4-14 窗口型看门狗工作示意图

### 4.3.2 窗口型看门狗的运行

#### 1. 启动窗口型开门狗

看门狗的启动主要通过三种方式：第一种是将配置字寄存器 CONFIG3 中的 WDTE 位置为“11”，在此配置下，看门狗在器件上电后始终处于开启状态；第二种是将配置字寄存器 CONFIG3 中的 WDTE 位置为“01”，然后在代码中通过将寄存器 WDTCON0 的 SEN 位置 1 来软件使能看门狗；第三种方式是将配置字寄存器 CONFIG3 中的 WDTE 位置为“10”，这样器件会在上电后开启看门狗，但当器件进入休眠模式时，看门狗会被自动关闭。

#### 2. 清零看门狗计数器

看门狗计数器在下列情况出现时会被清零：

(1) 单片机发生任何复位，包括冷复位和热复位。

(2) 单片机进入休眠状态。

(3) 单片机从休眠状态唤醒。

(4) 看门狗被禁用。

(5) 振荡器启动定时器(OST)正在运行。

(6) 软件执行喂狗指令。

喂狗指令的汇编代码是 clrwdt。如果用户使用 C 语言编程，那么可以使用 XC8 编译器中的宏指令 CLRWDT( )来执行喂狗指令。CLRWDT( )的宏定义在 XC8 编译器的 pic.h 文件中，具体定义为：

```
#define  CLRWDT( )      __asm("clrwdt")
```

需要注意的是，在窗口模式下，必须先使能喂狗指令之后才可以执行喂狗指令，否则执行喂狗指令后会产生看门狗复位，使能喂狗指令的方法是读一下寄存器 WDTCON0。

如果看门狗溢出发生在单片机处于休眠状态下，那么单片机将被唤醒，并继续执行休眠指令后的指令，而不会导致单片机复位。

## 4.4 中断

中断(Interrupt)是单片机中一个重要的概念。在单片机执行程序的过程中，中断功能允许某些突发事件或者需要紧急处理的事件打断当前正常的程序执行流程，转去执行这些突发事件或者紧急事件所对应的特定处理程序，等这些特定处理程序执行完毕之后，再返回到原先正常的程序流程中继续执行，这就是一次中断过程。中断功能是为了增强单片机处理各种突发事件的能力而设计的。如果单片机没有中断功能，那么对于某些可能会发生但又不能预料何时会发生的随机特殊事件就必须采用定期检测的方式进行查询，这样一来就会占用和消耗大量单片机处理时间，降低单片机的工作效率。

对于一个特定型号的单片机，中断源的种类和数量和这个型号的单片机所包含的外设模块相关。有些外设只有一个中断源，而有些外设可能带有多个中断源。中断源指的是产生中断事件或者发出中断请求的源头。

PIC16(L)F18877 系列单片机的中断逻辑如图 4-15 所示，它提供了丰富的中断源，包括 TMR0 溢出中断、电平变化中断、INT 引脚中断、振荡器失效中断、ADCC 转换完成中断、过零检测中断、比较器中断、串口接收/发送中断等，每个外设至少可以产生一种中断。

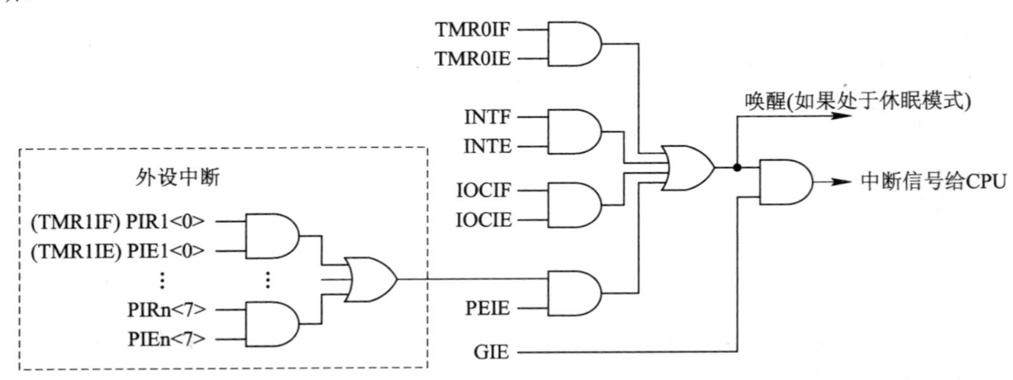


图 4-15　PIC16(L)F18877 系列单片机的中断逻辑

### 1. 中断使能

中断的使能通常由三个寄存器位来控制，它们分别是全局中断使能位 GIE、外设中断使能位 PEIE 以及中断源各自的中断使能位(xxxIE)。全局中断使能位 GIE 的控制级别最高，当 GIE 为 0 时，无论外设中断使能位 PEIE 以及每一个中断源各自的中断使能位(xxxIE)如何设置，所有的中断源都会被屏蔽。所以，只要任意一个中断源需要得到 CPU 的响应，就必须将全局中断使能位 GIE 置为 1。

另外，在 GIE 为 1 的情况下，外设中断使能位 PEIE 是所有外设中断的总控制。当 PEIE 为 0 时，无论外设的中断使能位(xxxIE)如何设置，所有外设中断源都会被屏蔽。所以，只要任意一个外设中断源需要得到 CPU 的响应，就必须将外设中断使能位 PEIE 置为 1。

最后一个控制位是中断源各自的中断使能位(xxxIE)。某个中断源发生了中断事件后，系统将根据它的中断使能位的值来决定是否允许该中断源打断 CPU 的当前任务。如果中断使能位被置 1，那么当此外设产生了中断事件之后，系统会允许 CPU 转去执行此外设的中断处理程序。如果将中断使能位清 0，那么即便对应的中断源产生了中断事件，该中断也会被屏蔽，CPU 不会被中断。

### 2. 中断请求

每一个中断源除了有各自的中断使能位(表示为 xxxIE)外，还有各自的中断标志位(表示为 xxxIF)，中断标志位由硬件自动设置。当中断标志位状态被置 1 时，表示其对应的中断源产生了中断事件。例如，TMR1IF=1，即表示 Timer1 定时器已经发生了溢出。如果此时 TMR1 的溢出中断使能位 TMR1IE 位为 1，并且全局中断使能位 GIE 和外设中断使能位 PEIE 也都为 1，那么 CPU 就会因 Timer1 溢出而被中断。需要注意的是，无论 GIE、PEIE 和各个中断源的使能位状态如何，中断标志位都会在中断事件发生时被硬件置 1。

### 3. 中断工作原理和处理过程

当某个中断源发生了中断事件，则会引发以下事件：

(1) CPU 清除当前预取的指令。

(2) GIE 位被清零，以防止发生中断嵌套。

(3) 当前程序计数器(PC)值被压入堆栈。

(4) 自动现场保护，将重要寄存器的内容自动保存到影子寄存器。

(5) 程序计数器(PC)装载中断向量地址 0004h。无论哪个中断源发生中断，应用程序都将被打断并跳转到中断向量地址 0004h 去执行相关的中断服务程序(Interrupt Service Routine，ISR)。

### 4. 自动现场保护

进入中断时，PC 返回地址会被保存在堆栈中。此外，以下寄存器的内容也会被自动保存到影子寄存器中：

(1) W 寄存器；

(2) STATUS 寄存器(TO 和 PD 状态标志位除外)；

(3) BSR 寄存器；

(4) FSR 寄存器；

(5) PCLATH 寄存器。

退出中断服务程序时，这些寄存器的值将自动恢复成保存在影子寄存器中的内容。影子寄存器在 Bank 31 中，是可读写寄存器。如果用户应用程序在进入中断时还需要保存其他寄存器，那就需要由用户自己在应用程序中手动保存这些寄存器，并在退出 ISR 时手动恢复这些寄存器。

**5. 中断服务程序**

PIC16 系列单片机只有一个公用的中断向量入口，其地址为 0x0004，无论哪个中断源发生中断，应用程序都将被打断并跳转到地址 0x0004 去执行中断服务程序(ISR)。因此，在 ISR 中，用户需要通过查询中断标志位来确定引起此次中断的中断源，并在退出 ISR 之前将中断标志位清零，以避免重复中断。由于中断发生时 GIE 位被清零，所以执行 ISR 期间发生的任何新的中断只会将其中断标志位设置为 1，单片机 PC 指针并不会在执行 ISR 期间跳转到中断向量地址去响应新的中断。

**6. 中断响应延时**

从中断源发生中断事件到开始执行中断向量地址 0004h 处的代码指令，中间存在一定的延时，这称为“中断响应延时”。同步中断的延时为 3～4 个指令周期，异步中断的延时为 3～5 个指令周期。同步中断是当指令执行时由 CPU 控制单元产生的中断，异步中断是由其他外设随机产生的中断。

**7. 休眠期间的中断**

中断可用于将单片机从休眠状态唤醒。要从休眠状态唤醒单片机，外设必须能在没有系统时钟的情况下工作。另外，单片机在进入休眠状态前，相应中断源的中断允许位必须置 1，绝大多数中断源还需要将外设中断使能位 PEIE 置 1(TIMER0、IOC 和外部引脚中断 INT 除外)。

当单片机被从休眠状态唤醒时，如果此时 GIE 位为 0，单片机将继续执行 SLEEP 指令后的指令。如果 GIE 位为 1，单片机将跳转到中断向量执行中断服务程序(ISR)。但是在单片机开始执行 ISR 之前，紧跟在 SLEEP 指令之后的那一条指令(注意：这里指的是汇编指令)会首先被执行。如果用户担心单片机执行紧跟在 SLEEP 指令后的这条指令会对系统功能产生不良影响，那么可以在 SLEEP 指令后添加一条 NOP 指令。

## 4.5 复位

单片机的复位(Reset)可以分为冷复位和热复位两大类。冷复位通常指的是将电源加载到单片机 $V_{DD}$ 引脚后所引起的复位，如上电复位和欠压复位。冷复位会将单片机的绝大部分特殊功能寄存器恢复成上电默认值，数据存储区的数值一般为随机值。热复位通常指的是单片机在运行过程中出现的各种复位，如看门狗复位、软件复位、外部引脚复位等。热复位只将部分特殊功能寄存器恢复成上电默认值，并从头开始执行用户程序，数据存储区的数值通常不会发生改变。

PIC16(L)F18877 系列单片机的复位电路如图 4-16 所示。

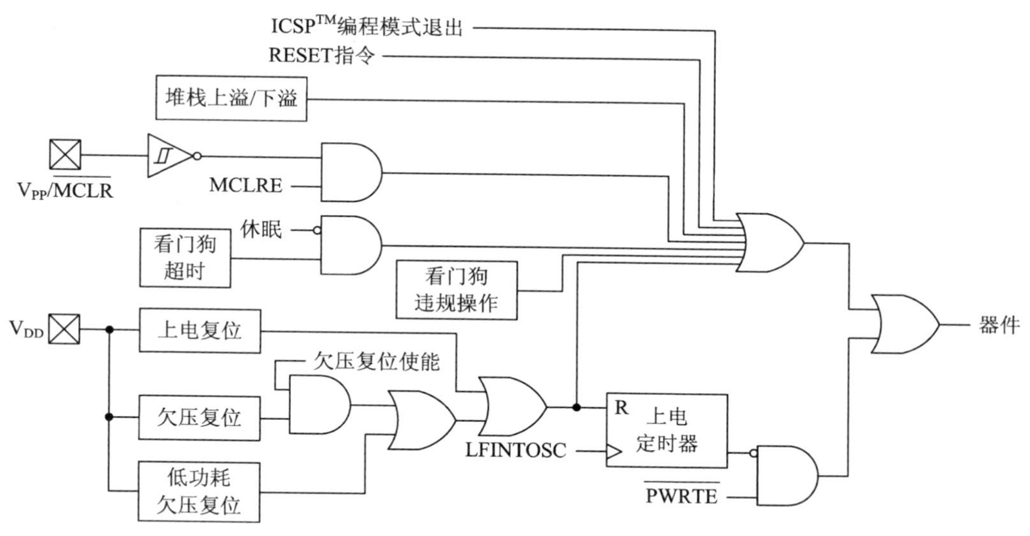


图 4-16　PIC16(L)F18877 系列单片机的复位电路

## 4.5.1　PIC16(L)F18877 系列单片机的复位种类

PIC16(L)F18877 系列单片机支持以下复位方式：

(1) 上电复位(POR)；

(2) 欠压复位(BOR)；

(3) MCLR 引脚外部复位；

(4) 窗口型看门狗(WWDT)复位；

(5) RESET 指令复位；

(6) 堆栈上溢复位；

(7) 堆栈下溢复位；

(8) 编程模式退出复位。

### 1. 上电复位(POR)

当 PIC 系列单片机上电时，$V_{DD}$是逐渐上升的，上电复位电路将对 $V_{DD}$的上升过程进行检测。在 $V_{DD}$达到单片机正常工作所需要的最低电压阈值前，上电复位电路将使器件保持在复位状态。使用上电延时定时器可以使器件在 POR 事件后保持更长时间的复位状态。POR 有两个阈值电压参数：$V_{POR}$和 $V_{PORR}$。当 $V_{DD}$上升到 $V_{POR}$，并在 $V_{POR}$上方保持 $T_{POR}$的时长后，器件将从复位状态释放并允许器件开始操作硬件启动电路。$V_{DD}$的上升速度需要满足上升斜率 $SV_{DD}$的要求，否则会导致复位不良。$V_{PORR}$是器件将要重新发起一次上电复位的门限电压。当 $V_{DD}$下降到 $V_{PORR}$，并在 $V_{PORR}$下方保持 $T_{VLOW}$的时长后，将发起一次新的 POR。POR 重新激活的过程和在完全未通电情况下上电的启动过程相同。如图 4-17 所示为 POR 工作示意图。

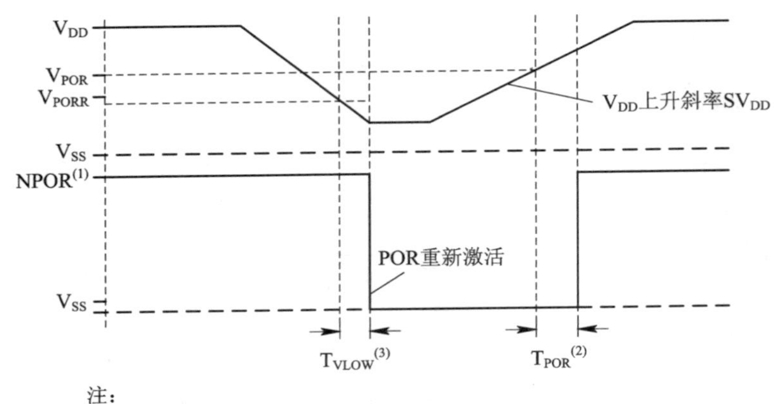


注：
(1)—当NPOR为低电平时，器件处于复位状态；
(2)—$T_{POR}$的典型值为1 μs；
(3)—$T_{VLOW}$的典型值为2.7 μs。

图 4-17　POR 工作示意图

### 2. 欠压复位(BOR)

当单片机的工作电压 $V_{DD}$ 下降到所设置的跳变点电压(欠压复位电压 $V_{BOR}$)以下并持续时间超过 $T_{BORDC}$ 时，单片机的欠压复位电路将使器件处于复位状态，$T_{BORDC}$ 的典型值为 3 μs。这将确保器件在 $V_{DD}$ 下降到安全工作电压范围之外时不再继续执行程序，从而避免单片机产生误操作。

欠压复位有 4 种模式，可通过配置字 CONFIG2 中的 BOREN<1:0>位来设置。欠压复位的 4 种模式分别是：

(1) BOR 始终使能。

(2) BOR 在正常运行模式下始终使能，在休眠模式下禁止。

(3) BOR 的使能或禁止由软件控制，如果软件将寄存器 BORCON 中的 BOREN 位设置为 1，则使能 BOR；如果将 BOREN 位设置为 0，则禁止 BOR。

(4) BOR 始终禁用。

欠压复位电压 $V_{BOR}$ 的值可通过配置字 CONFIG2 中的 BORV 位来选择，有高跳变点电压(2.7V)和低跳变点电压(2.45 V)两个选项。

PIC16(L)F18877 系列单片机具有一个定时时长为 65 ms 左右的可选上电定时器 PWRT。PWRT 可通过配置字 CONFIG2 中的 PWRTE 位来选择是否使能。上电定时器 PWRT 可在上电复位(POR)或欠压复位(BOR)发生后提供一个典型值为 65 ms 的复位延时。也就是说，如果上电定时器 PWRT 被使能，那么在 POR 或者 BOR 结束后，器件仍然会继续保持复位状态达 65 ms，然后再解除复位。使用上电定时器 PWRT 可以保证 $V_{DD}$ 在单片机开始运行程序前达到稳定状态。

如图 4-18 所示为典型的欠压复位状况，当 $V_{DD}$ 下降到 $V_{BOR}$ 以下，且持续时间大于 $T_{BORDC}$，器件将被复位。

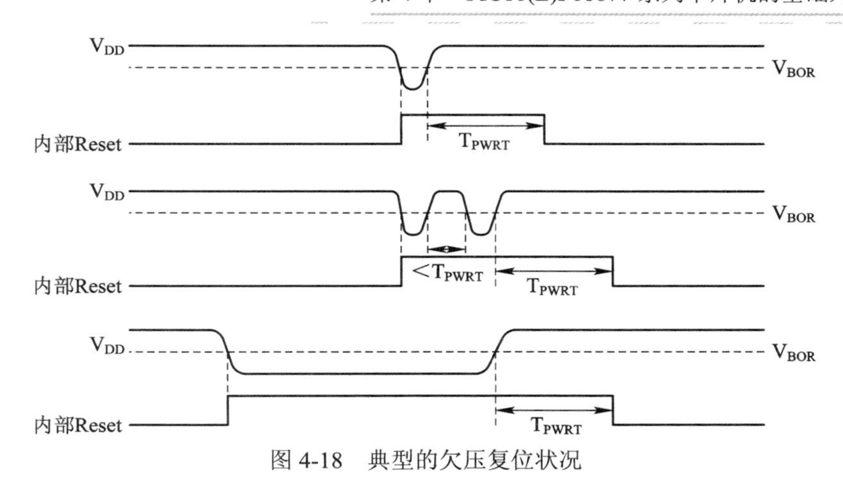


图 4-18　典型的欠压复位状况

### 3. MCLR 引脚外部复位

MCLR 是一个可选的外部复位输入引脚，该引脚的功能可通过配置字 CONFIG2 中的 MCLRE 位和配置字 CONFIG4 中的 LVP 位来设定。如果 LVP = 0，即器件低电压编程被禁止，那么 MCLR 引脚的功能将由 MCLRE 位来决定。当 MCLRE 位为 1 时，MCLR 引脚作为外部复位引脚；当 MCLRE 位为 0 时，MCLR 引脚作为标准数字端口引脚。如果 LVP = 1，即器件低电压编程被使能，那么无论 MCLRE 位的值是什么，MCLR 引脚都作为外部复位引脚。当 MCLR 引脚被设置为外部复位引脚，且该引脚维持低电平超过 2 μs，则器件进入复位状态。当 MCLR 引脚变为高电平后，器件将退出复位状态。

### 4. 窗口型看门狗(WWDT)复位

在使能了片内的窗口型看门狗(WWDT)的情况下，如果用户程序在看门狗定时器的窗口期内未发出喂狗指令(CLRWDT)而导致定时器溢出，或者在看门狗定时器的窗口期外发出 CLRWDT 指令导致窗口违规，或者在执行 CLRWDT 指令前没有读寄存器 WDTCON0 以激活看门狗导致窗口违规，这些情况都将引起看门狗复位。单片机的状态寄存器 STATUS 中的 $\overline{TO}$ 位和电源控制寄存器 PCON0 的 $\overline{RWDT}$ 位可以用来指示是否发生了看门狗计数器溢出复位，如果发生了看门狗计数器溢出复位，那么 $\overline{TO}$ 位和 $\overline{RWDT}$ 位均为 0。寄存器 PCON0 中的 $\overline{WDTWV}$ 位可以用来指示是否发生了窗口违规操作引发的复位，当 $\overline{WDTWV}$ 位为 0 时，则表示发生了窗口违规操作。

### 5. RESET 指令复位

在程序中执行 RESET 指令将导致器件复位。电源控制寄存器 PCON0 中的 RESET 指令标志位 $\overline{RI}$ 可以用来指示程序是否执行了 RESET 指令。如果 $\overline{RI}$ 位为 0，说明程序执行了 RESET 指令并产生了复位。

### 6. 堆栈上溢/下溢复位

通过配置字 CONFIG2 中的堆栈上溢/下溢复位使能位 STVREN 可以选择当发生堆栈上溢或下溢时，器件是否复位。当 STVREN 位置 1 时，器件将在发生堆栈上溢或下溢时复位。当寄存器 PCON0 中的 STKOVF 或 STKUNF 为 1 时，表示发生了堆栈上溢复位或堆栈下溢复位。

### 4.5.2 复位源的确定

当器件被复位后，特别是发生了意外的复位，用户往往需要了解复位的原因是什么，这可以帮助用户快速定位系统的故障源点。在 PIC16(L)F18877 系列单片机中，寄存器 STATUS 和寄存器 PCON0 在器件发生复位后会有一些位的值发生变化，用户可以根据这些位的值来判断造成最近一次复位的原因是什么。表 4-16 列出了各种复位发生时，寄存器 PCON0 和寄存器 STATUS 中状态位的变化情况。

**表 4-16 复位状态位及其含义**

| STKOVF | STKUNF | $\overline{RWDT}$ | $\overline{RMCLR}$ | $\overline{RI}$ | $\overline{POR}$ | $\overline{BOR}$ | $\overline{TO}$ | $\overline{PD}$ | 条　件 |
|---|---|---|---|---|---|---|---|---|---|
| 0 | 0 | 1 | 1 | 1 | 0 | x | 1 | 1 | 上电复位(POR) |
| 0 | 0 | 1 | 1 | 1 | 0 | x | 0 | x | 非法，$\overline{TO}$ 的上电默认值为 1 |
| 0 | 0 | 1 | 1 | 1 | 0 | x | x | 0 | 非法，$\overline{PD}$ 的上电默认值为 1 |
| 0 | 0 | u | 1 | 1 | u | 0 | 1 | 1 | 欠压复位(BOR) |
| u | u | 0 | u | u | u | u | 1 | 0 | 看门狗复位 |
| u | u | u | u | u | u | u | u | u | 看门狗将单片机从睡眠中唤醒 |
| u | u | u | u | u | u | u | 1 | 0 | 中断将单片机从睡眠中唤醒 |
| u | u | u | u | u | u | u | u | u | 正常运行时发生MCLR外部复位 |
| u | u | u | u | u | u | u | 1 | 0 | 休眠期间发生 MCLR 外部复位 |
| u | u | u | u | 0 | u | u | u | u | 运行 RESET 指令 |
| 1 | u | u | u | u | u | u | u | u | 堆栈上溢(要在配置字中设置 STVREN = 1) |
| u | u | u | u | u | u | u | u | u | 堆栈下溢(要在配置字中设置 STVREN = 1) |

注：表中的 u 表示值不发生改变，x 表示值为未知值。

## 4.6 带计算功能的模/数转换器模块

PIC16(L)F18877 系列单片机提供了一个带计算功能的模/数转换器(Analog-to-Digital Converter with Computation，ADCC)模块，它是单片机中实现模拟信号向数字信号转换的功能模块。外部模拟信号经过芯片的模拟引脚连接到 ADCC 的采样保持电路，ADCC 首先对外部模拟信号进行一定时间的采样，采样结束后开始启动模/数转换进程，将采样保持电路上的电压转换为二进制数据，并保存到结果寄存器中。ADCC 模块具有以下几个主要特点：

(1) 分辨率为 10 bit。

(2) 包含硬件实现的电容分压器(CVD)、预充电定时器、大小可调的采样保持电容以及护环(Guard Ring)输出驱动。

(3) 可以对 CVD 自动进行两次转换，第一次转换结果将被保存在寄存器组 ADPREVH/ADPREVL 中，第二次转换结果将被保存在寄存器组 ADRESH/ADRESL 中。

(4) 可通过触发器来启动模/数转换。

(5) 带有计算功能，可以对 ADCC 转换结果进行平均、低通滤波、数值比较等处理。

如图 4-19 所示为 ADCC 模块的整体结构框图。

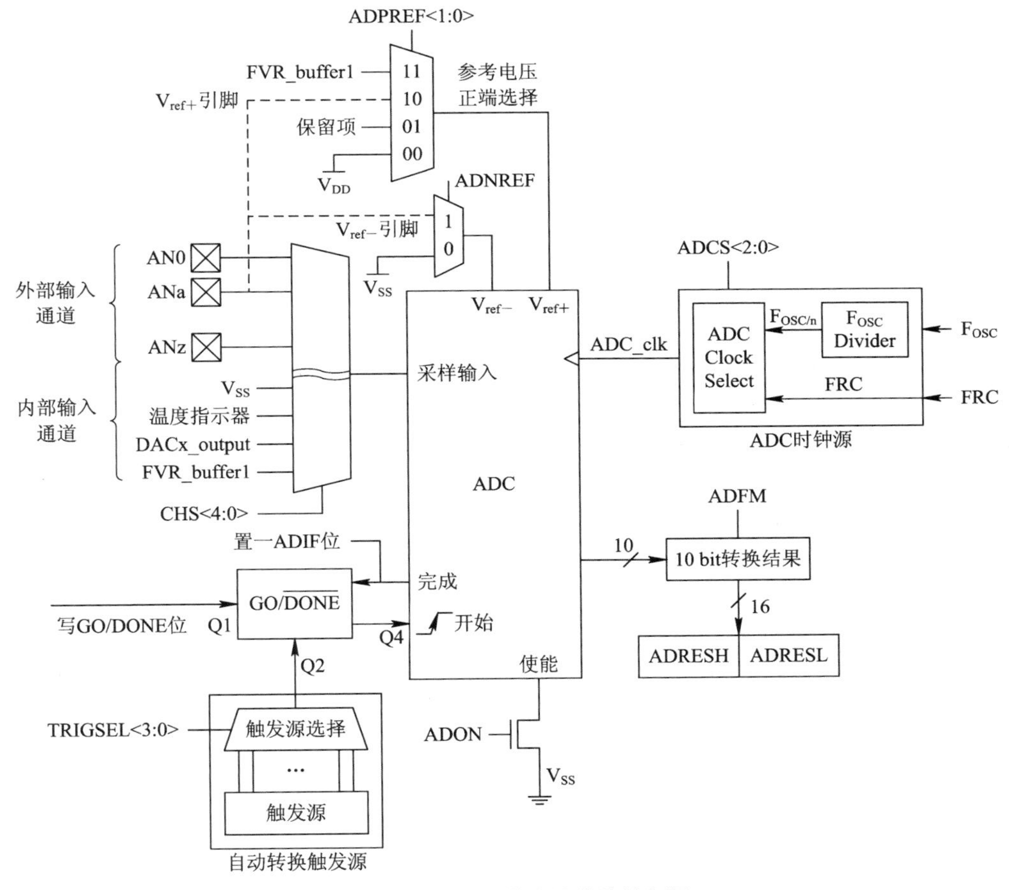


图 4-19 ADCC 模块整体结构框图

## 4.6.1 ADCC 模块的设置

### 1. ADCC 模块的模拟输入信号源设置

ADCC 模块的采样保持电路可以通过配置寄存器 ADPCH 来实现和以下模拟信号源进

行连接：

(1) 外部的模拟引脚 ANx；

(2) 内部的温度指示器；

(3) 内部的固定参考电压源；

(4) 内部 DAC 的输出。

当使用外部模拟引脚信号作为 ADCC 模块输入源时，该引脚的方向要设置为输入，属性设置为模拟。

#### 2. ADCC 模块的参考电压源设置

(1) 参考电压源可以选择外部电压源或者内部电压源。当使用外部电压源时，电压源的正端连接到芯片的 Vref+引脚，负端连接到芯片的 Vref−引脚；当使用内部电压源时，ADCC 模块参考电压源正端可以选择 $V_{DD}$、FVR 1.024V、FVR 2.048V、FVR 4.096V 电压源中的一个，电源负端选择芯片的 $V_{SS}$ 引脚。参考电压源的软件配置通过 ADREF 寄存器进行。

#### 3. 模/数转换时钟源设置

模/数转换时钟源有以下两种选择：

(1) $F_{OSC}/(2 \times (n + 1))$，$0 \leqslant n \leqslant 63$。

(2) 专用于模/数转换的内部 RC 振荡器。

PIC16(L)F18877 系列单片机采用的是逐次逼近的转换方式，完成一个 bit 转换所需要的时间定义为一个 Tad，Tad 必须满足一定的电气规范要求，对于 PIC16(L)F18877 系列单片机，Tad 必须大于 1μs，小于 9μs。在芯片处于休眠状态时，由于系统时钟停止工作，因此如果希望 ADCC 模块能继续工作，那么需要选择 ADCC 模块专用内部 RC 振荡器作为转换时钟源。

#### 4. 中断设置

ADCC 模块完成一次转换后，其中断标志位 ADIF 将被置 1，如果此时 ADCC 中断处于使能状态(ADIE = 1)，并且外设中断和全局中断都已经被使能(PEIE = GIE = 1)，那么程序将转去执行 ADCC 中断服务程序。假设 ADCC 转换完成时芯片处于睡眠状态，那么如果此时：

(1) ADIE = PEIE = 1 并且 GIE = 0，则单片机将被唤醒并从 SLEEP 指令后的第一条指令开始恢复运行。

(2) ADIE = PEIE = 1 并且 GIE = 1，则单片机将被唤醒并在执行 SLEEP 指令后的第一条指令后转去执行 ADCC 的中断服务程序。

#### 5. ADCC 模块转换结果格式的设置

ADCC 模块转换结果保存在寄存器 ADRES 中，其存储格式分为两种，一种是左对齐(ADFRM0 = 0)，一种是右对齐(ADFRM0 = 1)，如图 4-20 所示，芯片上电后的默认格式为左对齐。

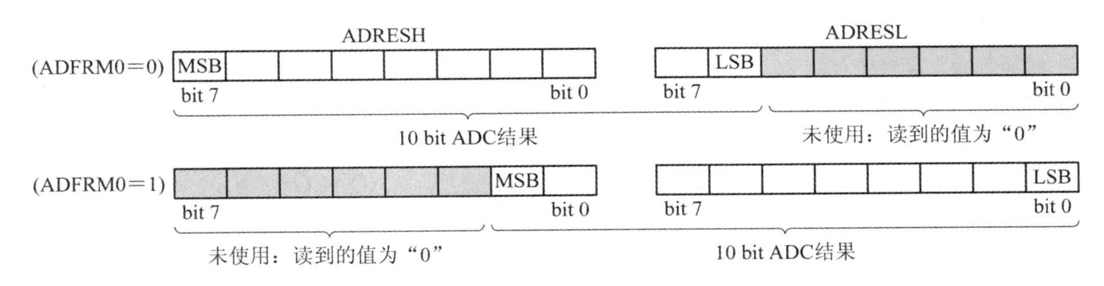


图4-20　模/数转换结果格式

### 6. ADCC模块工作模式的设置

ADCC模块工作模式包括以下七种：

1) 基本(Basic)模式

当寄存器ADCON2的ADMD设为0时，ADCC模块工作在基本模式下，这种模式和传统的ADCC模式相同。在基本模式下，ADCC的转换结果不进行累加，但双采样、连续采样转换、CVD、门限误差检测等功能仍然保留。

2) 累加(Accumulate)模式

当寄存器ADCON2的ADMD设为1时，ADCC模块工作在累加模式下，每次模/数转换完成后，转换结果会送到累加器ADACC进行累加运算，同时计数器ADCNT会加一，然后累加器ADACC中的结果会根据寄存器ADCRS的值进行右移，并将右移后的结果赋给寄存器ADFLTR，用于门限比较，比较结果将决定是否将ADTIF标志位置1。

3) 平均(Average)模式

当寄存器ADCON2的ADMD设为2时，ADCC模块工作在平均模式下。在平均模式下，每次模/数转换完成后，结果进行累加，另外计数器ADCNT加一，这个操作和累加模式相同。不同之处在于在平均模式下，当ADCNT值等于寄存器ADRPT中的值(ADRPT的值由用户自己设定)时，累加结果将根据ADCRS的值右移，此时需要满足ADCRS=log(ADRPT)/log(2)，右移结果相当于对所有采样结果取了平均值，然后将平均值用于门限比较。

4) 爆发式平均(Burst Average)模式

当寄存器ADCON2的ADMD设为3时，ADCC模块工作在爆发式平均模式下。这个模式和平均模式类似，不同之处在于不管ADCONT的值是否为1，ADCC都将连续触发采样/转换，当采样/转换次数(ADCNT)等于ADRPT的值后，对所有转换结果取平均值。

5) 低通滤波(Low Pass Filter)模式

当寄存器ADCON2的ADMD设为4时，ADCC模块工作在低通滤波模式下。和平均模式相似，低通滤波模式下的转换结果将进行累加，直至采样/转换次数大于或等于ADCNT的值，然后触发门限比较。但平均模式是对数据进行简单的取平均，而低通滤波模式是对数据进行低通滤波处理，以降低高频噪音。在低通滤波模式下，低通滤波器的截止频率由ADCRS决定。

低通滤波的过程可以分为两个阶段。第一阶段是将A/D转换结果送到累加器ADACC中进行累加，直到ADCNT的值等于ADRPT。对于每个A/D转换结果得到的累加值将右移ADCRS，并将结果保存到ADFLTR中；第二阶段是连续滤波阶段，ADFLTR中的滤波

输出值为

$$ADFLTR = \frac{ADACC_{NEW}}{2^{ADCRS}}$$

其中：

$$ADACC_{NEW} = ADACC_{PREV} + ADRES - \frac{ADACC_{PREV}}{2^{ADCRS}}$$

$ADACC_{PREV}$是上一次累加器的值，ADRES 是本次 A/D 转换结果。

6) 双采样转换模式

要进入双采样转换模式需要将寄存器 ADCON1 中的 ADDSEN 置 1。在双采样转换模式下，ADCC 模块将在两次转换完成后才开始计算门限差 ADERR。第一次转换完成后，ADCC 会将寄存器 ADSTAT 的 ADMATH 位置 1 并更新累加器 ADACC，但不会计算 ADEER 或置位 ADTIF 标志位。当第二次转换完成后，第一次转换结果将被转存到寄存器 ADPREV 中，第二次转换的结果将被保存到寄存器 ADRES 中，然后开始计算门限差 ADERR。

7) 连续采样转换模式

将寄存器 ADCON0 中的 ADCONT 位置 1 后，A/D 转换器将工作在连续采样转换模式。在此模式下，当一次转换完成并更新累加器 ADACC 后，ADGO 位会继续保持 1，从而自动触发下一次 A/D 转换。如果单片机出现复位，或者手动清零 ADGO 位，或者 ADSOI 和 ADTIF 同时为 1，那么 A/D 转换器会退出连续采样转换模式。

### 4.6.2 ADCC 模块的运行

#### 1. 模/数转换的启动

启动模/数转换的触发源包括以下三种：

(1) 软件触发。通过软件指令将寄存器 ADCON0 中的 ADGO 位置 1 来启动 A/D 转换，当转换结束后，ADGO 位将被硬件自动清零。

(2) 外部触发源。通过设置寄存器 ADACT 的 ADACT<4:0>来选择触发源。当触发源产生上升沿时，ADGO 位将被硬件置 1，并自动开始 A/D 转换。

(3) 连续采样转换模式下的自动触发。在连续采样转换模式下，第一次 A/D 转换完成后，ADGO 位不会被清零，因此硬件会自动触发下一次 A/D 转换。

#### 2. 模/数转换的中止

如果需要在 A/D 转换结束前中止转换，那么可以通过软件清零 ADGO 位，此时已经转换完成的位将把新的值保存到结果寄存器 ADRES 中。当单片机被复位时，ADCC 模块将被关闭，如果此时 ADCC 模块正处于转换进程中，那么转换将被中止。

#### 3. 模/数转换结束后的操作

当单次模/数转换完成后，会进行以下操作：

(1) 结果寄存器 ADRES 里的值将被存储到寄存器 ADPREV 中，新的转换结果将被存储到寄存器 ADRES 中。

(2) ADGO 将被自动清零(假设此时 ADCC 模块没有工作在连续触发模式下)。

(3) 寄存器 ADSTAT 的 ADMATH 位被置 1。

(4) 更新累加器 ADACC。

(5) 计算差值 ADERR。

在单采样模式(ADDSEN = 0)下，每次 A/D 转换完成后都会计算一次 ADERR。在双采样模式(ADDSEN = 1)下，则在每两次 A/D 转换完成后计算一次 ADERR。

(6) 如果 ADERR 的值超过门限值，则将中断标志位 ADTIF 置 1。

差值 ADERR 的计算方法由寄存器 ADCON3 中的 ADCALC<2:0>来决定。

#### 4. 休眠状态下 ADCC 模块的运行

如果 ADCC 模块需要在单片机处于休眠的状态下继续工作，那么 ADCC 模块必须选择专用的 FRC 时钟作为时钟源(通过寄存器 ADCON0 的 ADCS 位来选择)。专用 FRC 被选中后，ADCC 模块将会等待一个指令周期后再开始工作。因此可以在这里运行 SLEEP 指令以降低转换过程中的系统噪声。如果 ADCC 模块的中断处于使能状态，那么当转换结束后单片机将被 ADCC 模块的中断唤醒，否则，单片机将会在 A/D 转换完成后关闭 ADCC 模块。

对于处于休眠状态下的单片机，如果 ADCC 模块使用专用 FRC 时钟作为时钟源，那么当有外部 ADCC 触发信号产生时，ADCC 模块将启动 A/D 转换，并在转换完成时将 ADIF 位置 1。如果 ADCC 模块并没有被设置为使用专用 FRC，那么外部 ADCC 触发信号将会被记录下来，等到单片机被唤醒后再启动 A/D 转换。

### 4.6.3　ADCC 模块的操作步骤

以下为 ADCC 模块在基本模式下工作的操作步骤：

(1) 端口配置：利用方向寄存器 TRIS 将端口设为输入口，利用寄存器 ANSEL 将端口设为模拟口。

(2) ADCC 模块设置：选择 ADCC 时钟源、参考电压、转换通道、预充/采样时间等，并使能 ADCC 模块。

(3) ADCC 模块中断设置(假设需要使能中断)：清零 ADIF 标志，将 ADIE 位、PEIE 位和 GIE 位都设为 1。

(4) 等待采样时间结束。

(5) 将 ADGO 位置 1 来启动转换。

(6) 轮询 ADGO 位是否变成 0 或者等待 ADCC 模块转换完成后产生中断(假设在步骤(3)中使能了中断)。

(7) 转换完成后从寄存器 ADRES 中读取结果。

## 4.7　捕捉/比较/脉宽调制模块

捕捉/比较/脉宽调制(Capture/Compare/PWM，CCP)模块可用于时间捕捉、时间比较以及生成脉宽调制(PWM)信号。PIC16(L)F18857/77 系列单片机包含 5 个 CCP 模块(CCP1～

CCP5)，这 5 个 CCP 模块的结构、功能以及操作方法完全一样，区别仅在于它们各自拥有独立的一套特殊功能寄存器。

CCP 模块共有 3 种工作模式，即捕捉、比较以及脉宽调制(PWM)。捕捉模式可对某个事件的持续或间隔时间进行计时；比较模式可在到达预先设定的时间点时触发外部事件；PWM 模式可以产生不同频率和占空比的脉宽调制信号。

## 4.7.1　CCP 模块的设置

### 1. CCP 模块工作模式的设置

每个 CCP 模块的工作模式可通过它们各自的控制寄存器 CCPxCON 中的 MODE<3:0> 位进行设置。CCPxCON 中的“x”代表 1～5 中的一个数字，该数字用于区分不同的 CCP 模块。例如，CCP1CON 和 CCP2CON 分别为 CCP1 和 CCP2 模块的控制寄存器。

### 2. Timer 的选择

CCP 模块的所有工作模式都需要 Timer 模块配合使用。每个 CCP 模块都必须选择一个 Timer 作为时基。需要注意的是 CCP 模块在不同的工作模式下可以选用的 Timer 模块并不相同。用户可以通过寄存器 CCPTMRS0 和 CCPTMRS1 中的 CxTSEL<1:0>来为每个 CCP 模块设置对应工作模式下的 Timer。

CCP 模块各种工作模式和可选 Timer 模块的对应关系如表 4-17 所示。

表 4-17　CCP 模块工作模式和可选 Timer 模块的对应关系表

| CCP 模块工作模式 | 可选的 Timer 模块 |
|---|---|
| 捕捉 | TMR1 或 TMR3 或 TMR5 |
| 比较 | TMR1 或 TMR3 或 TMR5 |
| 脉冲宽度调制(PWM) | TMR2 或 TMR4 或 TMR6 |

## 4.7.2　CCP 模块的运行

### 1. 捕捉(Capture)模式

如图 4-21 所示为捕捉模式的工作框图。

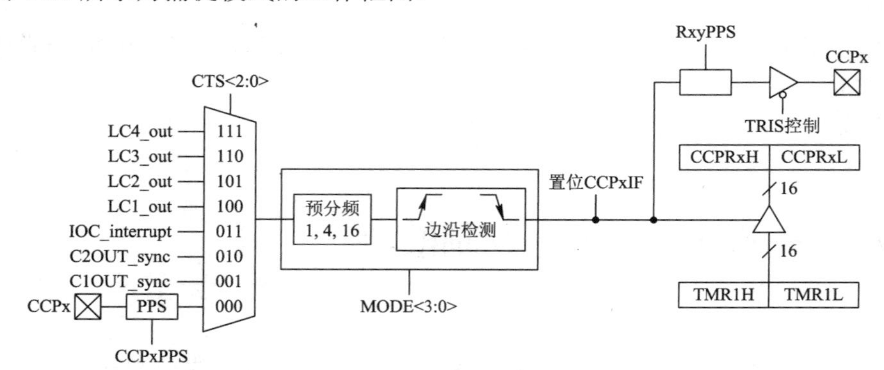


图 4-21　捕捉模式工作框图

捕捉模式需要使用 16 位的 Timer 模块(Timer1、Timer3 或 Timer5)配合工作。下面使用 Timer1 作为 CCPx 的时基来介绍捕捉模式的工作机制。

1) 捕捉的触发源

在捕捉模式下，首先需要选择一个触发捕捉的信号源。在 PIC16(L)F18857/77 系列单片机中，用户可以通过设置寄存器 CCPxCAP 中的 CTS<2:0>位来选择触发源。触发源可以是芯片外部引脚 CCPx 上的信号，也可以是其他外设的输出信号，具体可以参看图 4-21。

如果选择了 CCPx 引脚作为触发源，那么需要通过寄存器 TRIS 将该引脚的方向设为输入。当捕捉触发源的信号满足触发条件时，寄存器组 TMR1H:TMR1L 的 16 位当前值会被保存到 16 位的寄存器组 CCPRxH:CCPRxL 中，即完成了一次捕捉。

2) 触发捕捉的事件

以下这些事件可以作为触发源来触发捕捉：

(1) CCP 输入信号每出现 16 个上升沿。

(2) CCP 输入信号每出现 4 个上升沿。

(3) CCP 输入信号出现上升沿。

(4) CCP 输入信号出现下降沿。

(5) CCP 输入信号出现上升沿或下降沿。

具体选择哪个事件来触发捕捉由寄存器 CCPXCON 的 MODE<3:0>决定。

每当被选中的触发源上发生一次触发捕捉的事件，硬件会将外设中断请求寄存器 PIR6 中的 CCPx 中断标志位 CCPxIF 置 1，表示产生了一次 CCPx 捕捉中断。CPPx 中断标志位 CCPxIF 必须用软件清 0。

触发捕捉的事件不会使 TMR1 复位，因此，根据连续两次捕捉到的值，就可以计算出连续两次触发捕捉的事件之间的时间间隔。如果寄存器组 CCPRxH:CCPRxL 中的值还未被读取就又发生了一次新的触发捕捉的事件，那寄存器组 CCPRxH:CCPRxL 中存储的上一次捕捉值将被新的捕捉值覆盖，上一次的捕捉值将会丢失。

3) 捕捉模式中 Timer1 的设置

当 CCPx 模块工作在捕捉模式时，Timer1 必须设置为使用指令时钟(Fosc/4)或者外部的同步时钟作为时钟源。

4) 软件中断模式

当捕捉模式改变时，可能会产生错误的捕捉中断。因此，在改变捕捉模式前，应将外设中断使能寄存器 PIE6 中的 CCPx 中断使能位 CCPxIE 清 0 来禁止 CCPx 中断，以避免错误的捕捉中断影响单片机的运行。此外，在捕捉模式改变之后，还应将外设中断请求寄存器 PIR6 中的 CCPx 的中断标志位 CCPxIF 清 0。

5) CCP 模块预分频器

在捕捉模式下可以选择每个，或每 4 个，或每 16 个上升沿作为触发捕捉的条件，这是通过 CCP 模块预分频器的不同预分频比实现的。每当关闭 CCP 模块或 CCP 模块不处于捕捉模式时，CCP 模块预分频器的计数寄存器就会被清零。

在具有不同预分频比的捕捉模式之间切换，不会将 CCP 模块预分频器的计数寄存器清零，但可能产生错误的捕捉中断。为避免产生这样的错误捕捉中断，在切换具有不同预分频比的捕捉模式之前，须先通过清零寄存器 CCPxCON 来关闭 CCP 模块。

以下代码段演示了在具有不同预分频比的捕捉模式之间切换的操作过程。

```
BANKSEL CCPxCON         ;切换到寄存器 CCPxCON 所在的 bank
CLRF CCPxCON            ;关闭 CCPx 模块
MOVLW NEW_CAPT_P        ;将新的预分频模式值以及使能 CCPx 模块的值装载到 W 寄存器
MOVWF CCPxCON           ;将新的设置值从 W 寄存器装载到寄存器 CCPxCON
```

6) 捕捉模式在休眠状态下的运行

在休眠状态下，捕捉模式能否工作取决于 Timer1 模块。当 Timer1 用于捕捉模式时，必须选择指令时钟($F_{OSC}/4$)或外部时钟作为时钟源。当选择指令时钟($F_{OSC}/4$)作为 Timer1 时钟源时，Timer1 无法在休眠状态下工作。因此，捕捉模式也无法在休眠状态下工作。当单片机从休眠状态被唤醒时，Timer1 将从进入休眠前的状态继续工作。

当选择外部时钟作为 Timer1 时钟源时，Timer1 将在休眠状态下继续工作。因此，捕捉模式也将在休眠状态下继续工作。

### 2. 比较(Compare)模式

如图 4-22 所示为比较模式的工作框图。

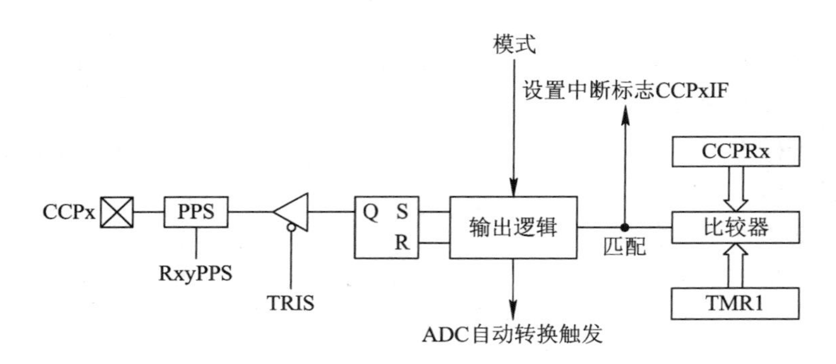


图 4-22　比较模式工作框图

比较模式需要使用 16 位的 Timer 模块(Timer1、Timer3 或 Timer5)配合工作。以下假设在比较模式下选择使用 Timer1。

1) 比较模式的输出事件

在比较模式下，寄存器组 CCPRxH:CCPRxL 的 16 位值会不断与寄存器组 TMR1H:TMR1L 的 16 位值进行比较。当比较匹配时，将根据 CCPx 模式选择位 MODE<3:0>的设置产生以下事件中的某一种事件：

(1) CCPx 产生脉冲输出并清零 TMR1。

(2) CCPx 产生脉冲输出。

(3) CCPx 输出低电平。

(4) CCPx 输出高电平。

(5) CCPx 输出翻转。

(6) CCPx 输出翻转并清零 TMR1。

每当一次比较匹配发生后，硬件会将外设中断请求寄存器 PIR6 中的 CCPx 中断标志位

CCPxIF 置 1，表示产生了一次 CCPx 比较匹配中断。CCPx 的中断标志位 CCPxIF 必须用软件清 0。

在比较模式下，需要通过外设引脚选择(PPS)模块选择一个引脚设置为 CCPx 的输出。另外，还必须通过该引脚的方向控制寄存器 TRIS 将该引脚设置为输出。

2) 比较模式中 Timer1 的设置

CCP 模块工作在比较模式时，Timer1 必须设置为使用指令时钟($F_{OSC}$/4)或者外部的同步时钟作为时钟源。

3) 比较模式的输出对 ADCC 模块的控制

CCPx 的输出还可以作为 ADCC 模块的自动转换触发源。如果在 ADCC 模块的控制寄存器 ADACT 中将自动转换触发源设置为 CCPx 的输出，那么当 CCPx 在比较模式下发生比较匹配时，将触发 ADCC 模块的自动转换。

4) 比较模式在休眠状态下的运行

和捕捉模式一样，比较模式在休眠状态下能否工作也取决于 Timer1。如果 Timer1 不能在休眠状态下工作，那么比较模式在休眠状态下也将不能工作；如果 Timer1 可以在休眠状态下运行，那么比较模式也可在休眠状态下工作。

### 3. 脉宽调制(PWM)模式

脉宽调制(PWM)是一种通过在完全开启和完全关闭状态之间进行快速切换来控制外部负载电压的方案。PWM 信号类似于方波，典型的 PWM 信号波形如图 4-23 所示。信号中的高电平部分被视为开启状态，信号中的低电平部分被视为关闭状态。信号保持高电平的时间称为脉冲宽度。信号周期是从信号的一个上升沿到下一个上升沿的时间，也就是开启状态(高电平)时间和关闭状态(低电平)时间的总和。占空比是指脉冲宽度在信号周期内所占的比例，占空比以百分比的形式表示。0%表示完全关闭，100%表示完全打开。占空比越低表示脉宽越小、对负载的供电也越低；占空比越高表示脉宽越大、对负载的供电也越高。

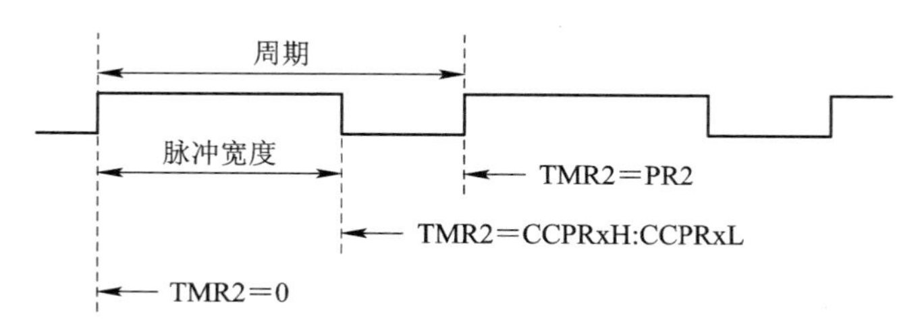


图 4-23　典型 PWM 信号波形

如图 4-24 所示为 PWM 模式的结构框图。

PWM 模式需要使用 8 位 Timer 模块(Timer2、Timer4 或 Timer6)作为 PWM 时基。假设在 PWM 模式下选择使用 Timer2 作为时基。在 PWM 模式下，通过 Timer2 的周期寄存器 PR2 设定 PWM 周期，通过寄存器组 CCPRxH:CCPRxL 设定 PWM 的脉冲宽度，所产生的 PWM 信号从 CCPx 引脚输出。要使能 CCPx 引脚上的 PWM 输出，需要通过外设引脚选择(PPS)模块选择一个引脚设置为 CCPx 的输出。另外，还必须通过该引脚的方向控制寄存器 TRIS，将该引脚设置为输出。

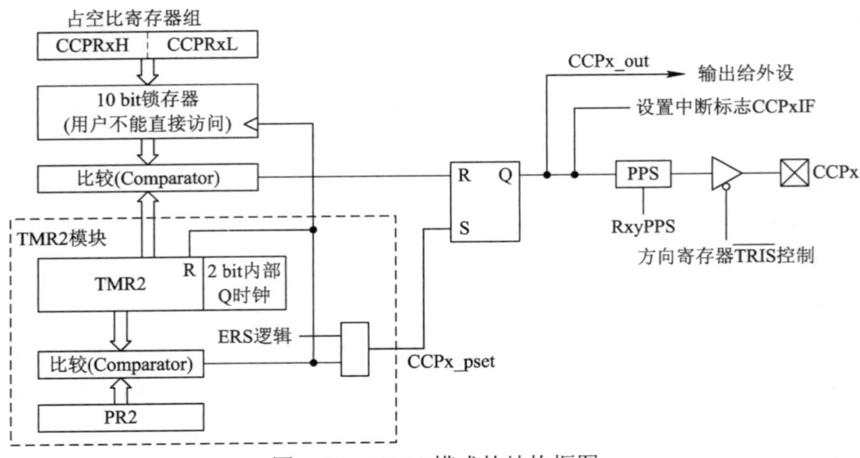


图 4-24　PWM 模式的结构框图

1) PWM 模式中 Timer2 的设置

当 CCP 模块工作在 PWM 模式时，作为 PWM 时基的 Timer2 必须设置为使用指令时钟(Fosc/4)作为时钟源。

2) PWM 周期的设置

如果选择 Timer2 作为 PWM 的时基，那么 PWM 周期由 Timer2 的周期寄存器 PR2 决定，则 PWM 周期为

$$\text{PWM 周期} = (\text{PR2} + 1) \times 4 \times T_{OSC} \times (\text{TMR2 预分频值})$$

其中，$T_{OSC} = 1/F_{OSC}$，为系统时钟周期。

在 PWM 模式下，当 TMR2 的值与 PR2 的值相等时，在 Timer2 的下一个递增周期将发生以下 3 个事件：

(1) TMR2 被清零。

(2) CCPx 引脚的输出被置 1(例外情况：如果 PWM 占空比设置为 0%，则 CCPx 引脚将不会被置 1)。

(3) 决定脉冲宽度的值从寄存器组 CCPRxH:CCPRxL 传送到内部 10 位锁存器中。

3) PWM 脉冲宽度和占空比的设置

在 PWM 模式下，寄存器组 CCPRxH:CCPRxL 中的 10 个数据位将作为 PWM 脉冲宽度值使用。10 位数据在寄存器组 CCPRxH:CCPRxL 中的对齐方式由寄存器 CCPxCON 中的对齐位 FMT 决定。具体对齐方式如图 4-25 所示。

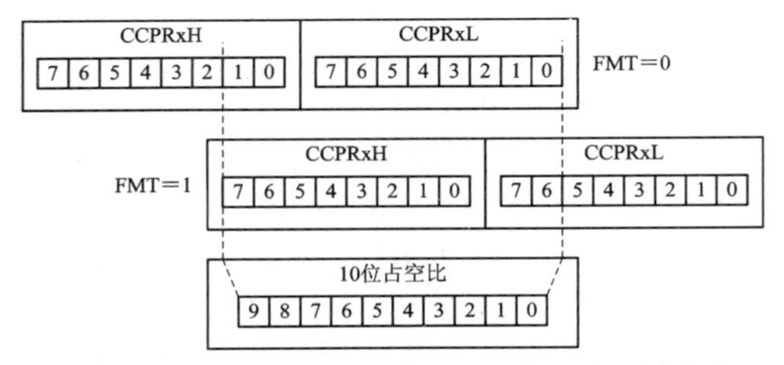


图 4-25　寄存器组 CCPRxH:CCPRxL 的 10 位对齐方式

用户可按照所设置的对齐方式，将一个 10 位数据写入寄存器组 CCPRxH:CCPRxL 来设定 PWM 的脉冲宽度。PWM 的脉冲宽度可用下式来计算：

$$\text{PWM 脉冲宽度} = (\text{CCPRxH:CCPRxL}) \times T_{OSC} \times (\text{TMR2 预分频值})$$

其中，$T_{OSC} = 1/F_{OSC}$，为系统时钟周期。

由于占空比是脉冲宽度在信号周期内所占的比例，因此根据 PWM 周期和脉冲宽度计算公式可以得出 PWM 占空比计算公式：

$$\text{PWM占空比} = \frac{\text{PWM脉宽}}{\text{PWM周期}} = \frac{\text{CCPRxH : CCPRxL}}{4 \times (\text{PRx} + 1)}$$

寄存器组 CCPRxH:CCPRxL 可以随时写入新的值，但在 TMR2 和 PR2 发生匹配之前，新的值不会被锁存到内部 10 位锁存器中。当 TMR2 和 PR2 发生匹配时，寄存器组 CCPRxH:CCPRx 中 10 位脉冲宽度的设置值将被锁存到内部 10 位锁存器中，然后通过内部 10 位锁存器与一个 10 位时基进行比较。这个 10 位时基是由 8 位 TMR2 和 2 位系统时钟(FOSC)分频器或者预分频器中的 2 位组成。当这个 10 位时基与内部 10 位锁存器中的脉冲宽度设置值相等时，CCPx 引脚的输出将被清 0。

4) PWM 的分辨率

PWM 的脉冲宽度可以按时间以“步”为单位进行离散的定义、设置和改变。由 PWM 的脉冲宽度计算公式可以看出，当(CCPRxH:CCPRxL)的值为 1 时，最小可设置的脉冲宽度为 Tosc×(TMR2 预分频值)。这就意味着，脉冲宽度可以按 $T_{OSC}$×(TMR2 预分频值)为“一步”来进行定义和设置。而(CCPRxH:CCPRxL)的值相当于以“步”为单位设置脉冲宽度的“步数”，增大或减小(CCPRxH:CCPRxL)的值就意味着以 $T_{OSC}$×(TMR2 预分频值)为单位对脉冲宽度进行加长或缩短。

PWM 的分辨率指的是在 PWM 周期内脉冲宽度的最大可调步数。分辨率越高，就可以越精确地控制和调节脉冲宽度，从而更精确地控制和调节对负载的供电。如图 4-26 所示为 PWM 分辨率示意图。

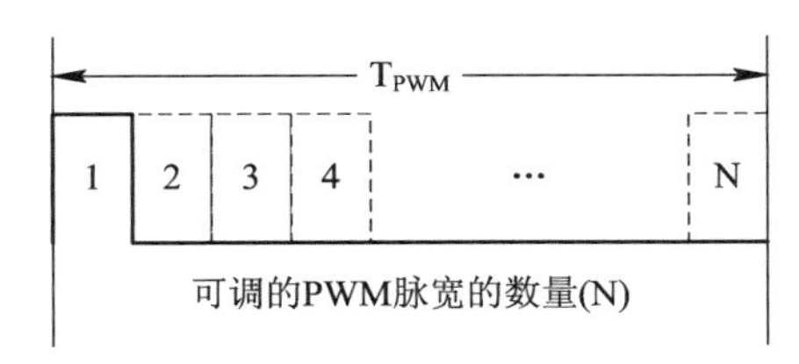


图 4-26　PWM 分辨率示意图

因为最小可设置的脉冲宽度为 $T_{OSC}$ × (TMR2 预分频值)，所以一个 PWM 周期中最大可设置的脉冲宽度的步数为：

$$\frac{\text{PWM周期}}{\text{最小可设置的脉冲宽度}} = (\text{PR2} + 1) \times 4$$

如果以“位”为单位来表示的话，PWM 分辨率的位数 = log[4× (PR2+1)] / log2 位。当 PR2 的值为 0xFF 时，PWM 分辨率可达到最大的 10 位分辨率。

5) PWM 模式在休眠状态下的运行

由于系统时钟在休眠状态下停止运行，因此以 $F_{OSC}/4$ 为时钟源的 Timer2 在休眠状态下也停止工作。因此，PWM 模式在休眠状态下不会继续输出 PWM 信号，CCPx 引脚将保持进入休眠前的输出电平状态。

## 4.8 增强型通用同步/异步收发器模块

增强型通用同步/异步收发器(Enhanced Universal Synchronous Asynchronous Receiver Transmitter，EUSART)模块是一种串行 I/O 通信外设单元。它包含执行串行数据输入或输出传输所需的所有时钟发生器、移位寄存器和数据缓冲器。

EUSART 模块提供的串行通信接口可配置为全双工异步模式或半双工同步主/从模式。通过寄存器 TX1STA 中的 SYNC 位可将 EUSART 模块配置为异步或同步模式。如果 SYNC 位为 0，则 EUSART 模块配置为异步模式；如果 SYNC 位为 1，则 EUSART 模块配置为同步模式。

### 4.8.1 EUSART 模块的异步模式

在异步模式下，数据是以“字符”为单位进行传输的，RX/DT 是串行接收引脚，TX/CK 是串行发送引脚。异步通信的双方只有数据线相连，而没有时钟线。收发双方各自使用自己的时钟源来控制发送的速率和接收的采样时间点。因此，使用异步模式的通信双方需要在通信速率和每个数据的字符长度上预先设定一致，以避免由于收发双方时钟的不一致以及时钟误差，引起数据接收错误。由于数据的发送是随机的，因此接收方需要能判断数据的起始和结束，所以异步模式下传输的数据必须按收发双方预定的数据格式来进行。如图 4-27 所示为带校验位的 9 位数据格式示意图。

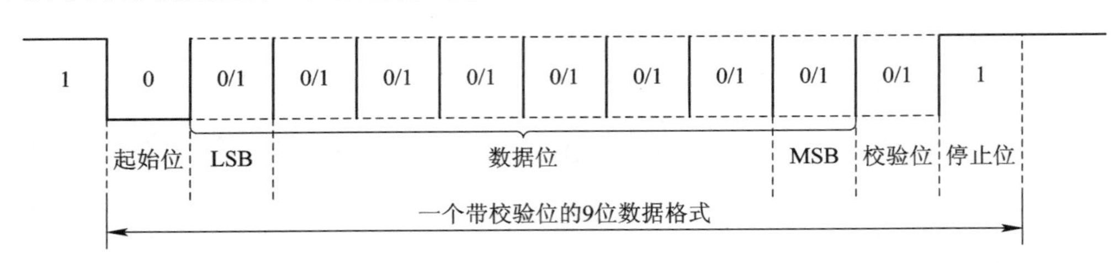


图 4-27　带校验位的 9 位数据格式

(1) 起始位：它是长度为 1 个数据位的低电平，用于通知接收方开始接收数据。

(2) 数据位：它是传输的实际数据。PIC16(L)F18877 系列单片机支持 8 位或 9 位数据字符长度，最低位(LSB)先发送。

(3) 停止位：它是长度为 1 个数据位的高电平，表示一个数据传输结束。

其中，每个位的传输时间为 1/(波特率)。波特率表示单位时间内传送的位的个数。在 EUSART 模块内带有一个波特率发生器(BRG)，为串行数据中每一位的发送和接收提供定时时钟。

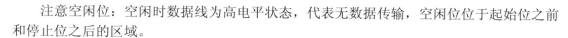

注意空闲位：空闲时数据线为高电平状态，代表无数据传输，空闲位位于起始位之前和停止位之后的区域。

### 1. EUSART 模块的波特率发生器(BRG)

波特率发生器(BRG)是一个 8 位或 16 位定时器，专用于支持异步和同步 EUSART 操作。默认情况下，BRG 工作在 8 位模式下。如果将波特率控制寄存器 BAUD1CON 中的 BRG16 位置 1，则选择了 16 位模式。波特率发生寄存器 SPxBRGH 和 SPxBRGL 决定自由运行的波特率发生器的周期。在异步模式下，波特率周期的倍数由寄存器 BAUD1CON 中的 BRG16 位和寄存器 TX1STA 中的 BRGH 位决定。使用高波特率(BRGH = 1)或 16 位 BRG(BRG16 = 1)有助于降低波特率误差。波特率计算公式如表 4-18 所示。

**表 4-18　EUSART 模块在各种模式下的波特率计算公式汇总**

| 配　置　位 | | | 波特率计算公式 |
|---|---|---|---|
| SYNC | BRG16 | BRGH | |
| 0(异步模式) | 0(8 位) | 0(低波特率) | $F_{OSC}/[64\times(n+1)]$ |
| 0(异步模式) | 0(8 位) | 1(高波特率) | $F_{OSC}/[16\times(n+1)]$ |
| 0(异步模式) | 1(16 位) | 0(低波特率) | $F_{OSC}/[16\times(n+1)]$ |
| 0(异步模式) | 1(16 位) | 1(高波特率) | $F_{OSC}/[4\times(n+1)]$ |
| 1(同步模式) | 0(8 位) | x | $F_{OSC}/[4\times(n+1)]$ |
| 1(同步模式) | 1(16 位) | x | $F_{OSC}/[4\times(n+1)]$ |
| 注：　x = 任意值，n = 寄存器组 SPxBRGH:SPxBRGL 的值。 | | | |

例如：在异步模式下，假设 Fosc 为 16MHz，所需的目标波特率为 9600，采用 8 位 BRG，并且 BRGH 为低波特率，那么波特率计算公式为

$$9600 = \frac{F_{OSC}}{64\times(\text{SPxBRGH}:\text{SPxBRGL}+1)}$$

因此 SPxBRGH:SPxBRGL 的值为

$$\text{SPxBRGH}:\text{SPxBRGL} = \frac{16\ 000\ 000}{(64\times9600)}-1 = 25.042 \approx 25$$

而 SPxBRGH:SPxBRGL 寄存器组的值为 25 时，实际波特率将会等于

$$\frac{16\ 000\ 000}{64\times(25+1)} = 9615.38$$

因此，波特率会存在 $\frac{9615-9600}{9600} = 0.16\%$ 的误差。

### 2. EUSART 模块的异步发送

1) 使能发送器

要通过 EUSART 模块的异步模式发送数据，除了将模式选择位 SYNC 设为 0 之外，还需要将寄存器 RC1STA 中的串口使能位 SPEN 置 1 来使能 EUSART 模块，并且将寄存器 TX1STA 中的发送使能位 TXEN 置 1 以使能 EUSART 模块的发送。EUSART 模块异步发送

器的核心是串行发送移位寄存器(Transmit Shift Register，TSR)，该寄存器不可用软件直接访问。TSR 从发送缓冲寄存器 TX1REG 中取得数据。如图 4-28 所示为 EUSART 模块的发送功能框图。

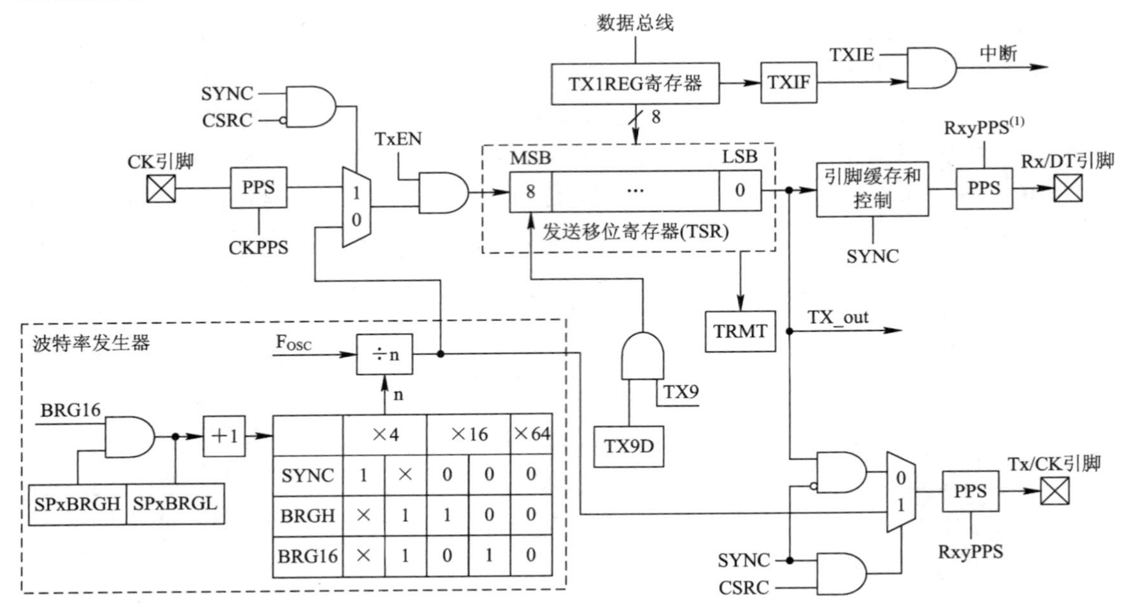


图 4-28　EUSART 模块的发送功能框图

2) 异步发送的流程和状态

UART 的数据发送是通过发送移位寄存器 TSR 来完成的。TSR 的状态由寄存器 TX1STA 中的 TRMT 位来指示。TRMT 位是只读位，当寄存器 TSR 为空时，TRMT 位置 1；当一个字符从发送缓冲寄存器 TX1REG 传送到寄存器 TSR 中时，TRMT 位清零，TRMT 位将保持为零，直到所有位移出寄存器 TSR。用户通过查询 TRMT 位可以确定 TSR 的状态。

(1) 异步数据发送。用户向发送缓冲寄存器 TX1REG 写入一个字符就会启动发送。如果这是写入的第一个字符或者前一个写入的字符已经从 TSR 中被完全送出，那么写入 TXREG 的字符就会立即被传送到寄存器 TSR。如果 TSR 中仍存有前一个字符的全部或部分位未被送出，则写入 TX1REG 的字符将被保存在 TX1REG 中，直到前一个字符的停止位从 TSR 中被送出。然后，保存在 TX1REG 中的字符在 TSR 变空后的 1 个指令周期($T_{CY}$)内被传送到 TSR 中。TX1REG 中的字符被传送到 TSR 后，启动位、数据位和停止位的发送序列立即开始。

(2) 发送数据的极性设置。通过寄存器 BAUD1CON 中的异步发送极性选择位 SCKP 可以设置空闲位和数据位的极性。SCKP 位的默认状态为 0，表示空闲状态和数据位都是高电平有效。如果将 SCKP 位设置为 1，则会将发送数据的极性取反，从而使空闲状态和数据位都是低电平有效。

(3) 发送中断。当 EUSART 模块异步发送被使能，且发送缓冲寄存器 TX1REG 中没有等待发送的字符时，EUSART 模块的发送中断标志位 TXIF 就会被置 1。只有当 TSR 正在进行移位发送，且 TX1REG 中还有排队等待发送的字符时，TXIF 位才会被清零。TXIF 位是反映发送状态的只读位，不能用软件置 1 或清零。

将 EUSART 模块发送中断使能位 TXIE 置 1 将允许 EUSART 模块产生发送中断。当 T1XREG 为空时，不管 TXIE 使能位的状态如何，TXIF 标志位都将被置 1。但只有在全局中断使能位 GIE、外设中断使能位 PEIE、TXIE 使能位和 TXIF 标志位都被置 1 时，才会触发 EUSART 模块的发送中断。

(4) 发送 9 位字符。PIC16(L)F18877 系列单片机支持发送 8 位或 9 位长度的字符。当寄存器 TX1STA 中的 TX9 位为 1 时，将发送 9 位长度的字符；当 TX9 位为 0 时，将发送 8 位长度的字符。在发送 9 位长度的字符时，寄存器 TX1STA 中的 TX9D 位作为发送字符的第 9 位，也是最高有效位。而且，字符的第 9 位必须先写入 TX9D 位，然后再将字符的低 8 位写入 TX1REG。写入 TX1REG 后，字符的 9 个位全部将被传送到发送移位寄存器 TSR。

(5) 异步发送的设置步骤如下：

① 初始化寄存器组 SPxBRGH 和 SPxBRGL 以及 BRGH 和 BRG16 位，以获得所需的波特率。

② 清零 SYNC 位并将 SPEN 位置 1，使能异步串口。

③ 如果需要发送 9 位长度的字符，将 TX9 控制位置 1。

④ 如果需要将发送数据的极性取反，将 SCKP 位置 1。

⑤ 将 TXEN 控制位置 1 使能发送，这将导致 TXIF 中断标志位置 1。

⑥ 如果需要使用中断，将 TXIE 中断允许位置 1。

⑦ 如果寄存器 INTCON 的 GIE 和 PEIE 位也置 1，则立即产生异步发送中断。

⑧ 如果选择了发送 9 位长度的字符，应将第 9 位装入 TX9D 数据位。

⑨ 将 8 位数据装入寄存器 TX1REG 将启动发送。

如图 4-29 所示为异步发送时序示意图。

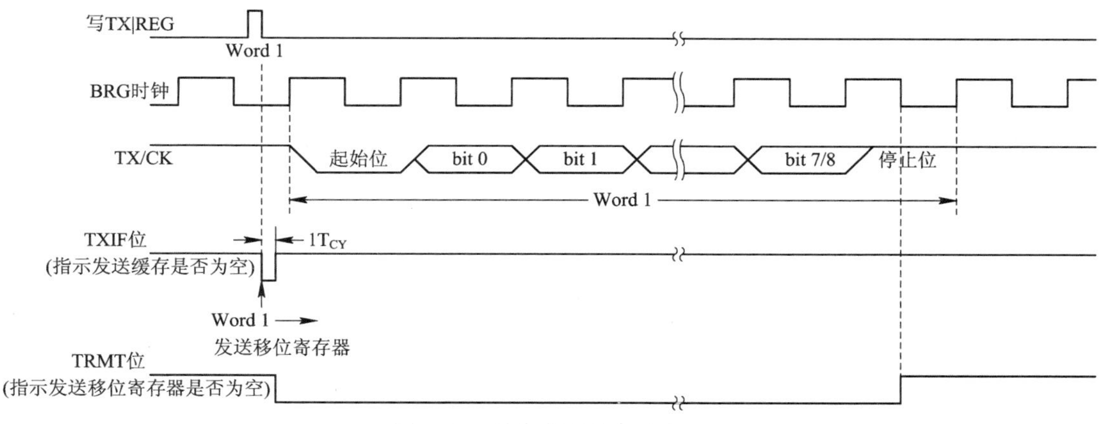


图 4-29　异步发送时序示意图

### 3. EUSART 模块的异步接收

1) 使能接收器

要通过 EUSART 模块异步模式接收数据，除了将模式选择位 SYNC 设为 0 之外，还需要将接收状态及控制寄存器 RC1STA 中的串口使能位 SPEN 置 1 来使能 EUSART 模块，以及将寄存器 RC1STA 中的连续接收使能位 CREN 置 1 以使能 EUSART 接收。

EUSART 模块的异步接收器的核心是串行接收移位寄存器(Receive Shift Register，RSR)。串行数据从 RX/DT 引脚上输入，在波特率发生器的控制下，由数据恢复模块对输入信号进行采样恢复，然后把串行输入的每一位数据移入串行接收移位寄存器 RSR 中。当接收采样到停止位时，已经移入寄存器 RSR 中的 8 位或 9 位数据将被装载到接收数据寄存器 RCREG 以及寄存器 RC1STA 中的第 9 位 RX9D。

寄存器 RSR 不能直接用软件访问，软件只能通过寄存器 RCREG 和寄存器 RC1STA 的 RX9D 位来获取接收到的字符。图 4-30 所示为 EUSART 模块的接收功能框图。

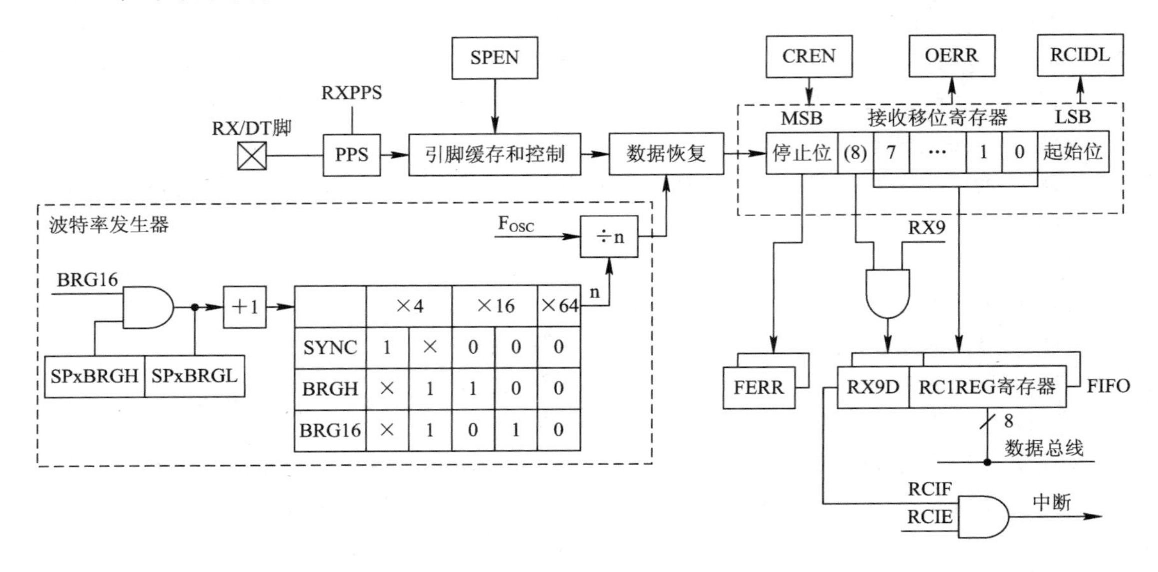


图 4-30 EUSART 模块的接收功能框图

2) 接收缓冲区和溢出错误

RC1REG 和 RX9D 是一个具有两级深度的先进先出(FIFO)缓冲器，这就允许 RSR 在连续接收两个完整字符并依次装入 FIFO 缓冲器后，还可以继续移位接收第三个字符到 RSR 中。但是，如果当接收采样到第三个字符的停止位时，前两个接收到的字符仍然还在 RC1REG 和 RX9D 的两级 FIFO 缓冲器中，将发生接收溢出错误，寄存器 RC1STA 中的溢出错误位 OERR 将被置 1，而 RSR 中的数据将会丢失。发生溢出错误后，FIFO 缓冲器中已有的字符仍然可以读取，但在溢出错误被清除之前不会再接收其他字符。通过将寄存器 RC1STA 中的 CREN 位清零或通过将寄存器 RC1STA 中的 SPEN 位清零可以清除溢出错误。为了避免发生溢出错误，软件必须通过读寄存器 RCREG 及时读走 FIFO 缓冲器中接收到的数据。

3) 异步数据接收

接收器的数据恢复电路在第一个位的下降沿启动字符接收。第一个位称为起始位，始终为零。数据恢复电路计数半个位的时间至起始位的中点并验证该位是否仍为零。如果该位非零，则数据接收被终止，接收器恢复寻找起始位的下降沿，这种情况不会产生错误。如果起始位被验证为零，则数据恢复电路计数一整个位的时间至下个位的中点。该位被一个择多检测电路采样，其结果(0 或 1)被移入 RSR。此过程将重复进行，直到所有数据位均被采样并移入 RSR。最后一位被测量的是停止位，停止位始终为 1。如果接收器在停止位处采样到的电平为 0，则该字符的帧错误标志位将被置 1，否则该字符的帧错误标志位 FERR 将被清零。帧错误表明在预期时间内未接收到停止位。

当所有数据位和停止位被接收后，RSR 中的字符就被立即传送到 EUSART 模块的 FIFO 缓冲器中，且 EUSART 模块接收中断标志位 RCIF 被置 1。读取寄存器 RC1REG 时，FIFO 缓冲器中顶部的字符被移出 FIFO 缓冲器。

4) 接收帧错误

当接收器在预期时间内未接收到停止位时，帧错误标志位将被置 1。帧错误标志位 FERR 在寄存器 RC1STA 中，它显示了 FIFO 缓冲器顶部未读字符的帧错误状态。因此，在读 RC1REG 之前必须先读 FERR 位以判断该字符是否存在帧错误。FERR 位是只读位，仅适用于接收 FIFO 缓冲器中顶部的未读字符。帧错误(FERR = 1)不会阻止接收器接收其他字符，此时也不必将 FERR 位清零。从 FIFO 缓冲器读走一个字符将使 FIFO 缓冲器进到下一个字符，FERR 位将指示这个未读字符的帧错误状态。将寄存器 RC1STA 中的 SPEN 位清零将复位 EUSART 模块，它可以将 FERR 位强制清零。将寄存器 RC1STA 的 CREN 位清零不影响 FERR 位。

5) 接收中断

当 EUSART 模块接收器被使能且 FIFO 缓冲器中存在未被读取的字符时，无论 EUSART 模块的接收中断使能位 RCIE 的状态如何，寄存器 PIR3 中的 EUSART 模块接收中断标志位 RCIF 都会被置 1。RCIF 位是只读位，不能用软件置 1 或清零。只有在全局中断使能位 GIE、外设中断使能位 PEIE、RCIE 使能位和 RCIF 标志位都被置 1 时，才会触发 EUSART 模块的接收中断。

6) 接收 9 位字符

EUSART 模块支持接收 9 位长度的字符。当接收状态和控制寄存器 RC1STA 中的 RX9 位为 1 时，接收器将接收 9 位长度的字符；当 RX9 位为 0 时，接收器将接收 8 位长度的字符。接收 9 位长度的字符时，寄存器 RC1STA 中的 RX9D 位作为接收字符的第 9 位。从 FIFO 缓冲器读取 9 位长度的字符时，必须先通过 RX9D 位读取第 9 位的值，然后再通过寄存器 RC1REG 读取低 8 位的值。

7) 地址检测

当多个接收器共用同一条传输线时(如在 RS-485 系统中)，ESUART 模块还提供了一种特殊的地址检测模式。该模式通过将寄存器 RC1STA 中的 ADDEN 位置 1 来使能。地址检测模式要求接收 9 位长度的字符。使能地址检测后，只有第 9 个数据位为 1 的字符会被传送到 FIFO 缓冲器中，并将 RCIF 中断标志位置 1。所有其他字符均被忽略。接收到地址字符后，用户软件可判断地址是否与其自身地址匹配。当地址匹配时，用户软件必须在发生下一个停止位前，通过清零 ADDEN 位来禁止地址检测。当用户根据所使用的消息协议检测到消息结束时，可以通过软件将 ADDEN 位置 1，将接收器重新置于地址检测模式。

8) 异步接收的设置步骤

(1) 初始化寄存器组 SPxBRGH 和 SPxBRGL 以及 BRGH 和 BRG16 位，以获得所需的波特率。

(2) 如果 RX 引脚和模拟功能复用，清零 RX 引脚对应的 ANSEL 位。

(3) 将 SPEN 位置 1 使能串口，将 SYNC 位清零，设置为异步模式。

(4) 如果需要使用接收中断，将 RCIE 位以及 GIE 和 PEIE 位置 1。

(5) 如果需要接收 9 位长度的字符，将 RX9 位置 1。

(6) 将 CREN 位置 1，使能接收。

(7) 当字符从 RSR 被移入 FIFO 缓冲器时，RCIF 中断标志位将被置 1。如果 RCIE 位以及 GIE 和 PEIE 位都已置 1，则产生接收中断。

(8) 读取寄存器 RC1STA 获取错误标志和第 9 个数据位(接收 9 位长度的字符时)。

(9) 读取寄存器 RC1REG 以及 RX9D 位(接收 9 位长度的字符时)，从接收缓冲器取得接收到的数据。

(10) 在发生溢出时，通过清零 CREN 接收器使能位来清除 OERR 标志位。

9) 使能地址检测的异步接收设置步骤

(1) 初始化寄存器组 SPxBRGH 和 SPxBRGL 以及 BRGH 和 BRG16 位，以获得所需的波特率。

(2) 如果 RX 引脚和模拟功能复用，清零 RX 引脚对应的 ANSEL 位。

(3) 将 SPEN 位置 1 使能串口，将 SYNC 位清零，设置为异步模式。

(4) 如果需要使用接收中断，将 RCIE 位以及 GIE 和 PEIE 位置 1。

(5) 将 RX9 位置 1，使能 9 位长度的字符接收。

(6) 将 ADDEN 位置 1，使能地址检测。

(7) 将 CREN 位置 1，使能接收。

(8) 当第 9 位为 1 的字符从 RSR 被移入 FIFO 缓冲区时，RCIF 中断标志位将被置 1。如果 RCIE 位以及 GIE 和 PEIE 位都已置 1，则产生接收中断。

(9) 读取寄存器 RC1STA 获取错误标志和第 9 个数据位(始终为 1)。

(10) 读取寄存器 RC1REG，从 FIFO 缓冲器取得接收到的数据的低 8 位。软件将判断此地址是否是本器件的地址。

(11) 在发生溢出时，通过清零 CREN 接收器使能位来清零 OERR 标志位。

(12) 如果器件被寻址，则将 ADDEN 位清零以允许所有接收到的数据被送入 FIFO 缓冲器并产生接收中断。

如图 4-31 所示为异步接收时序示意图。

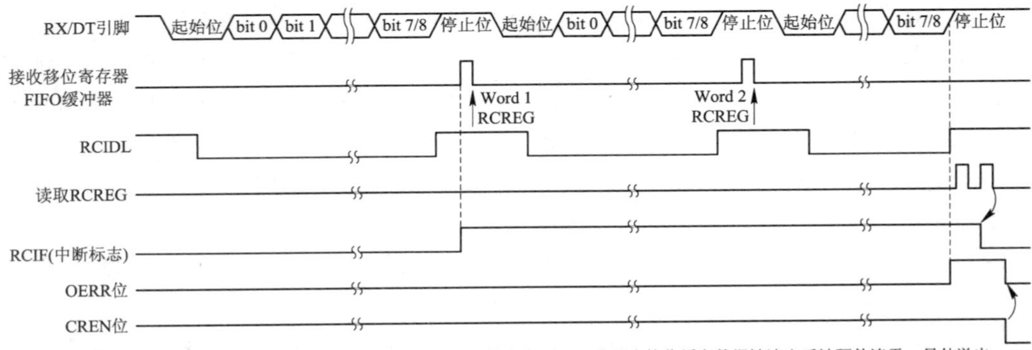


图 4-31 异步接收时序示意图

10) 自动波特率检测

PIC16(L)F18877 系列单片机的 EUSART 模块支持自动波特率检测，这样 EUSART 模块可以通过硬件自动设置波特率寄存器来实现和上位机之间的波特率匹配。要完成自动波特率检测，需要将寄存器 BAUD1CON 中的自动波特率检测使能位 ABDEN 置 1 以启动自动波特率检测，然后上位机需要向下位机发送同步字符 0x55(其对应的 ASCII 码是“U”)。由于 UART 的数据格式是 LSB 在前，因此上位机发送 0x55 时，EUSART 模块 RX 引脚上的输入数据是 0101010101，其中第一个 0 为起始位，最后一个 1 为停止位。当接收到起始位后 RX 上出现第一个上升沿时，SPBRG(SPxBRGH:SPxBRGL)将对基础波特率时钟频率的 1/8 进行计数，直到 RX 上第五个上升沿出现时停止计数。由于 RX 上第五个上升沿出现时，SPBRG 已经计数了 RX 上 8 个数据位的时长，而其用于计数的时基是基础波特率时钟频率的 1/8, 所以此时 SPxBRGH:SPxBRGL 中保存的数值就是所需要设置的值，这样就完成了波特率的自动设置。RX 上第五个上升沿的出现标志着波特率自动检测已经完成，此时 RCIF 位将被硬件置 1，并且 ABDEN 位将被硬件清零。用户可以通过读寄存器 RC1REG 来清零 RCIF 位。

使用自动波特率检测功能时，可能会出现波特率寄存器溢出的情况。如果发生溢出，那么表示自动检测失败，此时寄存器 BAUD1CON 中的自动波特率检测溢出位 ABDOVF 将被置 1。ABDOVF 位可通过软件清零。为了防止溢出的发生，用户需要综合考虑目标波特率值、系统时钟以及基础波特率频率的选择。如图 4-32 所示为自动波特率检测示意图。

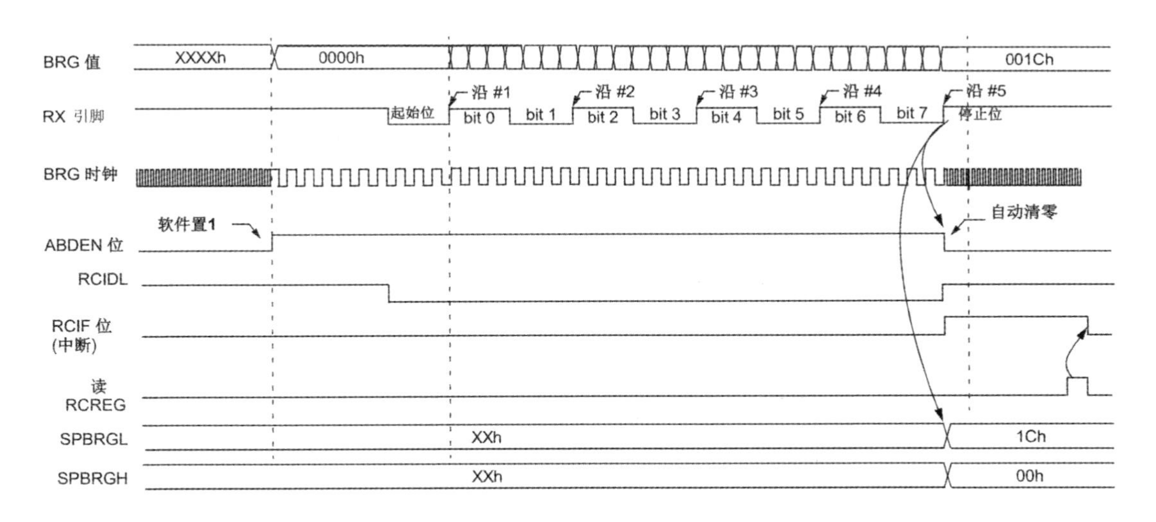


图 4-32　自动波特率检测

11) 自动唤醒(Auto-Wake-Up)功能

在异步模式下，如果单片机进入休眠状态，EUSART 模块将由于没有时钟而停止工作。此时，如果使能了自动唤醒功能，则可以通过 RX/DT 引脚上的下降沿唤醒单片机。自动唤醒功能通过将寄存器 BAUD1CON 中的唤醒使能位 WUE 置 1 来使能。当 WUE 位为 1 时，EUSART 模块将采样监测 RX/DT 引脚上的输入。当 RX/DT 引脚上发生由高至低的跳变时，单片机将从休眠状态中被唤醒。唤醒事件会同时将 RCIF 位置 1 产生接收中断。发生唤醒事件后，WUE 位将在 RX/DT 引脚上发生由低至高的跳变(上升沿)时由硬件清零。RCIF 位则通过读取寄存器 RC1REG 来清零。

### 4.8.2 EUSART 模块的同步模式

同步串行通信通常用于具有一个主器件和一个或多个从器件的系统中。主器件包含生成波特率所需的电路，并为系统中的所有器件提供时钟。从器件使用主器件提供的时钟，无需内部时钟发生电路。

同步模式下有两条信号线：一条双向数据线和一条时钟线。从器件使用主器件提供的外部时钟将串行数据移入或移出相应的接收和发送移位寄存器。由于数据线是双向的，所以同步操作只能是半双工的。半双工指主、从器件都能够接收和发送数据，但不能同时进行。EUSART 模块可作为主器件，也可作为从器件。同步发送时不使用启动位和停止位。

#### 1. 同步主模式

1) 同步主模式的设置

用户可以通过以下寄存器将 EUSART 模块配置为同步主模式：

(1) 将寄存器 RC1STA 中的 SPEN 位设为 1，使能整个 EUSART 串口模块。

(2) 将寄存器 TX1STA 中的 SYNC 位设为 1，将 EUSART 配置为同步模式。

(3) 将寄存器 TX1STA 中的 CSRC 位设为 1，将 EUSART 配置为主模式。

在同步主模式下，通过寄存器 RC1STA 中的单个接收使能位 SREN 和连续接收使能位 CREN 来配置 EUSART 进行发送还是接收，具体设置如表 4-19 所示。

**表 4-19　同步主模式发送或接收设置**

| CREN | SREN | EUSART 的工作模式 |
| --- | --- | --- |
| 1 | x | 同步主模式连续接收 |
| 0 | 1 | 同步主模式单字符接收 |
| 0 | 0 | 同步主模式发送 |

配置为同步主模式的 EUSART 将自动使能 TX/CK 引脚输出驱动器，在 TX/CK 引脚上发送时钟信号。串行数据位在每个时钟的前沿发生改变，以确保数据在每个时钟的后沿有效。EUSART 将为每个数据位产生一个时钟周期。有多少个数据位，就会产生多少个时钟周期。

2) 同步主模式的时钟极性设置

配置为同步主模式的 EUSART 产生的时钟极性可以通过寄存器 BAUD1CON 中的 SCKP 位进行设置。当 SCKP 位为 1 时，时钟空闲状态为高电平，数据在每个时钟的下降沿改变；当 SCKP 位为 0 时，时钟空闲状态为低电平，数据在每个时钟的上升沿改变。

3) 同步主模式发送

当将 EUSART 配置为同步主模式发送时，RX/DT 和 TX/CK 引脚输出驱动器自动启用。TX/CK 引脚上发送的是时钟信号，RX/DT 引脚上发送的是数据信号。用户通过向寄存器

TX1REG 写入一个字符来启动发送。如果 TSR 中仍存有前一个字符的全部或部分位未被送出，则新写入的字符将被保存在 TX1REG 中，直到前一个字符的最后一位从 TSR 中被送出。如果这是第一个字符或者前一个字符已经从 TSR 中被完全送出，则写入 TX1REG 的字符会立即被传送到 TSR。字符从 TX1REG 传送到 TSR 之后就立即开始发送。

同步主模式发送的设置步骤如下：

(1) 初始化寄存器组 SPBRGH 和 SPBRGL 以及 BRGH 和 BRG16 位，获得所需的波特率。

(2) 将 SYNC、SPEN 和 CSRC 位置 1，以使能串口同步主模式。

(3) 将 SREN 和 CREN 位清零，以禁止接收。

(4) 将 TXEN 位置 1，以使能发送。

(5) 如果需要发送 9 位长度的字符，将 TX9 位置 1。

(6) 如果需要使用发送中断，将 TXIE 位以及 GIE 和 PEIE 位置 1。

(7) 如果选择了发送 9 位长度的字符，应将第 9 位装入 TX9D 位。

(8) 将数据装入寄存器 TX1REG，启动发送。

4) 同步主模式接收

当将 EUSART 配置为同步主模式接收时，RX/DT 引脚输出驱动器将被自动禁止。EUSART 通过 TX/CK 引脚发送时钟信号，通过 RX/DT 引脚接收数据。在同步主模式下，通过寄存器 RC1STA 中的 SREN 位和 CREN 位可以选择 EUSART 是接收单字符还是连续接收。

当选择单字符接收(SREN 位置 1 且 CREN 位清零)时，一个字符中有多少个数据位就产生多少个时钟周期。当一个字符接收完成时，SREN 位被自动清零。当选择连续接收(CREN 位置 1)时，时钟信号会连续产生直到 CREN 位被清零。如果 CREN 位在接收一个字符的过程中被清零，则 CK 时钟立即停止，并且接收到的部分字符将被丢弃。如果 SREN 位和 CREN 位同时置 1，则 CREN 位优先，EUSART 模块将进行连续接收。

当一个完整的字符被接收到 RSR 中，接收中断标志位 RCIF 位将置 1，并且该字符将被自动送入具有两级深度的字符接收 FIFO 缓冲器。读取寄存器 RCREG 将从 FIFO 缓冲器中取得接收到的数据，FIFO 缓冲器中顶部的字符将被读出。只要 FIFO 缓冲器中还有未被读取的字符，RCIF 位就将一直保持置 1 的状态。

FIFO 缓冲器具有两级深度，可容纳两个字符。当接收到完整的第三个字符时，如果前两个接收到的字符仍然还在 FIFO 缓冲器中未被读取，则寄存器 RC1STA 中的溢出错误位 OERR 将被置 1。此时，FIFO 缓冲器中之前接收到的字符不会被覆盖，之前接收到的字符仍然可以被读出，但在溢出错误被清除之前不能再接收其他字符。OERR 位只能通过清除溢出条件来清零。如果设置为单字符接收时发生溢出错误，可通过读取寄存器 RC1REG 来清除溢出错误。如果设置为连续字符接收时发生溢出错误，则可通过将寄存器 RC1STA 中的 CREN 位或 SPEN 位清零来清除溢出错误。当寄存器 RC1STA 中的 RX9 位为 1 时，同步主器件将接收 9 位长度的字符。寄存器 RC1STA 中的 RX9D 位是接收的第 9 个数据位。从 FIFO 缓冲器读取 9 位长度的字符时，必须先读取 RX9D 数据位，然后才能从 RC1REG 读取低 8 位数据。

同步主模式接收的设置步骤如下：

(1) 初始化寄存器组 SPBRGH/SPBRGL 以及 BRGH 和 BRG16 位，获得所需的波特率。

(2) 如果 RX/DT 引脚和模拟功能复用，清零 RX/DT 引脚对应的 ANSEL 位。

(3) 将 SYNC、SPEN 和 CSRC 位置 1，以使能串口同步主模式。

(4) 将 SREN 和 CREN 位清零。

(5) 如果需要使用接收中断，将 RCIE 位以及 GIE 和 PEIE 位置 1。

(6) 如果需要接收 9 位长度的字符，将 RX9 位置 1。

(7) 将 SREN 位置 1 启动单字符接收，或将 CREN 位置 1 使能连续接收。

(8) 字符接收完成时中断标志位 RCIF 将被置 1。如果中断允许位 RCIE 已置 1，则产生接收中断。

(9) 读取寄存器 RC1STA 取得第 9 位数据(如果已使能接收 9 位长度的字符)，并确定接收时是否发生了错误。

(10) 读取寄存器 RC1REG。

(11) 如果发生了溢出错误，通过将寄存器 RC1STA 中的 CREN 位或 SPEN 位清零，可清除溢出错误。

**2. 同步从模式**

1) 同步从模式的设置

用户需要通过以下 SFR 寄存器中的配置位将 EUSART 配置为同步从模式：

(1) 将寄存器 RC1STA 中的 SPEN 位设为 1，以使能整个 EUSART 串口模块。

(2) 将寄存器 TX1STA 中的 SYNC 位设为 1，将 EUSART 配置为同步模式。

(3) 将寄存器 TX1STA 中的 CSRC 位设为 0，将 EUSART 配置为从模式。

在同步从模式下，通过寄存器 RC1STA 中的 CREN 位来配置 EUSART 是进行发送还是接收。SREN 位在同步从模式下无效。当 CREN 位为 0 时，EUSART 处于从发送模式；当 CREN 位为 1 时，EUSART 处于从接收模式。

配置为同步从模式的 EUSART 将自动禁止 TX/CK 引脚输出驱动器，EUSART 在 TX/CK 引脚上接收时钟信号。EUSART 每接收到一个时钟周期就传送一个数据位。要传送多少个数据位，就要接收多少个时钟周期。

2) 同步从模式发送/接收

在单片机不处于休眠状态的条件下，同步从模式发送/接收和同步主模式发送/接收的操作和工作方式都是相同的，区别仅在于同步从模式需要外部在 TX/CK 引脚上提供输入时钟信号。另外，同步从模式接收使能仅由 CREN 位控制，SREN 位在同步从模式下不起作用。

### 4.8.3 EUSART 模块在休眠状态下的操作

EUSART 模块只有配置为同步从模式才能在单片机休眠状态下进行工作，因为同步从模式使用的是外部输入的时钟。EUSART 在其他工作模式下都需要使用系统时钟，而单片机进入休眠状态后系统时钟被禁止，因此 EUSART 无法正常工作。

如果 EUSART 要在单片机休眠状态下进行同步接收，那么在进入休眠状态前必须满足以下条件：

(1) 必须通过控制寄存器 RC1STA 和 TX1STA 将 EUSART 配置为同步从模式接收。

(2) 如果需要使用中断，则需要将寄存器 PIE1 中的 RCIE 位以及寄存器 INTCON 中的 GIE 和 PEIE 位置 1。

(3) 必须通过读寄存器 RC1REG 来读取 FIFO 缓冲器中所有待处理字符，将 RCIF 中断标志位清零。

在休眠状态下，EUSART 通过 RX/DT 和 TX/CK 引脚来接收数据和时钟。当一个字符的全部数据位在时钟的作用下从外部完全输入后，RCIF 中断标志位将被置 1，从而将单片机从休眠状态中唤醒。

如果 EUSART 要在单片机休眠状态下进行同步发送，那么在进入休眠状态前必须满足以下条件：

(1) 必须通过控制寄存器 RC1STA 和 TX1STA 将 EUSART 配置为同步从模式发送。

(2) 必须先将要发送的字符写入 TX1REG 以填充 TSR 和发送缓冲区，将 TXIF 中断标志位清零。

(3) 如果需要使用中断，则需要将寄存器 PIE1 中的 TXIE 位以及寄存器 INTCON 中的 GIE 和 PEIE 位置 1。

在休眠状态下，EUSART 通过 TX/CK 引脚接收时钟信号，并通过 RX/DT 引脚发送数据。当 TSR 中字符的全部数据位在外部输入时钟的作用下完全输出时，TX1REG 中待发送的字符将传送到 TSR 继续发送。当 TX1REG 中没有待发送的字符时，TXIF 中断标志位将置 1，从而将单片机从休眠中唤醒。

## 4.9 主同步串行端口模块

主同步串行端口(Master Synchronous Serial Port，MSSP)是一种重要的串行通信接口，它可以让单片机方便地和各种外围器件进行数据交换和控制，这些外围器件可以是串行 FLASH 芯片、显示驱动芯片、USB hub 控制器等。MSSP 模块可以配置成两种模式，一种是 SPI，另外一种是 $I^2C$，这两种均采用主/从模式进行通信。

### 4.9.1 SPI 模式

SPI(Serial Peripheral Interface)模块最早由摩托罗拉公司提出，支持全双工同步通信。如图 4-33 所示为 SPI 模块的结构框图。

SPI 对外采用 4 线接口，分别是：

(1) SDI：数据输入口。

(2) SDO：数据输出口。

(3) SCK：时钟输入/输出口。

(4) $\overline{SS}$：从模块片选信号口。

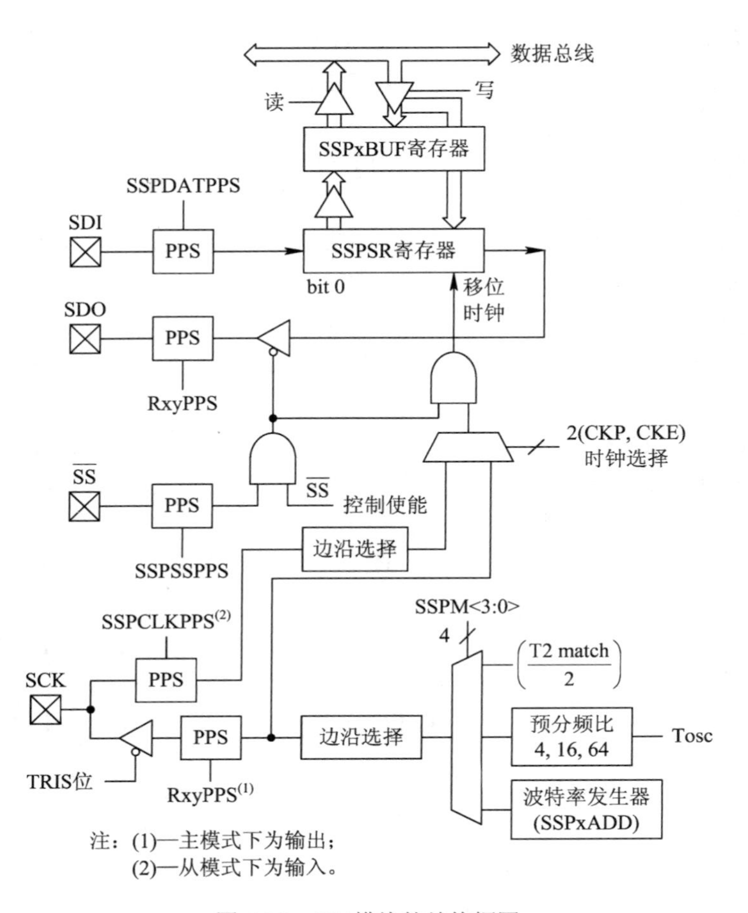


图 4-33　SPI 模块的结构框图

在正常工作时，SPI 必须有一个器件作为主模块，从模块可以是一个也可以是多个，如图 4-34 所示为一主三从的引脚连线图。

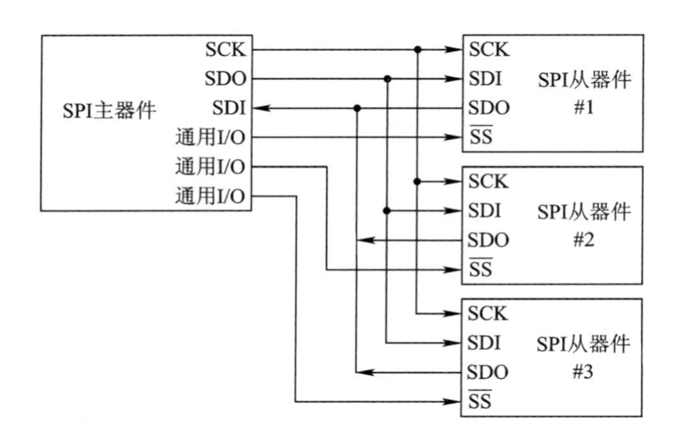


图 4-34　SPI 主从模块连接图

### 1. SPI 模块的设置

#### 1) 工作模式的设置

SPI 模块的工作模式分为主模式和从模式。工作在主模式下的 SPI 模块称为主模块，它负责向工作在从模式下的从模块提供 SCK 时钟，并发起两者之间的通信。用户通过设置寄存器 SSPxCON1 中的 SSPM<3:0>来选择模块的工作模式。

如果要将模块设为主模式，则需要：

(1) 设置 SSPM<3:0>为以下值中的一个，同时也选定了 SCK 的频率：

1010 = SPI 主模式，clock = $F_{OSC}$/(4 × (SSPxADD + 1))；

0011 = SPI 主模式，clock = T2_match/2；

0010 = SPI 主模式，clock = $F_{OSC}$/64；

0001 = SPI 主模式，clock = $F_{OSC}$/16；

0000 = SPI 主模式，clock = $F_{OSC}$/4。

(2) 将 SCK 脚对应的 TRIS 值设为 0，即将 SCK 的方向设为输出。

如果要将模块设为从模式，则需要：

(1) 设置 SPPM<3:0>为以下值中的一个：

0101 = SPI 从模式，$\overline{SS}$ 作为 I/O 脚使用；

0100 = SPI 从模式，$\overline{SS}$ 作为从模块的片选脚。

(2) 将 SCK 脚对应的 TRIS 值设为 1，即将 SCK 的方向设为输入。

(3) $\overline{SS}$ 引脚的 TRIS 值要设为 1(假设 $\overline{SS}$ 作为从模块片选脚)。

#### 2) SPI 时钟信号空闲状态电平和数据发送驱动沿的设置

SPI 的时钟信号 SCK 的空闲状态电平通过寄存器 SSPxCON1 的 CKP 位来设置。如果将 CKP 设为 0，则 SCK 的空闲状态电平为低；如果将 CKP 设为 1，则 SCK 的空闲状态电平为高。数据发送驱动沿的设置通过寄存器 SSPxSTAT 的 CKE 位来完成。当 CKE 被设置为 0 时，SDO 上的数据发送发生在 SCK 信号由空闲状态转变成活动状态时；当 CKE 被设置为 1 时，SDO 上的数据发送发生在 SCK 信号由活动状态转变为空闲状态时。表 4-20 列出了在各种 CKP 和 CKE 设置值的情况下所对应的数据发送驱动沿。

表 4-20　SCK 信号极性和驱动沿设置

| CKP(SCK 空闲状态电平) | CKE(数据发送驱动沿选择位) | 数据发送驱动沿 |
|---|---|---|
| 0 | 0 | 上升沿 |
| 0 | 1 | 下降沿 |
| 1 | 0 | 下降沿 |
| 1 | 1 | 上升沿 |

主模块和从模块的 CKP/CKE 要设为一致。

3) SPI 引脚的方向设置

为了确保 SPI 能够正常工作，其引脚的寄存器 TRIS 需要按以下要求进行设置：

(1) 主/从模块的 SDI 脚必须设为输入，即对应的 TRIS 位需要设为 1。

(2) 主/从模块的 SDO 脚必须设为输出，即对应的 TRIS 位需要设为 0。

(3) 主模块的 SCK 脚必须设为输出，即对应的 TRIS 位需要设为 0。

(4) 从模块的 SCK 脚必须设为输入，即对应的 TRIS 位需要设为 1。

(5) 从模块的 $\overline{SS}$ 信号需要设为输入，即对应的 TRIS 位需要设为 1。(假设从模块的模式选择为使用 $\overline{SS}$ 作为片选信号)

2. SPI 模块的运行

在图 4-34 中可以看到，所有从模块的 SCK 都和主模块的 SCK 相连，所有从模块的 SDI 都和主模块的 SDO 相连，所有从模块的 SDO 都和主模块的 SDI 相连，每个从模块的片选信号 $\overline{SS}$ 分别和主模块上一个通用 I/O 口相连。主模块首先通过 I/O 口选通一个从模块，然后通过 SCK 口提供时钟给从模块，未被选通的从模块处于高阻状态。SCK 时钟由主模块产生，它一方面驱动主模块将自己的数据从它的 SDO 口发送到从模块的 SDI 口，同时 SCK 也驱动从模块把从模块上的数据从它的 SDO 口发送到主模块的 SDI 口，这样就实现了数据的同步全双工传输。

1) SPI 模块的启动

用户通过将寄存器 SSPxCON1(x 可以为 1 或者 2，分别表示单片机上的 MSSP 模块 1 和 MSSP 模块 2)的 SSPEN 位置 1 就可以启动 SPI 模块。

2) SPI 主模式的发送和接收

SPI 主模式的发送是通过将需要发送的数据写入寄存器 SSPxBUF 来启动的。写入 SSPxBUF 的数据将加载到移位寄存器 SSPxSR 中，并在 SCK 时钟的驱动下逐位移出，移位的顺序是数据字节的高位(MSB)先移出，低位(LSB)后移出。寄存器 SSPxBUF 将保留这个发送数据，直到所有位被移出寄存器 SSPxSR。在将发送数据逐位移出 SSPxSR 的同时，SDI 引脚上的数据也同时会在 SCK 的作用下逐位移入寄存器 SSPxSR，当 8 bit 的接收数据被移入寄存器 SSPxSR 后，接收数据将被拷贝到 SSPxBUF 中，同时寄存器 SSPxSTAT 中的 BF 位和寄存器 PIR3 中的中断标志位 SSPxIF 都会被硬件置 1，表示接收到新的数据字节，如果此时对应的 MSSP 外设中断使能位 SSPxIE 为 1，并且外设中断使能位 PEIE 和全局中断使能位 GIE 也为 1，那么单片机将转去执行 SPI 的中断服务程序。用户在读取 SSPxBUF 中的数据后，就可以将下一个待发送的字节写入 SSPxBUF 继续进行发送。在数据发送/接收过程中，如果用户对 SSPxBUF 进行了写操作，那么会产生写碰撞错误，寄存器 SSPxCON1 中的 WCOL 位将被置 1，WCOL 位只能通过软件清零。如果主模块只想接收数据，那么可以将 SDO 引脚的方向控制位 TRIS 设为 1(即输入)。如图 4-35 所示为 SPI 主模式的收发波形时序图。

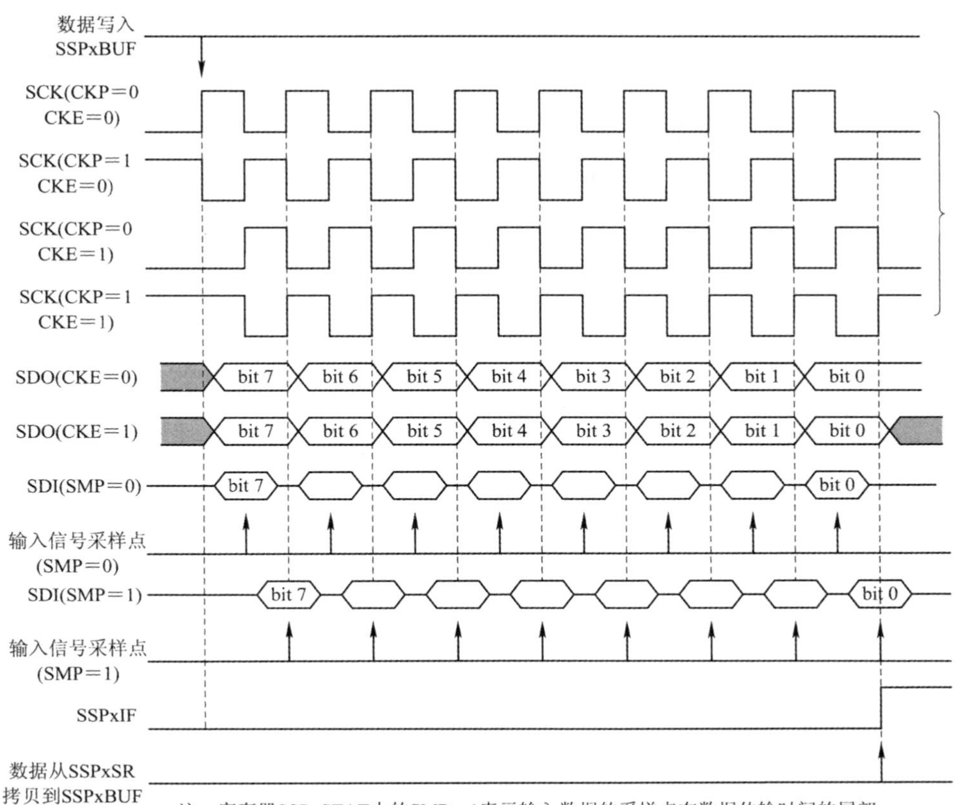


图 4-35 SPI 主模式的收发波形时序图

当单片机处于休眠模式时，主模块的时钟将全部停止，因此主模块在休眠状态下无法正常工作。

3) SPI 从模式的发送和接收

在从模式下，SPI 的模式有两种选择，一种是使能片选位 $\overline{SS}$，另外一种是将 $\overline{SS}$ 作为普通 I/O 口使用。需要注意的是，如果边沿选择位 CKE = 1，那么必须选择 $\overline{SS}$ 使能模式。使能 $\overline{SS}$ 的优点是可以使主模块和从模块始终保持同步，将 $\overline{SS}$ 拉高到 $V_{DD}$ 将使 SPI 模块复位，并且 SDO 停止输出，处于悬空状态。从模块的时钟极性位 CKP 和边沿选择位 CKE 要和主模块保持一致。由于从模块的时钟来自于主模块的 SCK，因此从模块的接收和发送时序由主模块控制。从模块在接收到一个字节的数据后会置 1 中断标志位 SSPxIF，如果此时对应的中断使能位 SSPxIE 以及 PIE 位、GIE 位均为 1，那么程序将跳转到中断向量入口去执行 SPI 的中断服务程序。从模块收到一个数据字节之后必须在收到下一个数据字节之前将第一个数据从 SSPxBUF 中读走，否则当下一个字节的数据全部进入移位寄存器 SSPxSR 后，寄存器 SSPxCON1 中的溢出标志位 SSPOV 将被置 1，SSPxSR 中的数据将丢失。如图 4-36 和图 4-37 所示分别是从模式下 CKE = 0 和 CKE = 1 的收发波形时序图。

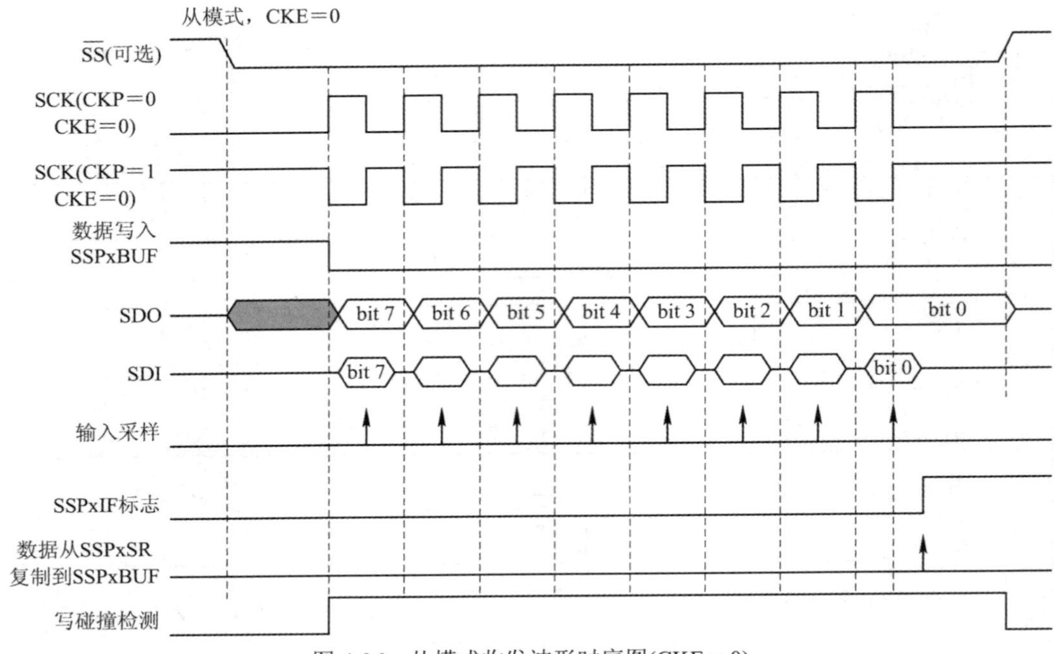


图 4-36　从模式收发波形时序图(CKE = 0)

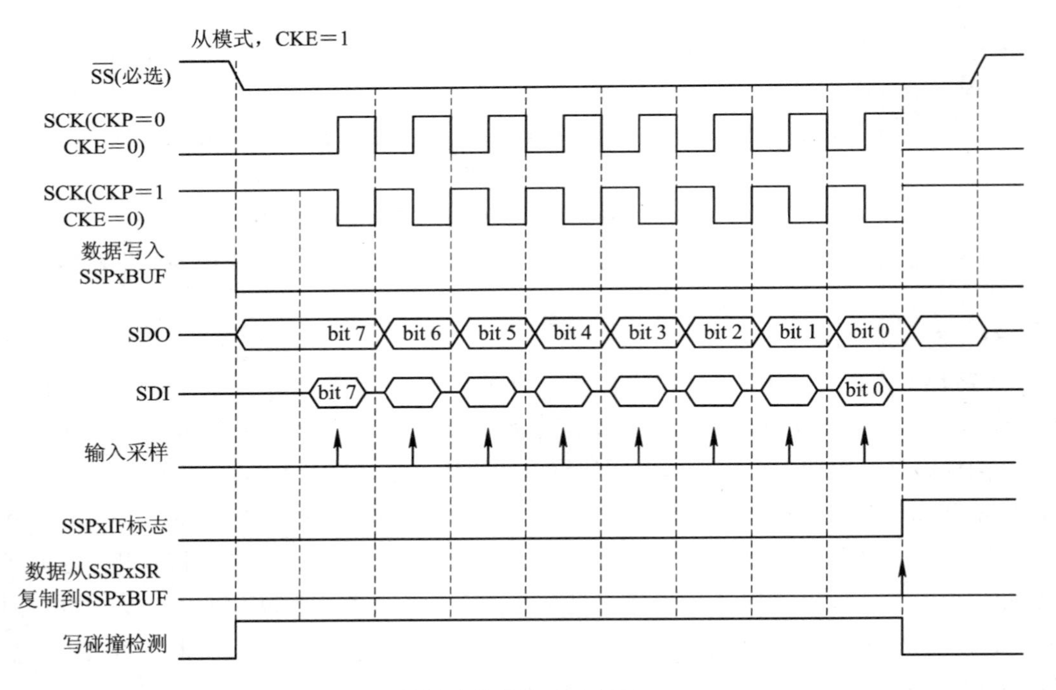


图 4-37　从模式收发波形时序图(CKE = 1)

当单片机进入休眠状态时，由于 SPI 从模块的时钟由外部主模块提供，因此只要外部主模块处于工作状态，那么从模块在单片机处于休眠状态时仍然可以和主模块进行正常的数据收发，并可以在收发数据完成后产生中断唤醒单片机。

### 4.9.2　I²C 模式

MSSP 模块除了可以配置成 SPI 模式外，还可以配置成 I²C 模式。PIC16(L)F18877 系列单片机中 MSSP 模块的 I²C 工作模式按照 I²C 总线协议规范，其 I²C 接口支持以下模式和特性：

(1) 主模式；

(2) 从模式；

(3) 多主模块支持；

(4) 7 位和 10 位寻址；

(5) 启动和停止中断；

(6) 中断屏蔽；

(7) 时钟延伸；

(8) 总线冲突检测；

(9) 广播呼叫地址匹配；

(10) 地址掩码；

(11) 地址保持模式和数据保持模式；

(12) 可选的 SDA 保持时间。

I²C 总线是飞利浦(Philips)公司开发定义的一种双向二线制同步串行总线。它只需要两根信号线(数据线 SDA 和时钟线 SCL)即可连接多个器件，并在连接于总线上的器件之间实现半双工同步数据传输。I²C 是多主机总线，允许总线上有多个从模块(Slave)以及多个主模块(Master)，主模块是指启动数据传输、产生时钟信号以及终止数据传输的器件。从模块是指被主模块寻址的器件，I²C 采用地址寻址的方法进行通信，每个从模块都有自己唯一的固定地址或者可编程地址。

I²C 总线上的每个主模块都可以和总线上的所有从模块通信。但是主模块之间无法进行通信，并且同一时间只能有一个主模块控制 I²C 总线进行数据传输。当有多个主模块同时发起数据传输时，将会通过仲裁来确定哪一个主机可以获得总线控制权。

每一个 I²C 器件内部的 SDA 和 SCL 引脚电路结构都是一样的，引脚的输出驱动与输入缓冲连在一起。其中，输出驱动为漏极开路的场效应管，输入缓冲为一个高输入阻抗的同相器。由于 SDA 和 SCL 为漏极开路结构，因此它们都需要通过上拉电阻连接到电源电压。这样，总线上各个器件的 SDA 和 SCL 之间就是“线与”关系。当总线空闲时，SDA 和 SCL 均为高电平，当连到总线上的任一模块输出了低电平，都将使总线的信号变低。如图 4-38 所示为 I²C 主/从模块引脚连接框图。

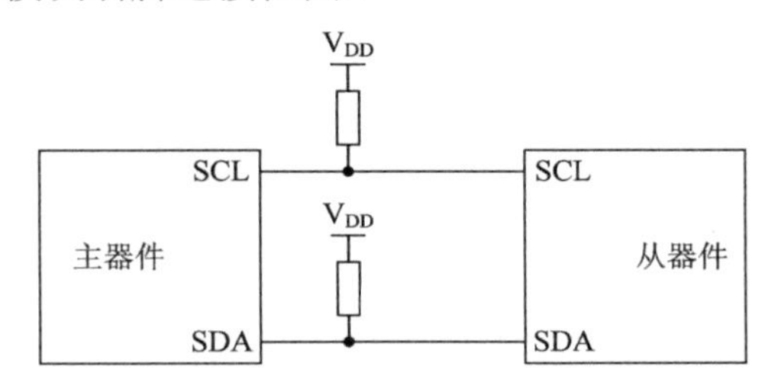


图 4-38　I²C 主/从模块引脚连接框图

### 1. I$^2$C 模块的设置

#### 1) I$^2$C 工作模式的设置

PIC16(L)F18877 系列单片机有 6 种可选的 I$^2$C 模式，其中包括 4 种 I$^2$C 从模式和 2 种 I$^2$C 主模式，用户可通过设置寄存器 SSPxCON1 的 SSPM<3:0>位来选择 I$^2$C 的工作模式。表 4-21 列出了 SSPM<3:0>的值和 I$^2$C 工作模式的对应关系。

**表 4-21　I$^2$C 工作模式的设置**

| SSPM<3:0> | 说　明 |
| --- | --- |
| 1111 | I$^2$C 从模式：10 位地址，并允许启动位和停止位中断 |
| 1110 | I$^2$C 从模式：7 位地址，并允许启动位和停止位中断 |
| 1011 | I$^2$C 固件控制的主模式(从模块处于空闲状态) |
| 1000 | I$^2$C 主模式，时钟 = $F_{OSC}/(4 \times (SSPxADD + 1))$ |
| 0111 | I$^2$C 从模式：10 位地址 |
| 0110 | I$^2$C 从模式：7 位地址 |

当 SSPM 设为“1011”时，I$^2$C 工作在固件控制的主模式。在此模式下，I$^2$C 通信需要通过用户代码操作 SDA 和 SCL 来完成协议规定的各项时序操作。

#### 2) SCL 和 SDA 引脚的方向设置

当 SSPEN 位置 1 后，SCL 和 SDA 引脚会被强制设为漏极开路，用户需要将 SDA 和 SCK 引脚所对应端口的方向寄存器 TRIS 位设置为 1，即把 SDA 和 SCK 引脚配置为输入。当用户需要在引脚上输出低电平时，MSSP 外设硬件将忽略 TRIS 位的设置，直接将引脚作为输出脚来使用。

### 2. I$^2$C 模块的运行

#### 1) I$^2$C 模块的运行机制

I$^2$C 协议规定，总线上数据的传输必须以一个开始信号作为启动条件，以一个结束信号作为停止条件。总线在空闲状态时，SCL 和 SDA 都保持高电平。

(1) I$^2$C 启动(Start)。I$^2$C 规范将启动定义为当时钟线 SCL 为高电平时，数据线 SDA 上产生一个由高电平到低电平的电平跳变。启动信号始终由主模块产生，表示 I$^2$C 总线从空闲状态转换为活动状态，它标志着一次 I$^2$C 串行数据传输的开始。在 PIC16(L)F18877 系列单片机中，主模块通过置 1 寄存器 SSPxCON2 中的 SEN 位来产生启动条件，产生完成后 SEN 位将被硬件自动清零，另外，寄存器 SSPxSTAT 中的 S 位会被自动置 1。启动信号波形可以参看图 4-39。

(2) I$^2$C 停止(Stop)。I$^2$C 规范将停止条件定义为当时钟线 SCL 为高电平时，数据线 SDA 上产生一个由低电平到高电平的电平跳变。停止信号始终由主模块产生，表示 I$^2$C 总线从活动状态转换为空闲状态，它标志着一次 I$^2$C 串行数据传输的结束。在 PIC16(L)F18877 系列单片机中，主模块通过置 1 寄存器 SSPxCON2 中的 PEN 位来产生停止条件，产生完成后 PEN 将被硬件自动清零，另外寄存器 SSPxSTAT 中的 P 位会被自动置 1。停止信号波形可以参阅图 4-39。

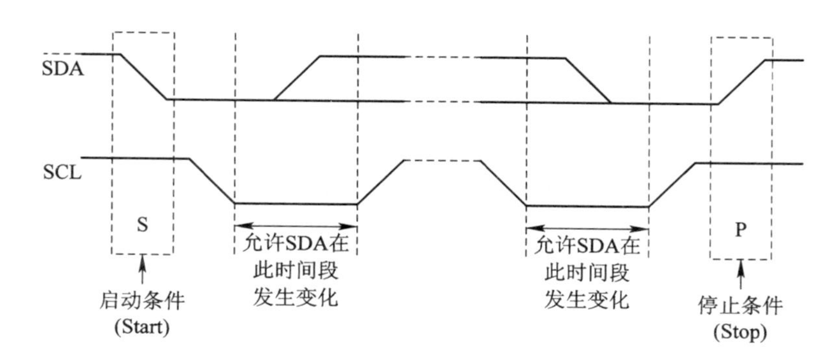


图 4-39　$I^2C$ 启动/停止信号波形

在一个主模块发出启动条件后，总线处于活动状态，$I^2C$ 总线将由发起通信的主模块和被主模块寻址的从模块控制，总线上的其他 $I^2C$ 器件无法访问总线。而在停止条件产生后，参与本次数据传输的主/从模块将释放总线，总线再次处于空闲状态。

(3) $I^2C$ 重复启动(Restart)。主模块在完成和从模块的数据传输之后，如果希望在不释放总线的情况下进行读/写操作的切换或者与不同的从模块进行数据传输，那么这时就可以使用“重复启动”。重复启动既作为前一次传输的结束，又作为下一次传输的开始，而且不会像停止条件那样释放 $I^2C$ 总线，主模块仍然保持对总线的控制权。重复启动信号和启动信号一样，也是在时钟线 SCL 为高电平时，在数据线 SDA 上产生一个由高电平到低电平的跳变。重复启动信号对从模块产生的影响和启动信号相同，它同样会复位所有从模块逻辑并使之准备接收寻址地址。在 PIC16(L)F18877 系列单片机中，主模块通过置 1 寄存器 SSPxCON2 中的 RSEN 位来产生重复启动信号，产生完成后 RSEN 将被硬件自动清零。如图 4-40 所示为 $I^2C$ 重复启动的信号波形。

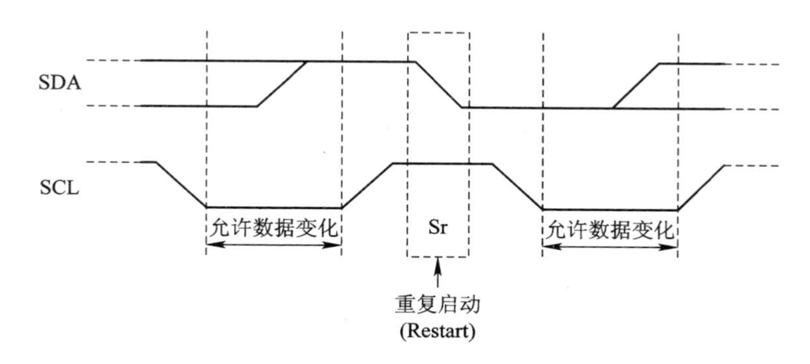


图 4-40　$I^2C$ 重复启动的信号波形

由图 4-39 和图 4-40 可见，在 SCL 线为高电平时，SDA 线上发生的电平变化都被定义成了 $I^2C$ 总线上的特殊条件。因此，在 $I^2C$ 进行数据传输时，当 SCL 线为高电平时，SDA 线上的数据必须保持稳定。只有在 SCL 线为低电平时，SDA 线上的数据电平才可以改变。

(4) $I^2C$ 通信字节格式。所有 $I^2C$ 通信都是采用 9 位的形式，即一个 8 位的字节和一位应答响应位，每一位(bit)都对应一个 SCL 时钟脉冲。发送方在向接收方发送一个字节(8 位)

之后，接收方会在第 9 位发出一位应答响应。

① 地址字节。在主模块发出启动或重复启动条件后，总是首先由主模块产生时钟信号并发送由从模块地址和读/写操作指示位(R/$\overline{W}$)组成的一个地址字节。如果模块采用的是 7 位地址模式，那么地址为 1 个字节，其中 bit 7～bit 1 为从设备地址 A7～A1，bit 0 是读/写位 R/$\overline{W}$(1 表示读，0 表示写)，其波形示意图如图 4-41 所示。

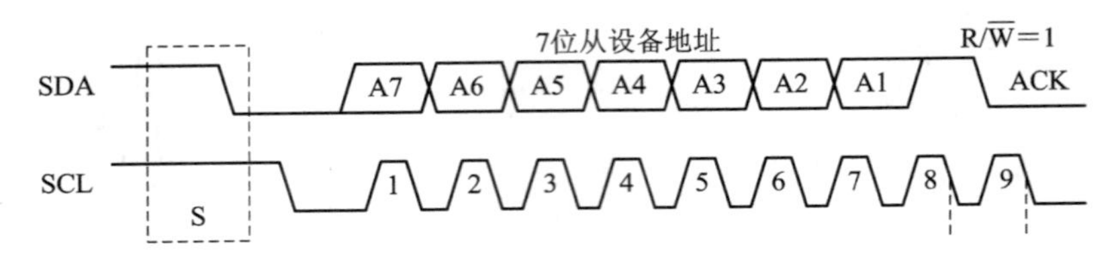


图 4-41　$I^2C$ 地址字节(7 位)波形

如果模块采用的是 10 位地址模式(A9～A0)，那么需要发送 2 个地址字节给从模块，其波形如图 4-42 所示。

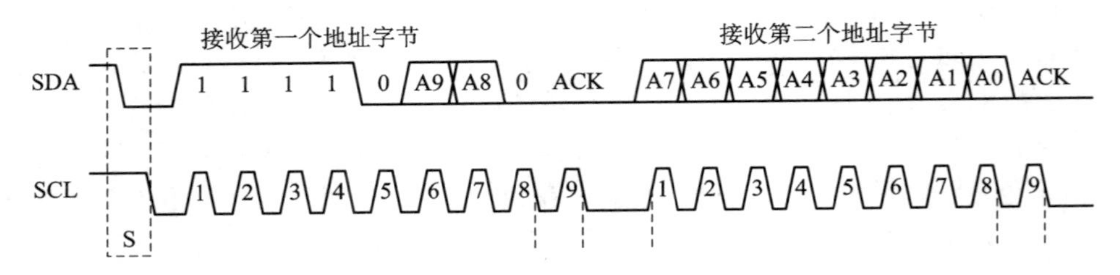


图 4-42　$I^2C$ 地址字节(10 位)波形

当主模块发送完一个地址字节后，被寻址的从模块应该在第 9 位回复一个 ACK 信号(即 SDA 为低)以表示寻址成功。如果在第 9 位上出现的是 NACK 信号(即 SDA 为高)，则说明从模块收到的地址和自己的地址不匹配或者被寻址的从模块在处理其他任务而没时间作出 ACK 响应。遇到这种情况时，主模块将决定如何进行下一步操作，比如发送停止条件或重复启动条件。

② 数据字节。如果主模块发送的地址字节被从模块回复 ACK，那么主模块就可以和从模块按照地址字节中包含的读/写操作指示位(R/$\overline{W}$)开始传输数据并进行数据读/写了。时钟信号继续由主模块产生，如果是写操作，主模块会将 8 位数据字节发到总线上供从模块接收；如果是读操作，从模块将把 8 位数据发送到总线上供主模块接收。8 位数据发完后，数据接收方就会回复一个 ACK 或 NACK。读操作时，主模块会在接收到最后一个所需要的数据字节后，回复 NACK 给从模块，然后发送停止条件来结束数据传输。

(5) 总线仲裁。当 $I^2C$ 总线上有多个主模块同时发起数据传输时，将通过仲裁机制来确定哪一个主模块可以获得总线控制权。仲裁的过程是一位一位地进行判断，此过程可能需要判断很多位。每个要发送数据的主模块会检查 SDA 线上的电平，并将 SDA 线上的实际电平与自己发送的电平进行比较。先发现两个电平不匹配的主模块仲裁失败，它将停止发送数据。由于 $I^2C$ 总线上器件之间的“线与”关系，$I^2C$ 总线的仲裁实际上是遵循“低电平优先”的原则，即哪个主模块先发送低电平，哪个主模块就会获得对总线的控制权。如图 4-43 所示为一个总线仲裁示例。

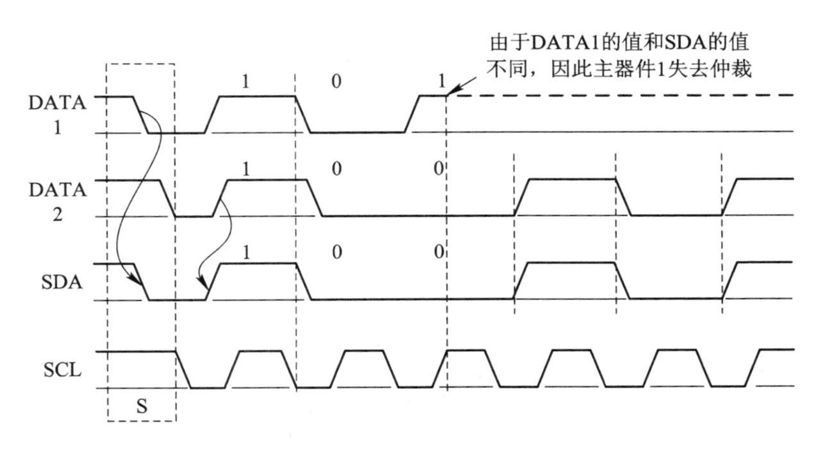


图 4-43　$I^2C$ 总线仲裁示例

(6) 时钟拉伸(Clock Stretching)。时钟拉伸指的是时钟线 SCL 被从模块强制拉低，这种情况下主模块将无法发送数据，必须要等 SCL 被释放回到高电平后才可以恢复发送。时钟拉伸的目的是要给从模块足够的时间来处理接收到的地址/数据或者准备需要发送的数据。PIC16(L)F18877 系列单片机的 $I^2C$ 模块支持三种情况的时钟拉伸，分别是由寄存器 SSPxCON2 的 SEN 位、寄存器 SSPxCON3 的 AHEN 和 DHEN 位来控制的。在主模式下，SEN=1 将发起启动条件(Start)，在从模式下，SEN = 1 将使能时钟拉伸功能。时钟拉伸通过设置 SEN = 1 进行使能后，每当从模块收到 8 bit 寻址字节或数据字节并回复 ACK 之后，寄存器 SSPxCON1 中的 CKP 位将被自动清零，从而导致 SCL 被一直拉低，直到 CKP 位被软件置 1。如果收到的寻址字节或数据字节被从模块回复 NACK，则 CKP 位不会被清零，即不进行时钟拉伸。AHEN(Address Hold Enable)和 DHEN (Data Hold Enable)位只在从模式下有效，如果 AHEN = 1，则从模块在收到与自身地址匹配的寻址字节(8 bit)后，中断标志 SSPxIF 将被置 1，同时 CKP 位将被清零以拉低 SCL，直到 CKP 位被软件置 1 才释放 SCL。如果 DHEN = 1，则从模块在收到数据字节(8 bit)后将清零 CKP 位以拉低 SCL，直到 CKP 位被软件置 1 才释放 SCL。使能 AHEN 和 DHEN，可以让从模块的软件通过设置寄存器 SSPxCON2 中的 ACKDT 位来决定如何应答收到的寻址字节和数据字节，如果 ACKDT 设为 0，则回复 ACK；如果 ACKDT 设为 1，则回复 NACK；如果 AHEN 和 DHEN 位是 0，则从模块的应答由硬件产生。

(7) 广播呼叫。广播呼叫地址是 $I^2C$ 协议中的保留地址，定义为地址 0x00。如果寄存器 SSPxCON2 中的广播呼叫使能位 GCEN 置 1，则无论 SSPxADD 中存储的值如何，在接收到该地址时，从模块都会自动发送 ACK。在 10 位地址模式下，UA 位不会在接收到广播呼叫地址时置 1。从模块会把第二个字节作为数据字节来接收，就像 7 位地址模式一样。

(8) SSPxBUF 写冲突。如果在启动条件、重复启动条件、停止条件、接收、发送或应答序列过程中写 SSPxBUF，则会发生写冲突，寄存器 SSPxCON1 中的写冲突检测状态位 WCOL 将会置 1。同时这次写入不会实际发生，SSPxBUF 中的内容将不变。每当 WCOL 位置 1 时，就表示当前模块未空闲，无法对 SSPxBUF 执行写操作。在 WCOL 位置 1 后，必须在下一次写 SSPxBUF 之前用软件清零。

(9) $I^2C$ 总线冲突。当 $I^2C$ 总线上有多个主模块进行仲裁时，如果主模块仲裁失败(即 SDA 线上的实际电平与期望电平不一致)，则寄存器 PIR3 中的 $I^2C$ 总线冲突中断标志位 BCLxIF 将置 1。另外，如果在由波特率发生器控制的启动条件、重复启动条件、停止条件时序中发生总线冲突，BCLxIF 位也将置 1。

2) $I^2C$ 模块的启动

要使用 PIC16(L)F18877 系列单片机进行 $I^2C$ 通信，无论模块被设为主模式还是从模式，都需要将 MSSP 模块中控制寄存器 SSPxCON1 中的 SSPEN 位置 1，以使能 $I^2C$ 模块。

3) $I^2C$ 从模式的操作

PIC16(L)F18877 系列单片机的 MSSP 模块支持 4 种 $I^2C$ 从模式(见表 4-21)。这 4 种模式可分为 7 位寻址模式和 10 位寻址模式以及是否允许启动位和停止位中断。10 位寻址模式与 7 位寻址模式的操作相同，但需要一些额外的开销来处理较长的地址。允许启动位和停止位中断的模式与其他模式的操作也相同，只是在检测到启动、重启或停止条件时会额外将中断标志位 SSPxIF 置 1。

(1) 从模式的地址及寻址。对于工作在 $I^2C$ 从模式下的器件，其从模块地址包含在寄存器 SSPxADD 中。在 7 位地址模式下，从模块在 $I^2C$ 启动或重启条件后，首先会收到一个寻址字节(见图 4-41)，如果寻址字节中所包含的地址信息按照掩码寄存器 SSPxMSK 内容处理后和从模块的寄存器 SSPxADD 值匹配，则表明该从模块被主模块寻址，从模块将回复 ACK 给主模块，并将接收到的字节装入寄存器 SSPxBUF 中，同时产生中断。如果地址比较不匹配，则从模块进入空闲状态，并且不会向软件指示发生了任何事情。掩码寄存器 SSPxMSK 是用来决定收到的寻址字节中有哪些位需要参与和 SSPxADD 的地址比较。如果寄存器 SSPxMSK 中的第 n 位为 0，那么接收到的寻址字节中的第 n 位将不和从模块地址寄存器 SSPxADD 中的第 n 位进行匹配比较，如果寄存器 SSPxMSK 中的第 n 位为 1，那么寻址字节的第 n 位将和 SSPxADD 的第 n 位进行比较。SSPxADD 的高 7 位为地址位，最低位 bit 0 不使用，因此地址匹配的比较是在寻址字节和 SSPxADD 的高 7 位之间进行的。

在 10 位地址的 $I^2C$ 从模式下，寄存器 SSPxADD 先被用户写入二进制的“1 1 1 1 0 A9 A8 0”，其中 A9 和 A8 是 10 位地址的高 2 位。从模块在 $I^2C$ 启动或重启条件后接收到的第一个字节将与“1 1 1 1 0 A9 A8 0”进行比较。在从模块应答了第一个字节之后，SSP 状态寄存器 SSPxSTAT 中的 UA 位会置 1，SCL 会保持低电平，直到用户将低 8 位地址更新入寄存器 SSPxADD。然后，UA 位被清 0，同时释放 SCL 线。从模块之后会接收到第二个字节(低 8 位地址字节)，并将接收到的低 8 位地址字节与寄存器 SSPxADD 中的地址值进行比较。此时即使比较结果不匹配，SSPxIF 位和 UA 位也会置 1，SCL 会保持低电平，直到用户再次用包含高 2 位地址的值更新寄存器 SSPxADD 为止。当寄存器 SSPxADD 发生更新时，UA 位会被清零，这可以确保 $I^2C$ 从模块准备好在下一次通信中接收包含高 2 位地址的字节。

(2) 从模块的数据接收。当从模块接收到匹配的寻址字节，且包含在寻址字节中的 $R/\overline{W}$ 位为 0(写操作)时，从模块会将状态寄存器 SSPxSTAT 中的 $R/\overline{W}$ 位清零，同时将接收到的地址装入寄存器 SSPxBUF，并发出应答信号 ACK，并将中断标志位 SSPxIF 置 1。软件需要读取寄存器 SSPxBUF 以清零寄存器 SSPxSTAT 中的 BF(Buffer Full)位，然后开始等待接收数据字节。从模块每接收到一个数据字节后，就会将接收到的数据装入寄存器 SSPxBUF，并发出应答信号 ACK，同时将中断标志位 SSPxIF 置 1。数据接收将重复以上流程，直到主模块发出 $I^2C$ 停止条件。收到停止条件后，状态寄存器 SSPxSTAT 中的停止位 P 将被置 1，总线变为空闲状态，从模块接收停止。

当接收到的字节装入寄存器 SSPxBUF 后，状态寄存器 SSPxSTAT 中的缓冲区满状态位 BF 将会置 1。当软件读取寄存器 SSPxBUF 后，BF 位将会清零。如果当从模块接收到一个字节时，数据缓冲寄存器 SSPxBUF 中前一次接收到的字节仍然未被读取(即 SSPxSTAT 中的缓冲区满状态位 BF 为 1)，那么就会发生接收溢出，SSPxCON1 中的接收溢出指示位 SSPOV 将被置 1。如果从模块接收到一个字节时发生了溢出，那么从模块将不会发出 ACK 信号。

以下为典型从模式接收序列：

① $I^2C$ 从模块检测 SSP 状态寄存器 SSPxSTAT 中的启动位 S。当检测到启动位 S 置 1，表示主模块已发出 $I^2C$ 启动条件。如果选择的是允许启动位和停止位中断的从模式，则还会将中断标志位 SSPxIF 置 1(SSPxIF 位必须由软件清零)。

② $I^2C$ 从模块根据自身配置的模式接收主模块发送过来的 7 位或 10 位寻址地址字节。当从模块接收到匹配的地址字节，且包含在地址字节中的 $R/\overline{W}$ 位为 0(写)时，从模块将 SSP 状态寄存器 SSPxSTAT 中的 $R/\overline{W}$ 位清零，将接收到的地址装入 SSPxBUF 寄存器。如果 AHEN 位为 0，从模块硬件自动发出应答信号 ACK。如果 AHEN 位为 1，从模块会将 SCL 保持为低电平，由软件来设置 ACKDT 的值然后将 CKP 位置 1 来释放 SCL 线，以发出应答信号 ACK。

③ $I^2C$ 从模块发出应答信号 ACK 后，中断标志位 SSPxIF 置 1。用户通过软件将中断标志位 SSPxIF 清零，并从 SSPxBUF 中读取接收到的地址，使缓冲寄存器 SSPxBUF 满状态位 BF 清零。如果 SEN 位等于 1，从模块会将 SCL 保持为低电平，直到软件将 SSPxCON1 中的 CKP 位置 1 来释放 SCL 线。

④ $I^2C$ 从模块发出应答信号 ACK 后，中断标志位 SSPxIF 置 1。用户通过软件将中断标志位 SSPxIF 清零，并从 SSPxBUF 中读取接收到的地址，使缓冲寄存器 SSPxBUF 满状态位 BF 清零。如果 SEN 位等于 1，从模块会将 SCL 保持为低电平，直到软件将 SSPxCON1 中的 CKP 位置 1 来释放 SCL 线。

⑤ $I^2C$ 从模块接收到主模块发出的数据字节后，将接收到的数据字节装入寄存器 SSPxBUF。如果 DHEN 位为 0，从模块硬件会自动发出应答信号 ACK。如果 DHEN 位为 1，从模块会将 SCL 保持为低电平，由软件来设置 ACKDT 位的值然后将 CKP 位置 1 来释放 SCL 线，以发出应答信号 ACK。

⑥ $I^2C$ 从模块发出应答信号 ACK 后，中断标志位 SSPxIF 会置 1。用户通过软件将中断标志位 SSPxIF 清零，并从 SSPxBUF 中读取接收到的数据字节，使缓冲寄存器 SSPxBUF 满状态位 BF 清零。如果 SEN 位等于 1，从模块会将 SCL 保持为低电平，直到软件将寄存器 SSPxCON1 中的 CKP 位置 1 来释放 SCL 线。

⑦ 重复步骤④～⑤，从主模块就可以连续接收数据字节。从模块每接收一个字节会产生一个 SSP 中断，标志位 SSPxIF 会被置 1，标志位 SSPxIF 必须由软件清零。

⑧ $I^2C$ 主模块发送停止条件，$I^2C$ 从模块接收结束，SSP 状态寄存器 SSPxSTAT 中的停止位 P 置 1，总线变为空闲状态。

以下分别给出了 7 位地址模式的 4 种从模式接收波形：

① 图 4-44 所示为不带时钟拉伸、地址保持和数据保持(SEN = 0，AHEN = 0，DHEN = 0)的 $I^2C$ 从模式接收波形。

② 图 4-45 所示为带时钟拉伸，不带地址保持和数据保持(SEN = 1，AHEN = 0，DHEN = 0)的 $I^2C$ 从模式接收波形。

③ 图 4-46 所示为不带时钟拉伸，带地址保持和数据保持(SEN = 0，AHEN = 1，DHEN = 1)的 $I^2C$ 从模式接收波形。

④ 图 4-47 所示为带时钟拉伸、地址保持和数据保持(SEN = 1，AHEN = 1，DHEN = 1)的 $I^2C$ 从模式接收波形。

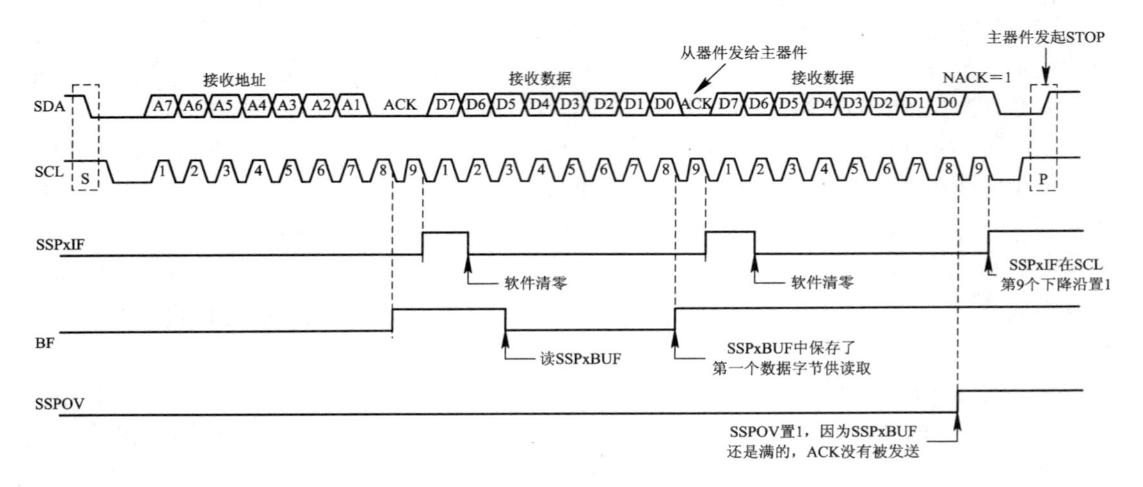


图 4-44　$I^2C$ 从模式接收(7 位地址，SEN = AHEN = DHEN = 0)

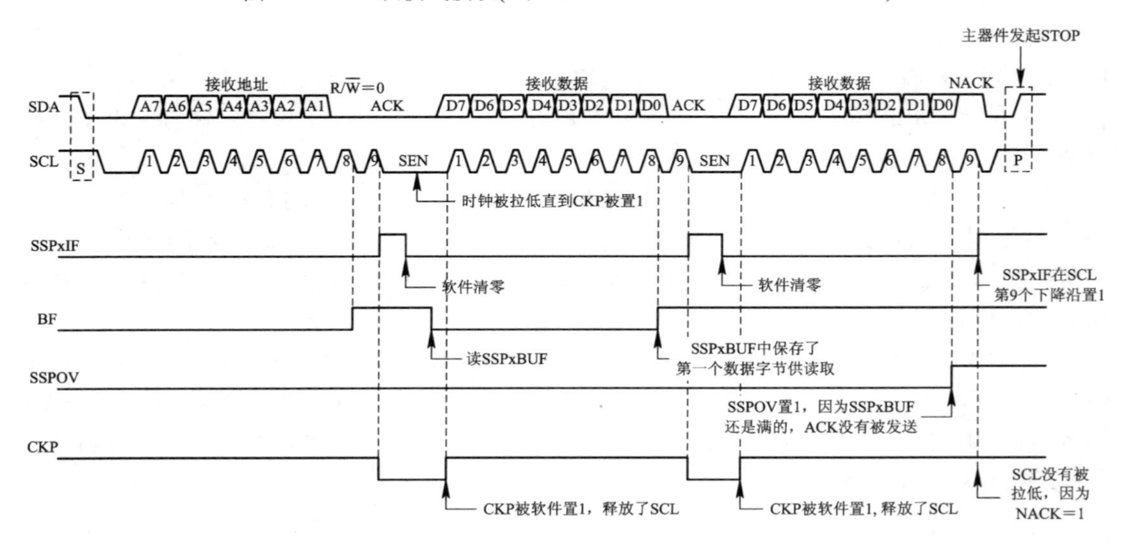


图 4-45　$I^2C$ 从模式接收(7 位地址，SEN = 1，AHEN = DHEN = 0)

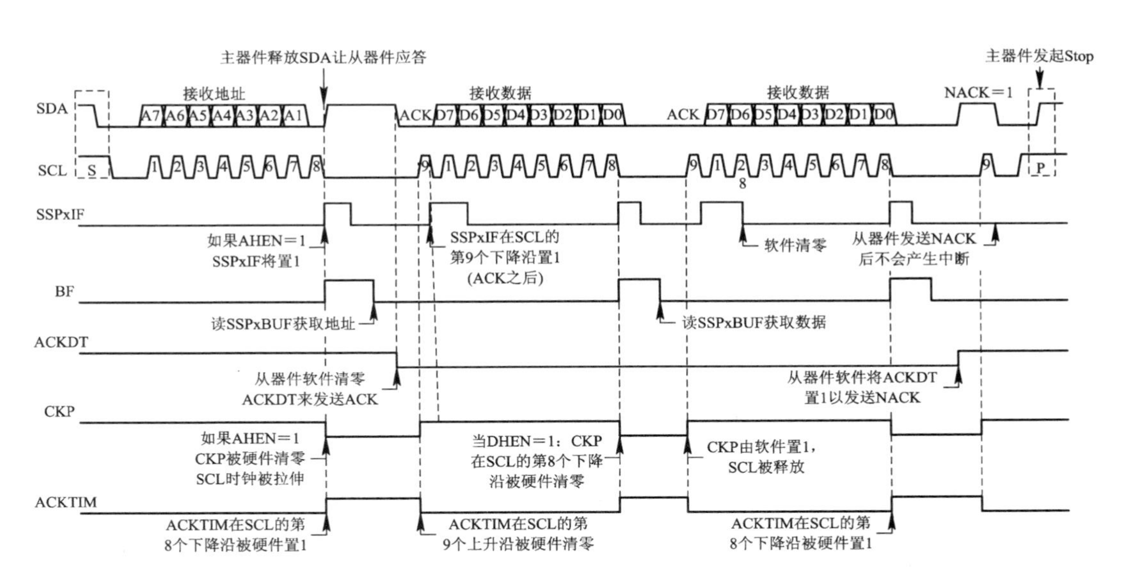


图 4-46　I²C 从模式接收(7 位地址，SEN = 0，AHEN = DHEN = 1)

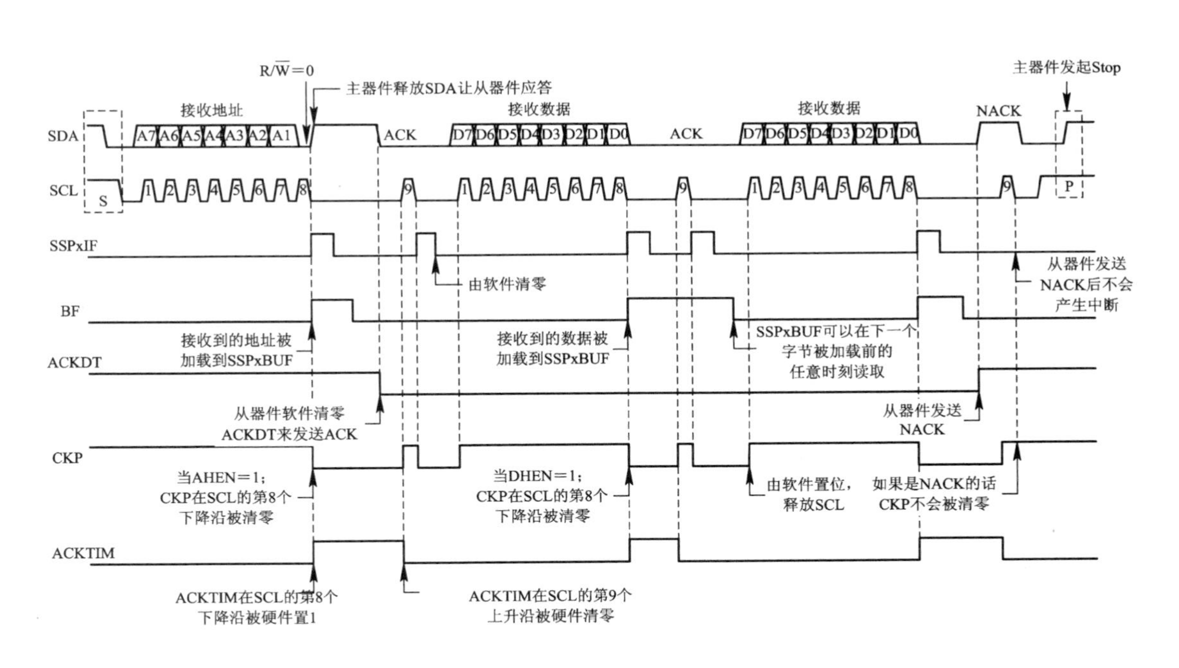


图 4-47　I²C 从模式接收(7 位地址，SEN = AHEN = DHEN = 1)

10 位地址模式的从模式接收和 7 位地址模式的从模式接收类似，主要区别在于寻址字节的数目和接收方式。

(3) 从模块的数据发送。当从模块接收到匹配的地址字节，且包含在地址字节中的 $R/\overline{W}$ 位为 1(读)时，从模块会将状态寄存器 SSPxSTAT 中的 $R/\overline{W}$ 位置 1，并将接收到的地址装入寄存器 SSPxBUF，同时发出应答信号 ACK，并将中断标志位 SSPxIF 置 1。在发出 ACK 之后，从模块将利用时钟拉伸特性，由硬件清零 CKP 位，将 SCL 引脚保持低电平，此时将由从模块来控制流量。从模块在准备好需要发送的数据后将其装入寄存器 SSPxBUF。然后，通过软件将 CKP 位置 1 来释放 SCL 引脚，主模块此时可以在 SCL 上发出时钟脉冲。从模块装入寄存器 SSPxBUF 中的 8 位数据在 SCL 输入时钟的下降沿被移出。这样可以确保 SDA 上的信号在 SCL 为低电平时改变，并在 SCL 时钟的上升沿被采样。

当从模块的 8 位数据被全部从移位寄存器中移出，主模块在第 9 个时钟脉冲向从模块发出 ACK 应答信号。来自主模块的 ACK 应答信号将在第 9 个时钟的上升沿被从模块锁存。ACK 状态值会被复制到寄存器 SSPxCON2 中的 ACKSTAT 位，然后中断标志位 SSPxIF 置 1。如果 ACKSTAT = 0，表示主模块需要从模块继续发送数据，此时从模块的 CKP 位将被硬件清零，进入时钟拉伸状态，然后从模块开始准备下一个数据并将其装入寄存器 SSPxBUF，软件随后将 CKP 位置 1 以释放 SCL 引脚，使主模块可以在 SCL 上发出时钟脉冲，将数据移出从模块。如果 ACKSTAT = 1，则表示主模块不再需要接收数据，此时从模块的硬件不会进行时钟拉伸，它将进入空闲状态并等待 $I^2C$ 总线再次出现开始条件。

以下是典型的从模块发送数据步骤(7 位地址)：

① $I^2C$ 从模块检测状态寄存器 SSPxSTAT 中的启动位 S。当检测到启动位 S 为 1 时，表示主模块已发出 $I^2C$ 启动条件。如果从模块选择的是允许启动位和停止位中断的从模式，则中断标志位 SSPxIF 会被置 1(SSPxIF 位必须由软件清零)。

② $I^2C$ 从模块接收主模块发送的 7 位寻址字节。当从模块接收到匹配的地址字节，且包含在地址字节中的 $R/\overline{W}$ 位为 1(读)时，从模块将状态寄存器 SSPxSTAT 中的 $R/\overline{W}$ 位置 1，并将接收到的地址装入寄存器 SSPxBUF。如果 AHEN(地址保持)位为 0，从模块将通过硬件发出应答信号 ACK。如果 AHEN 位为 1，从模块的 CKP 位将被自动清零进行时钟拉伸，中断标志位 SSPxIF 会置 1(需要用软件将 SSPxIF 位清零)。软件在设置 ACKDT 位的值后将 CKP 位置 1 来释放 SCL 线，从而将应答信号发送给主模块。

③ $I^2C$ 从模块发出应答信号 ACK 后，中断标志位 SSPxIF 会置 1。用户通过软件将中断标志位 SSPxIF 清零，并从 SSPxBUF 中读取接收到的地址，使缓冲寄存器 SSPxBUF 满状态位 BF 清零。

④ $I^2C$ 从模块将需要发送的数据装入寄存器 SSPxBUF，用软件将 CKP 位置 1 来释放 SCL 引脚，使主模块能够发出时钟脉冲，将数据移出从模块。主模块在第 9 个 SCL 时钟脉冲向从模块发送 ACK/NACK。

⑤ $I^2C$ 从模块将来自主模块的 ACK/NACK 值锁存到 ACKSTAT 位。如果从模块收到的是 ACK(ACKSTAT = 0)，则从模块将下一个待发数据写入 SSPxBUF，然后将 CKP 位置 1 进行发送。如果从模块收到的是 NACK，那么结束通信进入空闲状态。

如图 4-48 所示为 7 位地址，不带地址保持的 $I^2C$ 从模块发送波形示例。

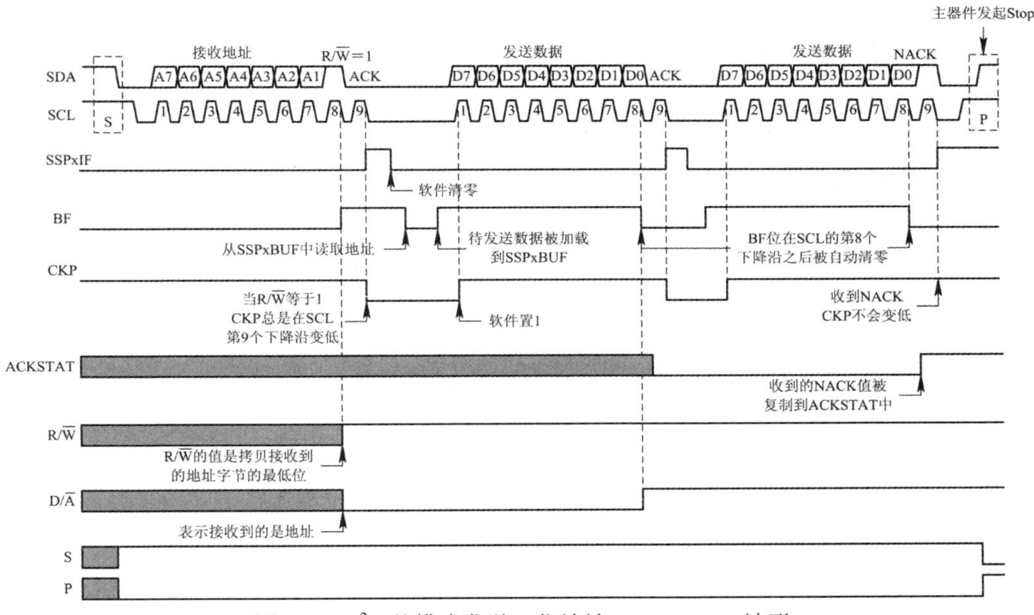


图 4-48　$I^2C$ 从模式发送(7 位地址，AHEN = 0)波形

4) $I^2C$ 主模式的操作

要使能 $I^2C$ 主模式，需要将寄存器 SSPxCON1 中的同步串口模式选择位 SSPM 设为“1000”，同时将寄存器 SSPxCON1 中的同步串口使能位 SSPEN 置 1 使能 $I^2C$ 接口。$I^2C$ 所有的串行时钟脉冲、启动条件、重启条件和停止条件都由主模块产生。在 $I^2C$ 主模式下，SSPxADD 用来控制主模块产生的 SCL 串行时钟频率的高低。SCL 输出的串行时钟频率 = $F_{OSC}/((SSPxADD<7:0> + 1) \times 4)$。

(1) 主模块的数据发送。在主模块发送模式下，主模块通过 SCL 输出串行时钟，通过 SDA 输出串行数据。主模块发送的第一个字节(假设使用 7 位地址)或前两个字节(假设使用 10 位地址)包含从模块的地址和 R/$\overline{W}$ 位。如果有从模块被寻址并响应了主模块，则主模块将开始向从模块发送数据字节。主模块一次发送一个字节的串行数据，每发送一个字节，都应该接收到从模块发出的一个应答位。如果主模块没有接收到从模块的有效应答，那么主模块可以发出 $I^2C$ 总线停止条件或重复启动条件来结束当前传输或开始新的传输。

主模块发送的每一个地址字节或者数据字节都是通过简单地向数据缓冲寄存器 SSPxBUF 写入一个数值来实现的。当一个数值被写入寄存器 SSPxBUF 时，它也同时被写入移位寄存器 SSPxSR，此时状态寄存器 SSPxSTAT 中的缓冲区满状态位 BF 将会置 1。然后，寄存器 SSPxSR 中的每一位将在 SCL 的下降沿驱动下移出到 SDA 引脚上。等寄存器 SSPxSR 中数值的第 8 位被移出之后，BF 标志位会被清零，同时主模块释放 SDA，以允许从模块发出一个应答响应。如果从模块收到的是地址字节并且收到的地址与从模块自身的地址匹配，或者从模块正确接收了一个数据字节，那么从模块将在第 9 个时钟脉冲发出一个 ACK 应答信号。ACK 应答位的状态会被主模块锁存到寄存器 SSPxCON2 中的 ACKSTAT 位。如果主模块接收到的是 ACK，那么 ACKSTAT 位为 0；如果主模块未接收到 ACK，则 ACKSTAT 为 1。在第 9 个时钟之后，主模块的 SSPxIF 位会置 1，主模块暂停发送时钟，直到下一个字节装入寄存器 SSPxBUF。

以下为典型的主模块发送数据的步骤：

① I$^2$C 主模块将 SEN 位置 1 产生启动条件。启动条件完成时，SSPxIF 位置 1。

② 软件清零 SSPxIF 位。

③ I$^2$C 主模块将要寻址的从模块地址和 R/$\overline{\text{W}}$ 位(值设为 0)装入 SSPxBUF 进行发送。

④ I$^2$C 主模块发送完从模块地址和 R/$\overline{\text{W}}$ 位(共 8 位)后，将等待从模块的应答，并把收到的应答信号锁存到 ACKSTAT 位。

⑤ 在第 9 个时钟(应答位)周期结束时，主模块将 SSPxIF 位置 1。

⑥ 软件清零 SSPxIF 位。

⑦ 如果从模块返回 ACK，I$^2$C 主模块会将 8 位数据装入 SSPxBUF，开始发送数据。

⑧ I$^2$C 主模块发送完数据(共 8 位)后，将等待从模块的应答，并把收到的应答信号锁存到 ACKSTAT 位。

⑨ 在第 9 个时钟(应答位)周期结束时，主模块将 SSPxIF 位置 1。

⑩ 软件清零 SSPxIF 位。

⑪如果需要继续发送数据，则主模块将待发数据写入寄存器 SSPxBUF，重复步骤⑧～⑩，直到发送完所有数据。

⑫ 主模块将寄存器 SSPxCON2 中的 PEN 位或 RSEN 位置 1 来产生停止条件或重复启动条件。停止/重复启动条件完成时 SSPxIF 位会置 1。

如图 4-49 所示为 I$^2$C 主模式的数据发送波形示意图(7 位地址)。

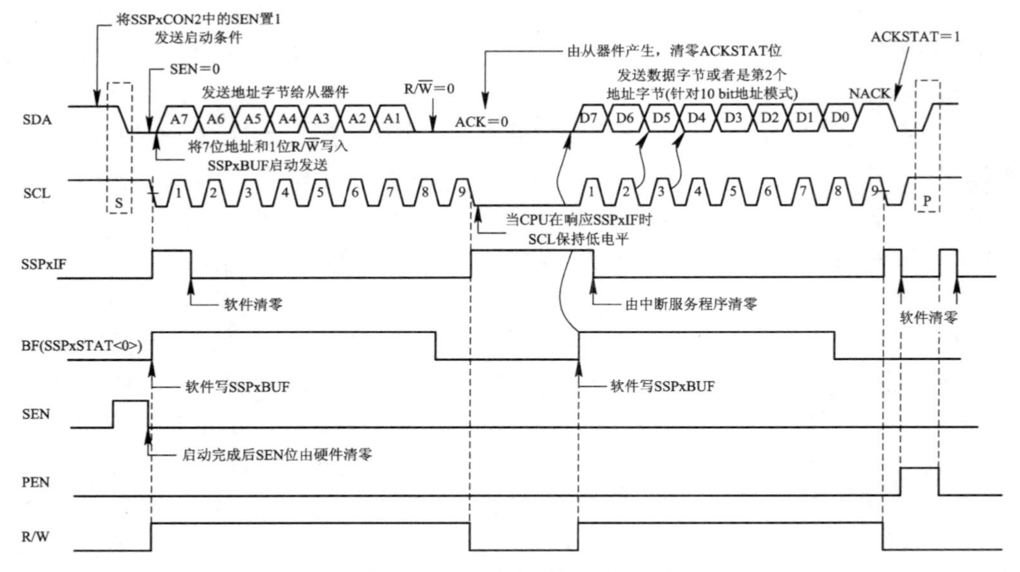


图 4-49　I2C 主模式的数据发送波形

(2) 主模块的数据接收。对于 7 位地址的从模块，主模块要进行数据接收需要将地址字节的最后一位(R/$\overline{\text{W}}$)设为 1，以进入读模式。如果从模块地址匹配并响应了主模块，主模块将通过 SCL 输出串行时钟，通过 SDA 接收从模块发出的串行数据。主模块一次接收一个八位串行数据字节，每接收到一个字节，主模块都要向从模块发送一个应答位。如果需要继续接收数据，则应答 ACK，否则就应答 NACK，最后主模块发送停止条件来结束数据传输。要使能主模式接收，主模块需要将控制寄存器 SSPxCON2 中的接收使能位 RCEN 置 1。

以下是典型的主模块数据接收步骤：

① $I^2C$ 主模块将 SEN 位置 1 产生启动条件。启动条件完成时，SSPxIF 位置 1。

② 使用软件清零 SSPxIF 位。

③ $I^2C$ 主模块从模块地址和 R/$\overline{W}$ 位(值设为 1)装入 SSPxBUF 进行发送。

④ $I^2C$ 主模块发送完地址字节后，将等待从模块的 ACK 应答，并将收到的应答状态锁存到 ACKSTAT 位中。

⑤ 在 SCL 第 9 个时钟周期(应答位)结束时，主模块将 SSPxIF 位置 1。

⑥ 使用软件清零 SSPxIF 位。

⑦ 如果从模块返回 NACK，则结束通信或重新开始通信。如果从模块返回 ACK，则 $I^2C$ 主模块将接收使能位 RCEN 置 1，以启动数据接收。

⑧ 当从模块数据的第 8 位被移入主模块的移位寄存器之后，数据字节被装入主模块的寄存器 SSPxBUF 中，主模块的 SSPxIF 位和 BF 位置 1，此时接收使能位 RCEN 被自动清 0。

⑨ 使用软件清零 SSPxIF 位。

⑩ 主模块从 SSPxBUF 中读取接收到的字节，使 BF 位清零。

⑪ 如果主模块需要继续接收数据字节，那么主模块将 ACKDT 位的值设为 ACK(0)，然后通过将 ACKEN 位置 1 来发出应答位。主模块向从模块发送 ACK 完成后，SSPxIF 位会置 1，用户需要使用软件来清零 SSPxIF 位。然后将 RCEN 位重新置 1 并转到步骤⑧。如果主模块不再需要接收从模块的数据，则向从模块发出 NACK，然后发送停止条件来结束通信。

如图 4-50 所示为主模式的数据接收波形示意图(7 位地址模式)。

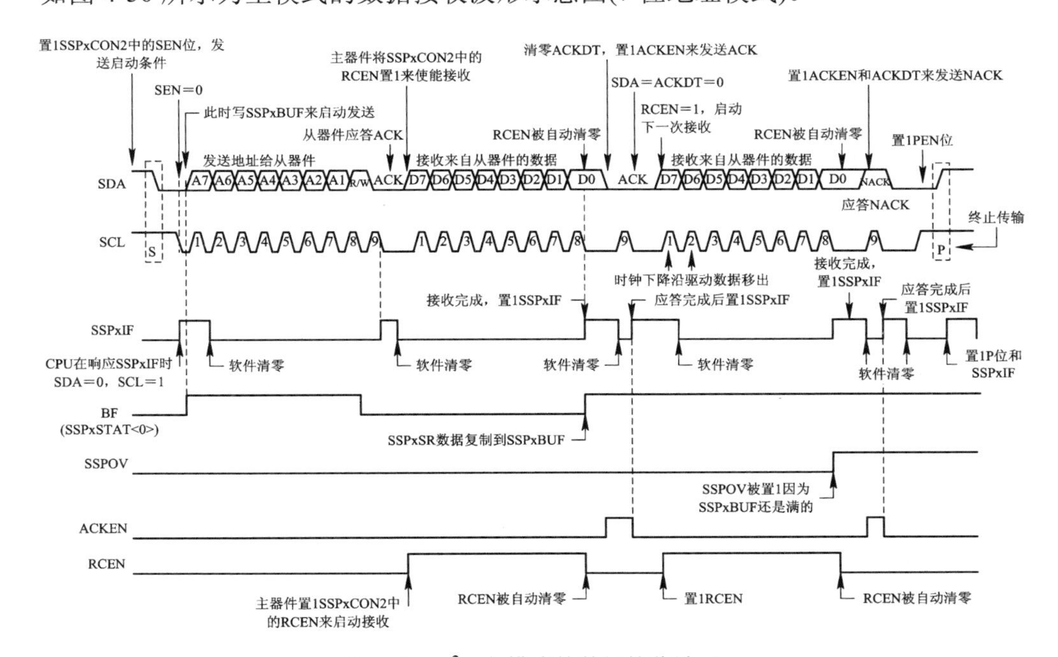


图 4-50　$I^2C$ 主模式的数据接收波形

如果从模块是 10 位地址模式，由于主模块向从模块发送完两字节的地址后，从模块处于从接收模式，所以主模块如果要接收从模块发送的数据，那么还需要发送 RESTART 信号，并随后发送地址字节“1 1 1 1 0 A9 A8 1”(最后一位“1”是 R/$\overline{W}$)，将从模块的模式转变为从发送模式，然后将 RCEN 位置 1 进行数据接收。

当主模块接收到一个字节，但数据缓冲寄存器 SSPxBUF 中仍存有前一次接收到的字节(即未被读取)时，就会发生接收溢出。当寄存器 SSPxBUF 首次装入接收到的数据时，状态寄存器 SSPxSTAT 中的缓冲区满状态位 BF 将会置 1。如果此时用软件读取了寄存器 SSPxBUF，BF 位将会自动清零。当主模块接收到一个字节时 BF 位为 1，则说明前次接收的数据未读走，这时寄存器 SSPxCON1 中的接收溢出指示位 SSPOV 将被置 1。

# 第 5 章 PIC16(L)F18877 系列单片机的扩展外设

PIC16(L)F18877 系列单片机除了具有一系列基础外设外，还包含十余种功能的扩展外设，用户可以方便地使用这些外设轻松实现诸如信号产生、信号测量、信号处理以及程序完整性检查等涉及系统性能和安全方面的任务。本章将对这些外设的原理和使用方法作简单的介绍。

## 5.1 比较器模块

比较器(Comparator)是一种数模混合电路，它可以实现两路模拟输入信号的幅值大小比较，并通过一个数字输出信号来表示比较结果。比较器的输出随两个输入信号幅值大小关系的变化而变化，不需要软件参与。

图 5-1 所示为单个比较器的简化框图以及输入信号和输出信号的对应关系。

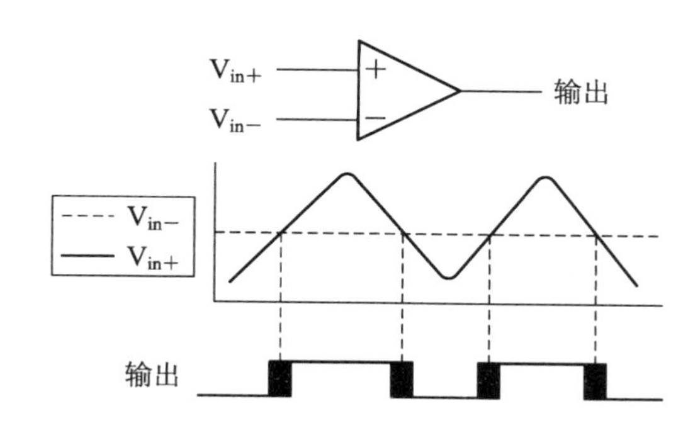


图 5-1　比较器的简化框图和输入、输出波形

由图 5-1 可以看出，当模拟输入信号 $V_{in+}$的幅值大于模拟输入信号 $V_{in-}$的幅值时，比较器输出一个高电平；当模拟输入信号 $V_{in+}$的幅值小于模拟输入信号 $V_{in-}$的幅值时，比较器输出一个低高电平。图 5-2 所示为比较器的内部结构框图。

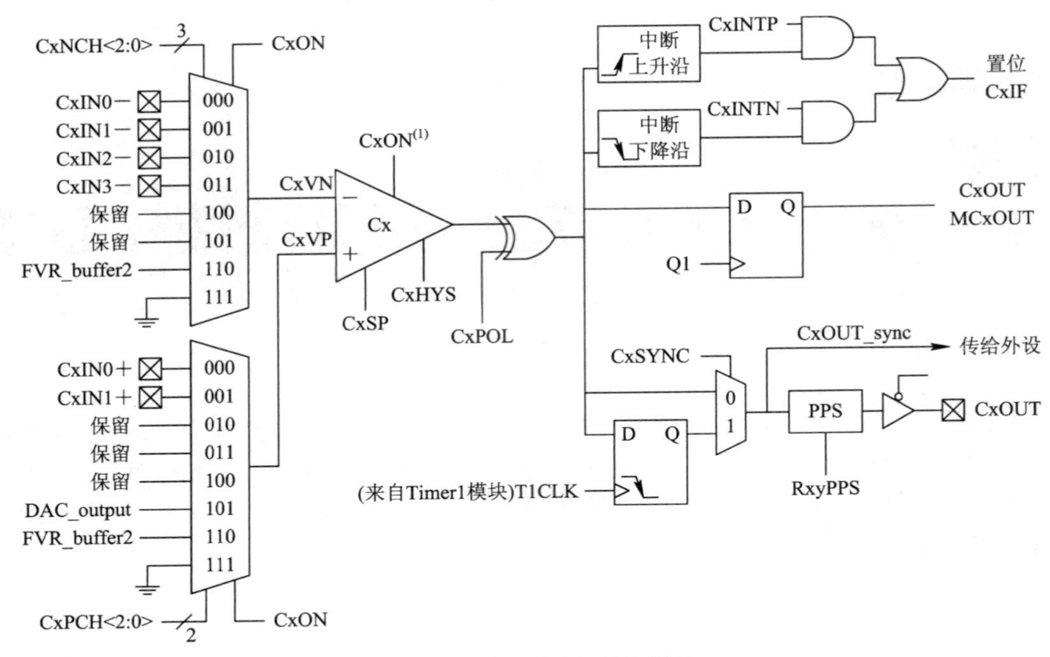


图 5-2　比较器的内部结构框图

### 5.1.1　比较器的设置

#### 1. 比较器输入选择

比较器正端输入信号可以通过设置寄存器 CMxPSEL 的 PCH<2:0>位来实现。PCH<2:0>位的设置可从下列选项中选取一个：

(1) 芯片外部专用引脚 CxIN0+/CxIN1+；

(2) 芯片内部 DAC 的输出 DAC_output；

(3) 芯片内部的固定参考电压 FVR_buffer2；

(4) AVss 地。

比较器负端输入信号可以通过设置寄存器 CMxNSEL 的 NCH<2:0>位来实现。NCH<2:0>位的设置可从下列选项中选取一个：

(1) 芯片外部专用引脚 CxIN0−/CxIN1−/CxIN2−/CxIN3−；

(2) 芯片内部的固定参考电压 FVR_buffer2；

(3) AVss 地。

#### 2. 比较器的输出设置

当比较器的正向输入电平高于负向输入时，比较器的输出为 1，否则输出为 0。比较器的输出结果可以通过以下两种方式获得：

(1) 读取寄存器 CMxCON0 的 OUT 位或者读取寄存器 CMOUT 的 MCxOUT 位，MCxOUT 是 OUT 的镜像位。

(2) 通过设置寄存器 RxyPPS 将比较器结果从 Rxy 端口输出。

比较器的输出可以通过设置寄存器 CMxCON0 的 CxPOL 位来实现极性反转。

### 3. 比较器的回程设置

如果比较器的两个输入电压信号带有噪声干扰，那么比较器的输出反转沿会出现高频窄脉冲信号，这些脉冲信号会干扰比较器下一级电路的工作。比较器模块通过将寄存器 CMxCON0 的 CxHYS 位置 1 来使能回程电压，从而实现脉冲干扰信号的消除。回程电压的典型值为 25 mV。

### 4. 比较器的中断设置

当比较器的输出发生变化时，比如输出从低变高（正沿）或者从高变低（负沿），比较器会根据寄存器 CMxCON1 的 INTP 位和 INTN 位的值来决定是否将中断标志位 CxIF 置 1。当 INTP 和 INTN 都被设置为 0 时，无论出现正沿还是负沿，中断标志位 CxIF 都不会置 1。当 INTP 被设置为 1，并且 INTN 被设置为 0 时，只有当正沿出现时，中断标志位 CxIF 才会置 1。当 INTP 被设置为 0，并且 INTN 被设置为 1 时，只有当负沿出现时，中断标志位 CxIF 才会置 1。当 INTP 和 INTN 都被设置为 1 时，无论出现正沿还是负沿，中断标志位 CxIF 都会置 1。

当中断标志 CxIF 变为 1 时，如果比较器的中断使能位 CxIE、外设中断使能位 PIE 和全局中断使能位 GIE 三者都被设为 1，那么程序将转去执行比较器的中断服务程序。

## 5.1.2　比较器的运行

### 1. 比较器的开启和关闭

要开启比较器，需要将寄存器 CMxCON0 的 ON 位设为 1。如果将 ON 位设为 0，则比较器被关闭，此时，比较器内部将和输入端的所有输入信号断开，并且输出电位为 0。

### 2. 休眠模式下的运行模式

当单片机处于休眠状态时，比较器仍然可以工作。当比较器输出发生变化并导致中断标志产生时（即 CxIF = 1)，如果此时比较器中断使能位 CxIE = 1，外设中断使能位 PEIE = 1，全局中断使能位 GIE = 0，则单片机将被唤醒，程序从 SLEEP 指令的下一条开始执行。如果 CxIF = 1，并且 CxIE = PIE = GIE = 1，那么单片机将被唤醒，并转去执行比较器中断服务程序。

### 3. 比较器的对外控制

比较器的输出可以用来控制 Timer1 的计数以及互补波形发生器(CWG)的自动关断。

1) Timer1 的门控操作

模拟信号比较器的输出可以用作 Timer1 的门控信号，以便测量模拟事件的时长或者时间间隔。通常建议将比较器的输出和 Timer1 设为同步，以确保比较器输出在发生变化过程中 Timer1 不计数。实现比较器和 Timer1 同步的方法是将寄存器 CMxCON0 的 CxSYNC 位置 1。

2) CWG 模块的自动关断控制

比较器的输出 CxOUT_sync 可以作为 CWG 模块的自动关断控制信号，一旦比较器输出的信号达到 CWG 关断的有效值，并且 CWG 的自动关断控制寄存器 CWGxAS1 选择了比较器输出作为自动关断源，那么 CWG 模块将被立即关断，没有任何软件延时，这对于保障系统安全具有重要意义。

## 5.2 数/模转换器模块

数/模转换器(Digital to Analog Converter，DAC)是用来实现数字信号向模拟信号转换的功能模块，PIC16(L)F18877 系列单片机可以提供 5 bit 的转换精度，即最小的模拟输出变化量为参考电压的 $1/(2^5)$。

DAC 模块的内部结构框图如图 5-3 所示。

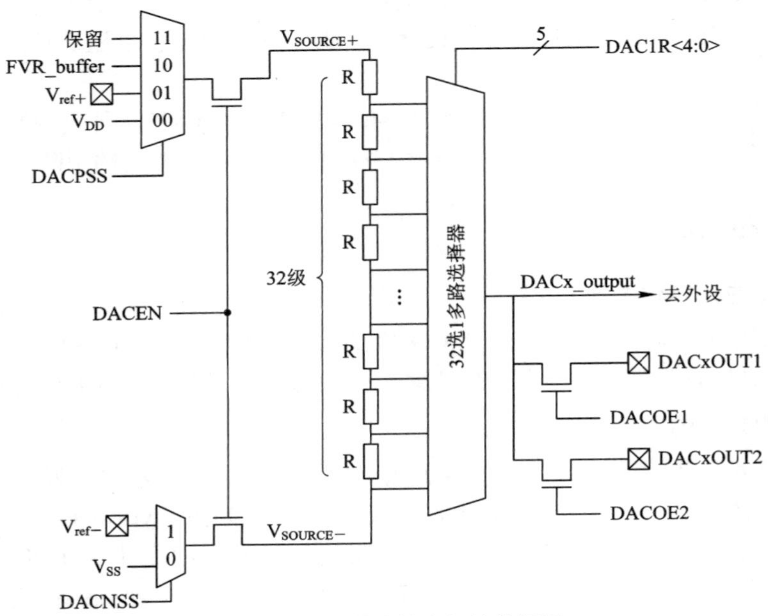


图 5-3　DAC 模块的内部结构框图

### 5.2.1　DAC 模块的设置

#### 1. 参考电压的设置

输入 DAC 的参考电压的设置包括参考电压正极的选取和负极的选取。用户可以通过寄存器 DAC1CON0 的 DAC1PSS<1:0>位来设置，可从以下三个选项中选择一个作为正极：

(1) $V_{DD}$；

(2) 外部参考电压正极引脚 $V_{ref+}$；

(3) 芯片内部固定参考电压模块的 buffer2 输出。

DAC 的负极可以通过寄存器 DAC1CON0 的 DAC1NSS 位来设置，可从下列两个选项中选取一个作为负极：

(1) $V_{SS}$；

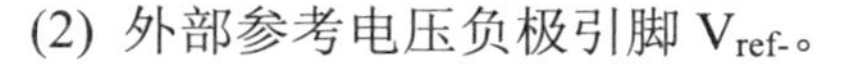

(2) 外部参考电压负极引脚 $V_{ref-}$。

**2. 输出信号的设置**

1) 输出信号大小的设置

由图 5-3 可知，DAC 是通过内部的梯状电阻网络来实现不同电压输出的。用户可以通过设置寄存器 DAC1CON1 的 DAC1R<4:0>，来获得不超过最大参考电压的某个模拟电压输出值。

DAC 输出的模拟电压幅度可以根据以下公式获得：

$$V_{out}=(V_{SOURCE+}-V_{SOURCE-})\times\frac{DAC1R<4:0>}{2^5}+V_{SOURCE-}$$

其中，

$$V_{SOURCE+}=V_{DD}\ \text{或者}\ V_{ref+}\ \text{或者}\ FVR$$

$$V_{SOURCE-}=V_{SS}\ \text{或者}\ V_{ref-}$$

2) 输出引脚的设置

如果用户希望将 DAC 结果输出到芯片的 DAC1OUT1/DAC1OUT2 引脚，那么需要将寄存器 DAC1CON0 的 DAC1OE1/DAC1OE2 位置 1。由于 DAC 输出电流能力有限，因此当将 DAC 输出作为参考电压源供给外部其他电路使用时，必须通过缓存器来提高驱动力。

DAC 的输出除了可以连接到芯片的 DAC1OUTx 引脚外，还可以在芯片内部连接到比较器的正端和 ADCC 的输入端。比较器模块和 ADCC 模块都包含相应的寄存器来选择 DAC 的输出作为自己的输入。

## 5.2.2　DAC 模块的运行

**1. DAC 的启动**

将寄存器 DAC1CON0 的 DAC1EN 位置 1，就完成了 DAC 模块的启动。

**2. 休眠状态的 DAC 工作状况**

DAC 可以在休眠状态下保持工作，当器件被中断或者看门狗从休眠状态中被唤醒后，DAC 控制寄存器 DAC1CON0 的值保持不变。

**3. 复位后的 DAC 工作状态**

当系统被复位后，无论是热复位还是冷复位，DAC 都将被禁用，DAC 的外部输出开关处于关闭状态，同时用于控制输出电压幅度的寄存器 DAC1CON1 会被清零。

## 5.2.3　DAC 模块的初始化步骤示例

以下给出了一个 DAC 的初始化步骤参考示例：

(1) 设置 DAC1CON0 中的 DAC1PSS<1:0>位和 DAC1NSS 位，确定参考电压的正端和负端连接选项，设置 DAC1CON0 中的 DAC1OE1 位和 DAC1OE2 位来确定 DAC 结果是否输出到外部引脚。

(2) 设置 DAC1CON1 中的 DAC1R<4:0>来确定 DAC 输出电压的幅度。

(3) 将 DAC1CON0 中的 DAC1EN 位置 1，以使能 DAC 模块。

## 5.3 固定参考电压模块和温度指示器模块

### 5.3.1 固定参考电压模块

固定参考电压(Fixed Voltage Reference，FVR)模块提供了独立于 $V_{DD}$ 的稳定参考电压，其输出电压值有 1.024V、2.048V、4.096V 三个可选项。

图 5-4 所示为 FVR 模块的整体结构框图。

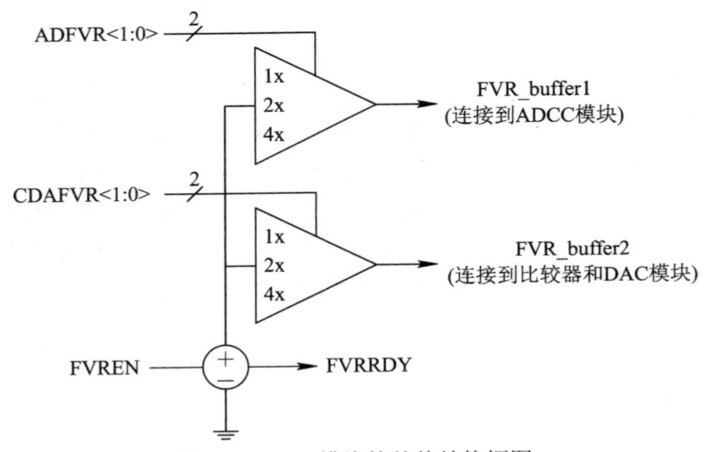


图 5-4　FVR 模块的整体结构框图

#### 1. FVR 模块的设置

1) FVR 的增益设置

FVR 的输出经过两个独立的可编程增益放大器分别连接到 ADCC 模块与比较器和 DAC 模块，每个放大器的增益都有 1×、2× 或 4× 三个可编程选项，从而可产生 1.024 V、2.048 V 或 4.096 V 三挡输出电压。

连接到 ADCC 模块的增益放大器通过控制寄存器 FVRCON 中的增益选择位 ADFVR 来设置。

连接到比较器和 DAC 模块的增益放大器通过控制寄存器 FVRCON 中的增益选择位 CDAFVR 来设置。

2) FVR 模块电压接收对象的设置

FVR 模块的输出可以配置为以下对象的输入：

(1) ADCC 的输入；

(2) ADCC 的正参考电压；

(3) 比较器的输入；

(4) 数/模转换器(DAC)的正电压源。

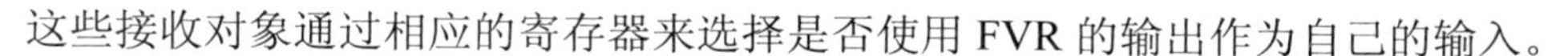

这些接收对象通过相应的寄存器来选择是否使用 FVR 的输出作为自己的输入。

2. FVR 模块的运行

FVR 模块通过控制寄存器 FVRCON 中的使能位 FVREN 来使能。当 FVR 模块被使能时，其参考电压和放大器电路需要一段时间才能达到稳定。因此，使能 FVR 后需要等待电路稳定。在 FVR 电路稳定下来达到可用标准之后，控制寄存器 FVRCON 中的就绪标志位 FVRRDY 将会置 1。

### 5.3.2　温度指示器模块

PIC16(L)F18877 系列单片机集成了用于测量硅芯片工作温度的电路，图 5-5 所示为温度指示器的结构框图。该电路的工作温度为−40°C～+85°C，在此温度范围内，每个二极管的正向压降 $V_T$ 与温度存在线性关系。温度指示器通过测量 $V_T$ 的值来估算当前的温度值。

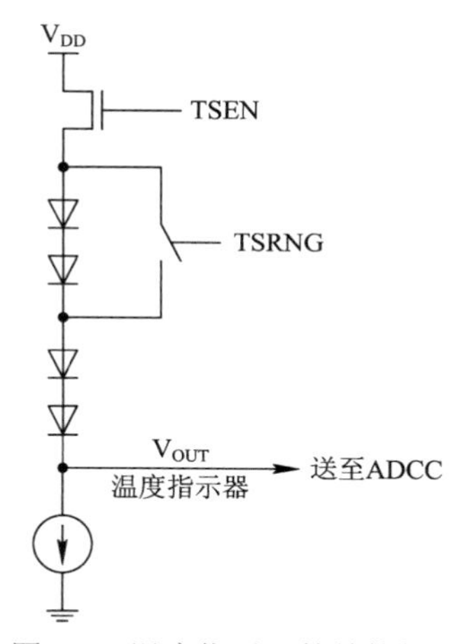


图 5-5　温度指示器的结构框图

1. 温度指示器模块的设置

1)  高/低电压范围模式的选择

由图 5-5 可以看出，单个二极管正向压降 $V_T$ 是通过测量多个二极管上的正向压降然后取平均值得到的。该电路可工作于高电压范围模式或低电压范围模式。如果将寄存器 FVRCON 中的温度指示器范围选择位 TSRNG 置 1，则选择了高电压范围模式，此时有 4 个二极管接入电路。高电压范围模式可提供更宽的输出电压，这样可以在整个温度范围内提供更高的分辨率。高电压范围模式需要更高的偏置电压才能工作，所以需要更高的 $V_{DD}$。如果将寄存器 FVRCON 的 TSRNG 位清 0，则选择了低电压范围模式，此时只有两个二极管接入电路。低电压范围模式产生较低的压降，因此只需较低的偏置电压就可以使电路工作。

在高电压范围模式下，输出电压 $V_{OUT} = V_{DD} - 4V_T$。在低电压范围模式下，输出电压 $V_{OUT} = V_{DD} - 2V_T$。

2)  $V_{DD}$ 下限值的选择

当温度电路工作于低电压范围模式时，器件可以在单片机电气规范范围内的任意工作电压下工作。当温度电路工作于高电压范围模式时，器件工作电压 $V_{DD}$ 必须足够高，以确保能够正确地偏置温度电路。因此，在高电压范围模式或低电压范围模式下，建议的最小工作电压 $V_{DD}$ 分别为

TSRNG = 1(高电压范围模式)，最小 $V_{DD} \geqslant 3.6$ V

TSRNG = 0(低电压范围模式)，最小 $V_{DD} \geqslant 1.8$ V

3) ADCC 采集时间的设置

为了实现精确的温度测量，用户必须在温度指示器的输出连接到 ADCC 的输入端之后，至少等待 200 μs，然后再执行 ADCC 转换。此外，用户必须在对温度指示器的输出进行连续两次转换之间插入 200 μs 的等待时间。

### 2. 温度指示器模块的运行

1) 温度指示器模块的使能

温度指示器模块通过将寄存器 FVRCON 的 TSEN 位置 1 来使能。

2) 温度的计算

温度检测电路的输出将连接到内部模/数转换器 ADCC 进行测量。ADCC 模块为温度检测电路的输出保留了一个输入通道。用户在获取 ADCC 测量结果后，可以根据二极管的正向压降 $V_T$ 和温度的关系进行温度的估值计算，本书的示例工程 4 中详细介绍了利用温度指示器模块进行温度估算的方法。

## 5.4 可编程逻辑单元模块

PIC16(L)F18877 系列单片机提供了 4 组相互独立的片内可编程逻辑单元(Configurable Logic Cell，CLC)，它们能够完成一些简单的逻辑运算。CLC 模块的结构框图如图 5-6 所示。

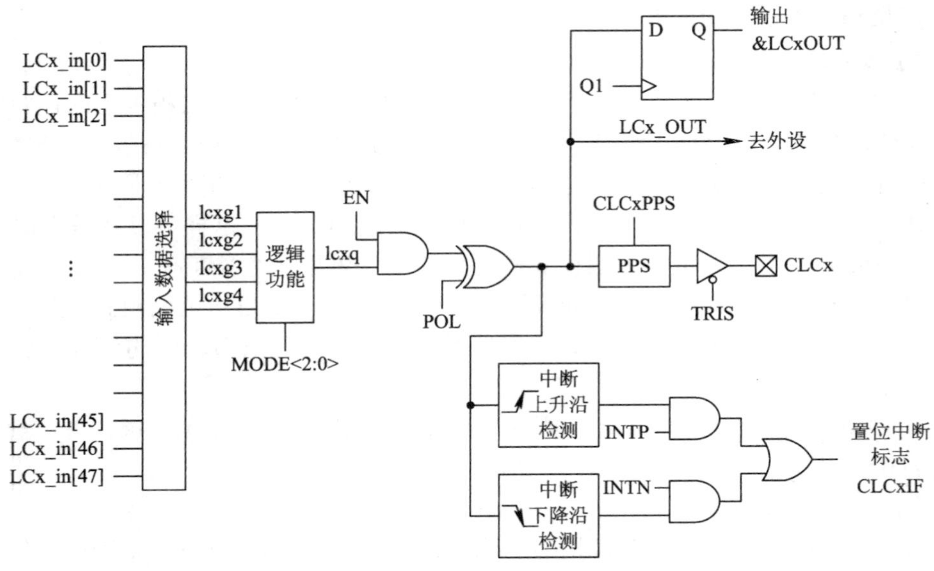


图 5-6　CLC 模块的结构框图

## 5.4.1　CLC 模块的设置

### 1. 输入信号的设置

CLC 模块输入信号的选择范围很广，可选项高达 48 种，它们可以是芯片引脚上的信号，也可以是系统时钟，或者是其他模块的输出信号，甚至是中断标志信号等。每个 CLC 通过 CLCxSEL0～CLCxSEL3 四个寄存器分别从 48 路候选输入信号源中总共选出 4 路信号，并将 4 路信号的正向和反向信号共 8 路输入到一个门控单元中。图 5-7 给出了 CLC 输入信号选择单元和门控单元的结构框图。

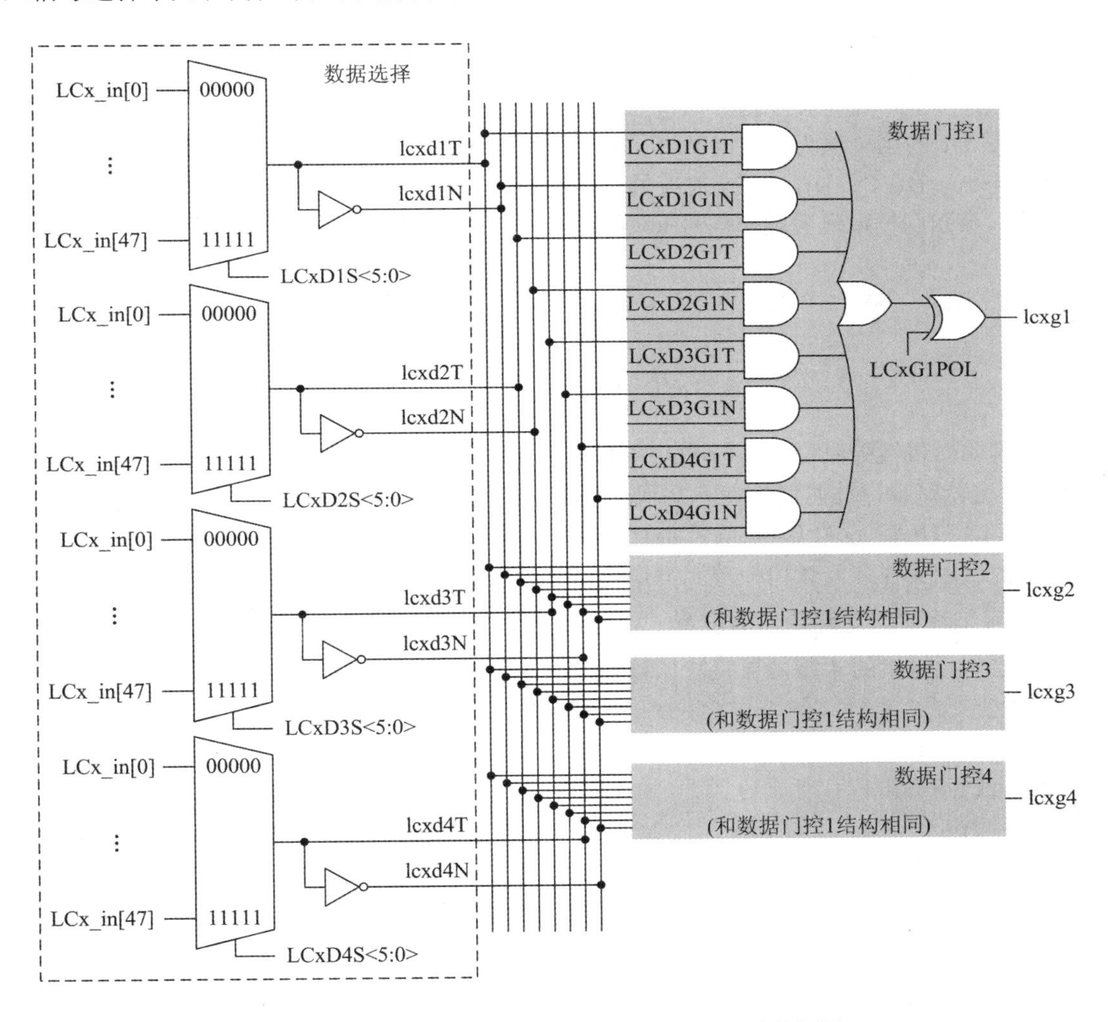


图 5-7　CLC 输入信号选择单元和门控单元的结构框图

### 2. 门控逻辑单元的设置

门控电路如图 5-7 右上角的阴影部分所示，它本质上就是一个 4 路输入 1 路输出的 AND/NAND/OR/NOR 组合逻辑门，它由两个寄存器 CLCxGLSy 和 LCxGyPOL 进行控制，

表 5-1 列出了门控单元的各种配置以及对应的结果。

表 5-1　数据门控逻辑

| CLCxGLSy | LCxGyPOL | 门逻辑 |
|---|---|---|
| 0x55 | 1 | AND 与门 |
| 0x55 | 0 | NAND 与非门 |
| 0xAA | 1 | NOR 或非门 |
| 0xAA | 0 | OR 或门 |
| 0x00 | 0 | 逻辑 0 |
| 0x00 | 1 | 逻辑 1 |

以表 5-1 的第一项为例，当 CLCxGLSy 为 0x55 时(假设信号源选择电路输出的 4 路信号分别为 A、B、C、D)，0x55 对应的二进制数为 01010101，根据图 5-7 中显示的门控组合逻辑，可知门控单元的输出信号 lcxg 为

$$
\begin{aligned}
lcxg &= A \,\&\, 0 \,|\, \overline{A} \,\&\, 1 \,|\, B \,\&\, 0 \,|\, \overline{B} \,\&\, 1 \,|\, C \,\&\, 0 \,|\, \overline{C} \,\&\, 1 \,|\, D \,\&\, 0 \,|\, \overline{D} \,\&\, 1 \\
&= \overline{A} \,|\, \overline{B} \,|\, \overline{C} \,|\, \overline{D} \\
&= \overline{A \,\&\, B \,\&\, C \,\&\, D}
\end{aligned}
$$

此时输出极性控制位 LCxGyPOL = 1，表示输出反向，因此门控输出信号 lcxg= A & B & C & D，也就是说，此时门控单元实现的逻辑功能是四输入与门。

将 CLCxGLSy 设为 0x00 或者 0xff，都能使门控单元输出恒定的 0 或者 1，但是后者会引入干扰，因此在需要让门控单元恒定输出 0 或者 1 时，推荐将 CLCxGLSy 设为 0x00。

### 3. 可编程逻辑功能单元的设置

门控单元输出的 4 路信号将被加载到可编程逻辑功能单元，可编程逻辑功能包含 8 种，分别是：

(1) 与门+或门；

(2) 或门+异或门；

(3) 四输入与门；

(4) SR 锁存器；

(5) 带置位和复位的 1 路输入 D 触发器；

(6) 带复位的两路输入 D 触发器；

(7) 带复位的 JK 触发器；

(8) 带置位和复位的 1 路输入透通锁存器。

CLC 所支持的可编程逻辑功能框图如图 5-8 所示。

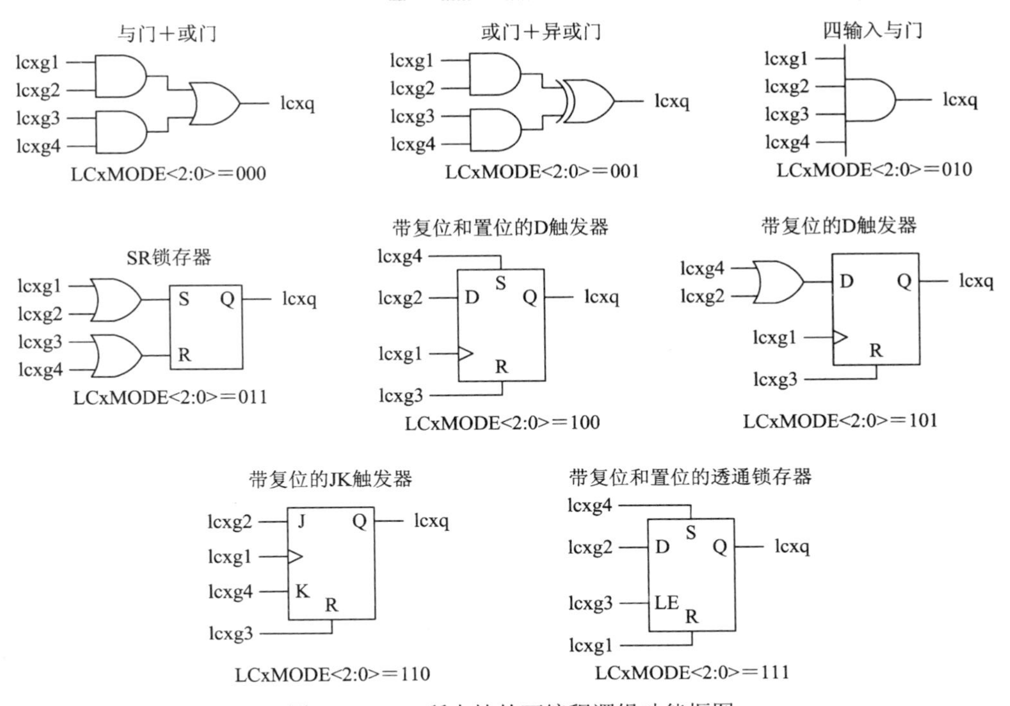


图 5-8　CLC 所支持的可编程逻辑功能框图

用户可以通过设置寄存器 CLCxCON 的 LCxMODE<2:0>来选择所需要的可编程逻辑功能单元。可编程逻辑功能单元的输出将连接到极性控制单元。极性控制单元决定可编程逻辑功能单元的输出信号是否需要反向后再输出，当寄存器 CLCxPOL 的 LCxPOL 位设为 1 时，反向输出功能被使能，信号将取反后再输出。

#### 4. 中断的设置

在 CLC 模块的寄存器 CLCxCON 中包含有 LCxINTP 和 LCxINTN 两个控制位，如果将 LCxINTP 位设为 1，那么当 CLC 的输出由 0 变为 1，即有一个上升沿产生时，中断标志位 CLCxIF 将被置 1。同理，如果 LCxINTN 位被设为 1，那么当 CLC 的输出由 1 变为 0，即有一个下降沿产生时，中断标志位 CLCxIF 将被置 1。

如果希望中断标志位 CLCxIF 被置 1 后，程序转去执行 CLC 中断服务程序，那么以下三个控制位也必须置 1：

(1) 寄存器 PIE5 中的 CLC 中断使能位 CLCxIE；

(2) 寄存器 INTCON 中的外设中断使能位 PEIE；

(3) 全局中断使能位 GIE。

中断标志位 CLCxIF 将在中断服务程序中用软件清零，如果在清中断标志位的过程中检测到另一个可以导致中断的输出沿，那么中断标志位将会重新置 1。

### 5.4.2　CLC 模块的运行

#### 1. CLC 模块的启动

CLC 模块通过将寄存器 CLCxCON 的 LCxEN 位置 1 来启动。CLC 模块开始运行后，用户可以通过两种方法来获取当前 CLC 各个模块的输出值。第一种方法是分别读取各个寄存器 CLCxCON 中的 LCxOUT，由于是分时读取，这种方法无法获得同一时刻的各 CLC 模块输出值。第二种方法是读取寄存器 CLCDATA 的值，该寄存器包含所有 CLC 模块的当前输出值，因此可以同时获取当前时刻各模块的输出值。

2. 休眠状态下的运行模式

CLC 本身不依赖于系统时钟，因此在休眠状态下仍然可以正常工作。需要注意的是，当 CLC 处于使能状态而且 HFINTOSC 被设为 CLC 的一个输入时，那么单片机进入休眠后 HFINTOSC 依然处于工作状态。如果此时系统时钟也是 HFINTOSC，那么单片机只能进入空闲(IDLE)状态，无法进入休眠状态。当单片机处于休眠状态时，CLC 中断在 CLCxIF=CLCxIE=PEIE = 1 的情况下会唤醒单片机，然后单片机开始执行 SLEEP 指令后的第一条指令。如果 GIE 也为 1，则单片机被唤醒后将转去执行 CLC 的中断服务程序。

### 5.4.3 CLC 模块的初始化步骤示例

以下给出了 CLC 模块初始化的一个示例步骤：

(1) 清零寄存器 CLCxCON 的 LCxEN 位，使 CLC 模块处于禁用状态。

(2) 清零寄存器 ANSEL 的相关位，将使用到的相关引脚都设为数字引脚。

(3) 设置寄存器 TRIS，将输入引脚的 TRIS 位设为 1，输出引脚的 TRIS 位设为 0。

(4) 设置寄存器 CLCxSEL0～CLCxSEL3，选定输入信号源。

(5) 设置门控寄存器 CLCxGLS0～CLCxGLS3 以及对应的极性位 LCxGyPOL，以确定逻辑功能单元的具体输入信号。

(6) 设置寄存器 CLCxCON 的 LCxMODE<2:0>以及输出极性 CLCxPOL，以确定所需的逻辑功能。

(7) 如果需要将 CLC 的结果通过某个引脚输出，则需要配置对应的寄存器 PPS。

(8) 如果需要启用中断，则需要配置触发沿 LCxINTP/LCxINTN，并将 CLCxIE、PEIE 和 GIE 三个中断使能位置 1。

(9) 将寄存器 CLCxCON 的 LCxEN 位置 1，使能 CLC 模块。

## 5.5 互补波形发生器模块

互补波形发生器(Complementary Waveform Generator，CWG)模块可以通过一个输入信号来产生具有死区延迟的互补波形。PIC16(L)F18877 系列单片机包含 3 个 CWG 模块(CWG1～CWG3)，这 3 个 CWG 模块的结构、功能以及操作方法完全一样，区别仅在于它们各自拥有一套独立的特殊功能寄存器。每个 CWG 模块有 4 个输出(CWGxA、CWGxB、CWGxC、CWGxD，“x”代表 1～3 中的一个数字，该数字用于区分不同的 CWG 模块)。CWG 模块会根据所处的工作模式，在 4 个输出上驱动相应的输出波形。

CWG 模块具有以下特性：

(1) 可选输入源；
(2) 可选时钟源；
(3) 具有 6 种工作模式；
(4) 输出极性控制；
(5) 具有两个独立的 6 位上升沿和下降沿死区计数器；
(6) 自动关断控制。

## 5.5.1　CWG 模块的基本设置

### 1. CWG 模块的输入信号源设置

每个 CWG 模块的输入信号可以是 CWGxIN 引脚上的外部信号，也可以是其他外设模块产生的内部信号。用户通过设置寄存器 CWGxISM 中的 IS<3:0>位来选择输入信号源。如果选择 CWGxIN 引脚作为输入源，那么需要设置寄存器 CWGxPPS 来选择单片机的一个引脚作为 CWGxIN 引脚。

### 2. CWG 模块的时钟源设置

CWGx 模块有两个可用的时钟源选项，分别是 FOSC(系统时钟)和频率为 16MHz 的 HFINTOSC。用户通过设置寄存器 CWGxCLKCON 中的 CS 位进行时钟源选择。当 CS = 0 时，FOSC 被选作时钟源；当 CS = 1 时，16MHz HFINTOSC 被选作时钟源。

### 3. CWG 模块的输出极性设置

CWGx 每个输出的极性都可以通过自己的控制寄存器 CWGxCON1 中的 4 个输出极性位 POLy 来单独进行设置(“y”代表 A、B、C、D 中的一个字母，分别对应 CWGx 的 4 个输出，即 CWGxA、CWGxB、CWGxC 和 CWGxD)。当 POLy 为 0 时，相对应的 CWGx 以正常的极性输出信号；当 POLy 为 1 时，相对应的 CWGx 以反向的极性输出信号。当 CWGx 在转向模式下输出指定的转向数据或者 CWGx 处于关断状态时，CWGx 的输出将不受极性位 POLy 的控制和影响。

### 4. CWG 模块的工作模式设置

CWG 模块有 6 种工作模式，可通过寄存器 CWGxCON0 中的 MODE<2:0>位进行选择。表 5-2 列出了 6 种模式所对应的 MODE<2:0>值。

表 5-2　CWG 工作模式选择

| 寄存器 CWGxCON0 的 MODE<2:0>位 | CWG 工作模式 |
| --- | --- |
| 111 | 保留 |
| 110 | 保留 |
| 101 | 推挽模式 |
| 100 | 半桥模式 |
| 011 | 反向全桥模式 |
| 010 | 正向全桥模式 |
| 001 | 同步转向模式 |
| 000 | 异步转向模式 |

## 5.5.2 CWG 模块的工作模式

### 1. 半桥模式

在半桥(Half-Bridge)模式下，CWGx 将根据输入信号在 CWGxA 和 CWGxB 上产生两个互补的输出信号，CWGxA 上输出的是输入信号的真值，CWGxB 上输出的是输入信号的反相。此模式可用于控制半桥电路。在 CWGxA 和 CWGxB 两个输出之间还可以插入死区，以防止在各种电源应用中发生直通。在半桥模式下，CWGxC 和 CWGxD 上的输出与 CWGxA 和 CWGxB 上的输出一样，但 CWGxC 和 CWGxD 输出的极性由 POLC 和 POLD 位独立控制。图 5-9 所示为 CWGx 半桥模式工作波形示意图。

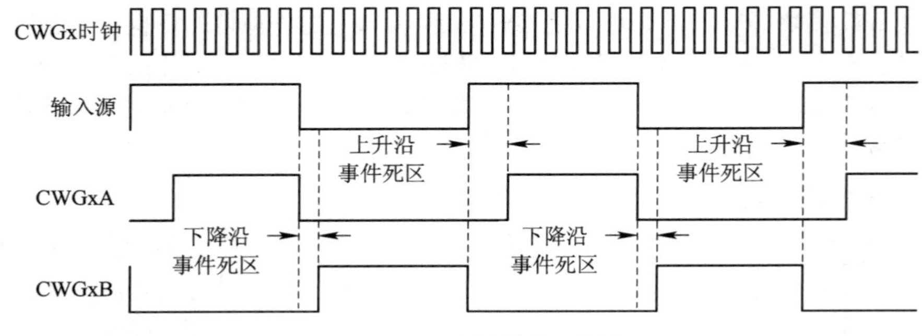


图 5-9　CWGx 半桥模式工作波形

### 2. 推挽模式

在推挽(Push-Pull)模式下，CWGx 将根据输入信号在 CWGxA 和 CWGxB 上产生两个输出信号，CWGxA 和 CWGxB 上的输出是通过交替复制输入信号上的脉冲产生的。这种交替输出可以产生驱动某些基于变压器的电源设计所需的推挽效应。在推挽模式下，CWGxC 和 CWGxD 上的输出与 CWGxA 和 CWGxB 上的输出一样，但 CWGxC 和 CWGxD 输出的极性由 POLC 和 POLD 位独立控制。图 5-10 所示为 CWGx 推挽模式工作波形示意图。

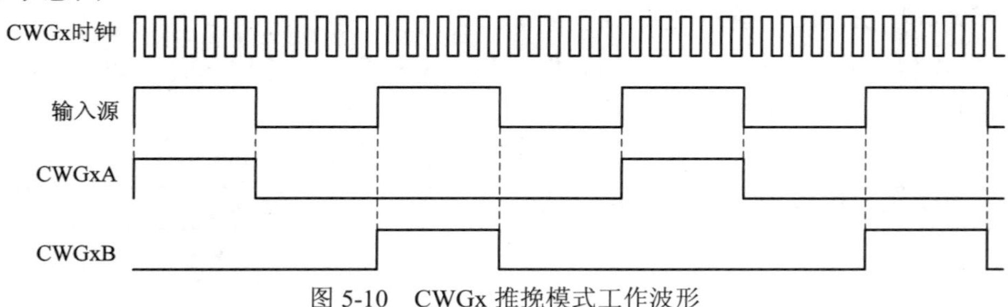


图 5-10　CWGx 推挽模式工作波形

### 3. 正向/反向全桥模式

在正向/反向全桥(Forward/Reverse Full-Bridge)模式下，CWGx 将使用全部 4 个输出，其中 3 个输出静态电平，第 4 个则是根据 CWGx 输入信号输出 CWGx 输入信号的副本。在正向全桥模式下，CWGxA 输出有效电平状态，CWGxB 和 CWGxC 输出无效电平状态，CWGxD 则输出 CWGx 输入信号的副本。在反向全桥模式下，CWGxC 输出有效电平状态，

CWGxA 和 CWGxD 输出无效电平状态，CWGxB 则输出 CWGx 输入信号的副本。在对正向和反向全桥模式进行切换时，无须禁止 CWGx 模块，只要重新设置寄存器 CWGxCON0 的模式选择位 MODE<0>即可。图 5-11 所示为 CWGx 全桥模式输出波形示意图。

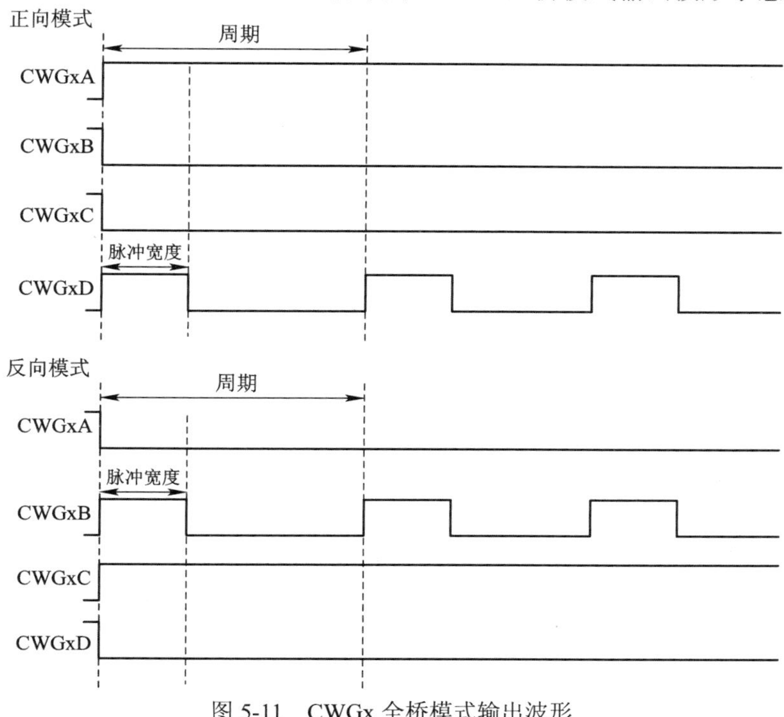


图 5-11 CWGx 全桥模式输出波形

### 4. 同步和异步转向模式

在同步和异步转向模式下，CWGx 的 4 个输出中的任意一个都可以被设置为输出 CWGx 输入信号的副本或者输出指定的静态值。转向控制寄存器 CWGxSTR 中的控制位 STRA、STRB、STRC、STRD 分别用于设定 CWGx 的 4 个输出是复制输出 CWGx 输入信号还是输出指定的数据。当 STRA/B/C/D 位为 0 时，相应的输出 CWGxA/B/C/D 会按照指定的转向数据输出静态电平。转向数据通过寄存器 CWGxSTR 中的转向数据位 OVRA、OVRB、OVRC、OVRD 来指定。当 STRA/B/C/D 位为 1 时，相应的输出 CWGxA/B/C/D 会复制输出 CWGx 输入信号。

同步和异步转向模式的唯一区别在于对转向控制位 STRA/B/C/D 的更新是否需要和 CWGx 输入信号同步。在异步转向模式中，转向事件是异步的。对转向控制位 STRA/B/C/D 的更新在写 STRA/B/C/D 位的指令结束时立即生效。在这种情况下，输出可能是不完整的波形。在同步转向模式下，对转向控制位 STRA/B/C/D 的更新将在 CWGx 输入信号的下一个上升沿生效。在这种情况下，输出将始终保持完整波形。

## 5.5.3 死区控制

死区控制用于在半桥和全桥模式下产生边沿不对齐的输出信号，以防止外部电源开关产生直通电流。每个 CWGx 模块包含 2 个 6 位死区计数器 CWGxDBR 和 CWGxDBF，用于产生死区延时。死区是通过对 CWGx 的时钟信号进行周期计数(从 0 开始计数到寄存器 CWGxDBR、CWGxDBF 中装入的值)来定时的。

### 1. 半桥模式下的控制

寄存器 CWGxDBR 控制上升沿事件死区，即 CWGxB 的下降沿到 CWGxA 的上升沿之间的延时。当 CWGx 输入信号的上升沿到来时，上升沿事件死区开始计时。这时 CWGxB 立即变为低电平，但 CWGxA 保持不变。当死区计数值达到寄存器 CWGxDBR 中的值时，正常输出 CWGxA 才变为高电平。图 5-12 所示为上升沿事件死区示意图。

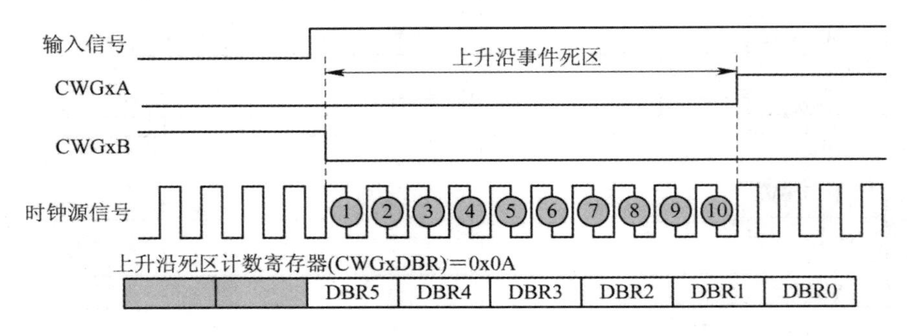


图 5-12　半桥模式上升沿事件死区

CWGxDBF 控制下降沿事件死区，即 CWGxA 的下降沿到 CWGxB 的上升沿之间的延时。当 CWGx 输入信号的下降沿到来时，下降沿事件死区开始计时。这时 CWGxA 立即变为低电平，但 CWGxB 保持不变。当死区计数值达到寄存器 CWGxDBF 中的值时，CWGxB 才变为高电平。图 5-13 所示为下降沿事件死区示意图。

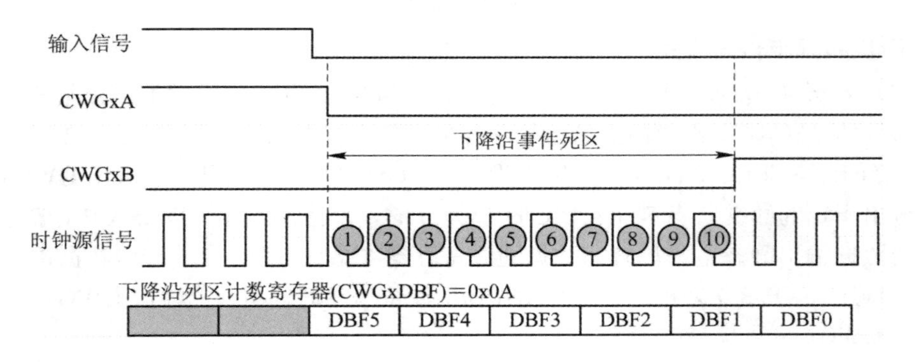


图 5-13　半桥模式下降沿事件死区

### 2. 全桥模式下的控制

在全桥模式下，死区可应用于正向全桥模式和反向全桥模式相互切换时。用户通过改变寄存器 CWGxCON0 中的 MODE<0>位可以完成正向和反向全桥模式的相互切换。在全桥模式方向改变后，CWGxA 和 CWGxC 的输出会在 CWGx 输入信号上第一个上升沿到来时立即变化，但 CWGxB 或 CWGxD(取决于模式切换的方向)的输出会经过死区延时再发生变化。

图 5-14 所示为全桥模式反向死区和正向死区示意图。

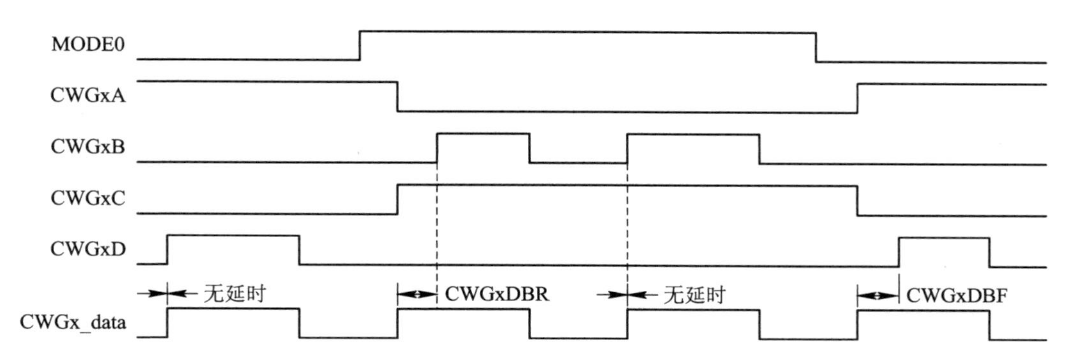


图 5-14　全桥模式反向死区和正向死区

### 5.5.4　自动关断控制

自动关断控制是一种当发生特定事件时，使 CWGx 自动进入关断状态的功能。自动关断控制主要用于在发生故障时，使 CWGx 暂停运行，以确保系统安全。当 CWGx 进入关断状态后，CWGx 的正常输出将立即变为以下的某一种状态：

(1) 低电平状态；

(2) 高电平状态；

(3) 高阻状态；

(4) 无效电平状态。

用户可以通过设置自动关断控制寄存器 CWGxAS0 中的 LSBD<1:0>和 LSAC<1:0>来决定关断状态下 CWGx 的输出采用上述 4 种状态中的哪一种。

#### 1. 进入关断状态

CWGx 支持两种进入关断状态的方式，分别是通过软件来触发关断以及通过特定的外部信号来触发关断。

1) 通过软件触发关断

在软件中将寄存器 CWGxAS0 中的 SHUTDOWN 位设为 1，就可以使 CWGx 进入关断状态。

2) 通过特定的外部信号触发关断

在 PIC16(L)F18877 系列单片机中，有以下 7 个信号可以触发 CWGx 模块进入关断状态：

(1) 可配置逻辑单元 CLC2 输出；

(2) 比较器 C2 输出；

(3) 比较器 C1 输出；

(4) TMR6 后分频输出；

(5) TMR4 后分频输出；

(6) TMR2 后分频输出；

(7) CWGx 输入引脚。

要使能上述的关断触发信号，用户需要通过将寄存器 CWGxAS1 中相应的 ASxE 位置

1 来实现。当关断触发信号有效时，寄存器 CWGxAS0 中的 SHUTDOWN 位将被自动置 1，从而导致 CWGx 进入关断状态。

#### 2. 从关断状态恢复运行

在 CWGx 进入自动关断状态后，可以通过自动重启和软件控制重启两种方式从关断状态重启，恢复 CWGx 的工作和输出。

1) *自动重启*

自动重启需要通过将寄存器 CWGxAS0 中的 REN 位置 1 来使能。将 REN 位置 1 后，如果所有被允许的关断触发信号为无效(高电平)时，则寄存器 CWGxAS0 中的 SHUTDOWN 位将自动清零。在 SHUTDOWN 位清零后，CWGx 的输出还将继续保持关断的状态，直到 CWGx 输入信号在 SHUTDOWN 位清零后出现第一个上升沿之后，CWGx 才会根据所处的工作模式恢复正常输出。

2) *软件控制重启*

如果没有使能自动重启(即 REN 位为 0)，那么当所有被允许的关断输入信号都为无效(高电平)时，CWGx 不会自动从关断状态恢复。这时必须通过软件将 SHUTDOWN 位清零，才能使 CWGx 从关断状态恢复。在软件将 SHUTDOWN 位清零后，CWGx 的输出还将继续保持关断的状态，直到 CWGx 输入信号在 SHUTDOWN 位清零后出现第一个上升沿之后，CWGx 才会根据所处的工作模式恢复正常输出。

### 5.5.5 CWG 模块的运行

#### 1. CWG 模块的使能

CWGx 模块可以通过 CWGx 控制寄存器 CWGxCON0 中的 CWGx 使能位 EN 来使能或禁止。当 EN 位设为 1 时，CWGx 模块被使能；当 EN 位设为 0 时，CWGx 模块被禁止。

#### 2. CWG 模块在休眠状态下的运行

CWGx 模块是独立于系统时钟运行的。只要满足以下条件，CWGx 就能够在休眠期间继续运行：

(1) CWGx 模块已使能。
(2) 选择 HFINTOSC 作为 CWGx 的时钟源。
(3) CWGx 输入信号有效。

## 5.6 数字信号调制器模块

数字信号调制器(Digital Signal Modulation，DSM)模块的功能是将原始的低频数据流信号(通常也称为数字基带信号)和高频的数字载波信号混合后产生适合于信道传输的已调信号。在数字信号调制器中，信号的调制是将基带信号和载波信号进行逻辑与(AND)运算，运算结果会通过芯片的引脚(MDOUT)输出。

PIC16(L)F18877 系列单片机的数字信号调制器可以实现以下几种调制模式：

(1) 频移键控(FSK)；

(2) 相移键控(PSK)；

(3) 开关键控(OOK)。

另外，该信号调制器还支持以下的功能：

(1) 载波同步；

(2) 载波极性选择；

(3) 载波源引脚禁用；

(4) 可编程调制数据；

(5) 调制信号源引脚禁用；

(6) 调制输出信号的极性选择；

(7) 斜率控制。

数字信号调制器(DSM)模块的结构框图如图 5-15 所示。

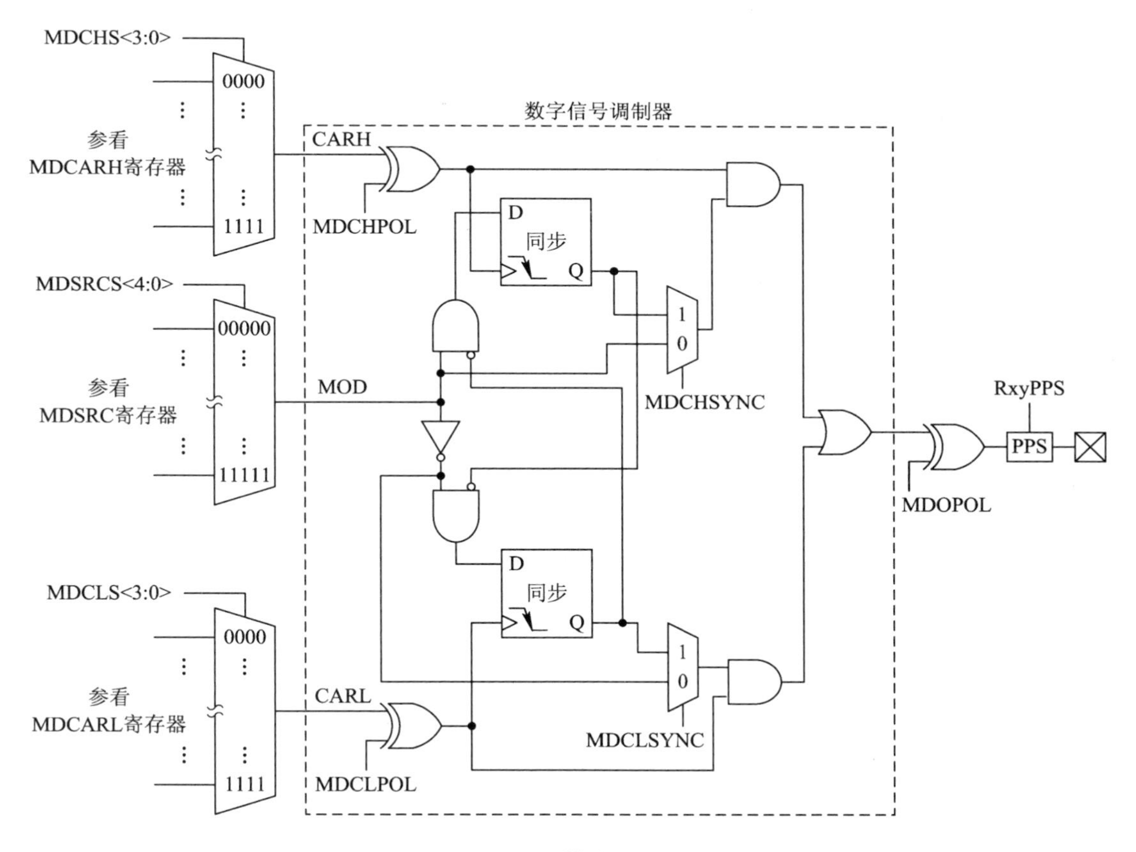


图 5-15　DSM 模块的结构框图

从图 5-15 可以看出，数字信号调制器的输出由调制信号 MOD 的值来决定。当调制信号的值为 1 时，调制器将输出载波 1(CARH)的波形；当调制信号的值为 0 时，调制器将输出载波 2(CARL)的波形。另外还可以通过设置寄存器 MDCON0 中的 MDOPOL 位来决定是否将调制器的输出信号进行取反后再输出，当 MDOPOL 设为 1 时，调制器的输出将被取反后再通过引脚输出到片外，否则调制器的输出将直接输出到片外，不经过取反操作。

## 5.6.1 DSM 模块的设置

### 1. 调制信号的选择

调制信号，即信号源，是通过设置寄存器 MDSRC 的 MDMS<4:0>来实现的。MDMS<4:0>的设置可从以下的选项中选取：

0x00——MDSRCPPS 引脚上的信号；

0x01——寄存器 MDCON0 的 MDBIT 位；

0x02——CCP1 模块的输出信号（仅限 PWM 模式）；

0x03——CCP2 模块的输出信号（仅限 PWM 模式）；

0x04——CCP3 模块的输出信号（仅限 PWM 模式）；

0x05——CCP4 模块的输出信号（仅限 PWM 模式）；

0x06——CCP5 模块的输出信号（仅限 PWM 模式）；

0x07——PWM6 模块的输出信号；

0x08——PWM7 模块的输出信号；

0x09——NCO 模块的输出信号；

0x0A——比较器 C1 的输出信号；

0x0B——比较器 C2 的输出信号；

0x0C——CLC1 的输出信号；

0x0D——CLC2 的输出信号；

0x0E——CLC3 的输出信号；

0x0F——CLC4 的输出信号；

0x10——EUSART 的 DT 信号；

0x11——EUSRAT 的 TX/CK 信号；

0x12——MSSP1 的 SDO 信号(仅限于 SPI 模式)；

0x13——MSSP2 的 SDO 信号(仅限于 SPI 模式)。

当 MDMS<4:0>被设为 0x01 时，用户需要采用手动的方式来设置调制信号的值，即使用代码来设置寄存器 MDCON0 的 MDBIT 位的值，此时的 MDBIT 反映了调制信号当前的电平值。

### 2. 载波信号的选择

载波信号 CARH 是通过设置寄存器 MDCARH 中的 MDCHS<3:0>来选择的，载波信号 CARL 是通过设置寄存器 MDCARL 中的 MDCLS<3:0>来选择的，以下是 MDCHS/MDCLS 的值所对应的载波信号源。

0x0——CARH 选取 MDCARHPPS 引脚上的信号，CARL 选取 MDCARLPPS 引脚上的信号；

0x1——系统时钟 $F_{OSC}$；

0x2——片内高频时钟 HFINTOSC；

0x3——参考时钟模块信号(CLKR)；
0x4——CCP1 模块的输出信号；
0x5——CCP2 模块的输出信号；
0x6——CCP3 模块的输出信号；
0x7——CCP4 模块的输出信号；
0x8——CCP5 模块的输出信号；
0x9——PWM6 模块的输出信号；
0xA——PWM7 模块的输出信号；
0xB——NCO 模块的输出信号；
0xC——CLC1 的输出信号；
0xD——CLC2 的输出信号；
0xE——CLC3 的输出信号；
0xF——CLC4 的输出信号。

#### 3. 载波同步的设置

当调制信号的值发生变化时，调制器的输出会在两种载波 CARH 和 CARL 之间切换，这个时候输出的载波波形很可能会被截掉一段，形成窄脉冲或者毛刺。为了防止这种情况的出现，可以通过将寄存器 MDCON1 的 MDCHSYNC / MDCLSYNC 位置 1 来分别使能 CARH / CARL 载波和调制信号保持同步。在同步被使能的情况下，当调制信号发生变化时，当前的载波会一直保持低电平，直到切换到第二种载波。

#### 4. 输出引脚的设置

DSM 模块的已调信号可以通过单片机芯片的引脚进行输出。用户需要设置寄存器 RxyPPS 来选取具体的输出引脚。根据第 4 章 4.1 节的表 4-11 可知，对于 PIC16F18877，DSM 的输出可以连接到 PORTA 或者 PORTD 的引脚上，假设用户希望将 DSM 信号通过 RA0 引脚输出，那么需要将寄存器 RA0PPS 的值设为表 4-11 中所显示的 0x1B。

### 5.6.2　DSM 模块的运行

#### 1. 数字信号调制器的启动和关闭

将寄存器 MDCON0 的 MDEN 位置 1 将启动数字信号调制器，清零 MDEN 位将关闭数字信号调制器，并自动将两种载波(CARH 和 CARL)的信号源切换到 $V_{SS}$，同时将调制信号源的值切换到寄存器 MDCON0 中 MDBIT 位的值，调制器此时的功耗将达到最小值。通过清零 MDEN 位将 DSM 模块关闭后，载波信号源选择寄存器 MDCARH 和 MDCARL 以及调制信号源选择寄存器 MDSRC 的值将保持不变，因此当 MDEN 被重新置 1 后，DSM 将立即使用之前的载波源和调制信号源进行操作。

当单片机复位时，MDEN 将恢复成默认值 0，DSM 模块处于关闭状态。

#### 2. 休眠状态下 DSM 的运行

当单片机进入休眠状态时，如果数字信号调制器已经被使能，并且调制信号和载波信号都存在，那么调制器将继续工作，不受休眠状态的影响。

# 5.7 数控振荡器模块

数控振荡器(Numerically Controlled Oscillator，NCO)模块是一个定时器，该定时器在所选的输入时钟源 NCO1_clk 驱动下以一个可设置的增量值对一个 20 位的累加器进行累加递增，当累加器发生溢出时，NCO 模块可以根据模式设置输出不同占空比的波形。对于一个选定的输入时钟源 NCO1_clk，用户可以通过改变累加器每次的增量值轻松获得不同频率的输出信号。

NCO 的工作方式是重复向累加器增加一个固定的增量值。累加器会周期性发生进位溢出，该位即为原始的 NCO 输出。NCO 溢出频率计算公式如下：

$$F_{\text{OVERFLOW}} = \frac{\text{NCO时钟源频率} \times \text{NCO递增值}}{2^{20}}$$

其中，20 为累加器的宽度位数。累加器溢出时会产生一个中断(NCO_interrupt)。

图 5-16 所示为数控振荡器的结构框图。

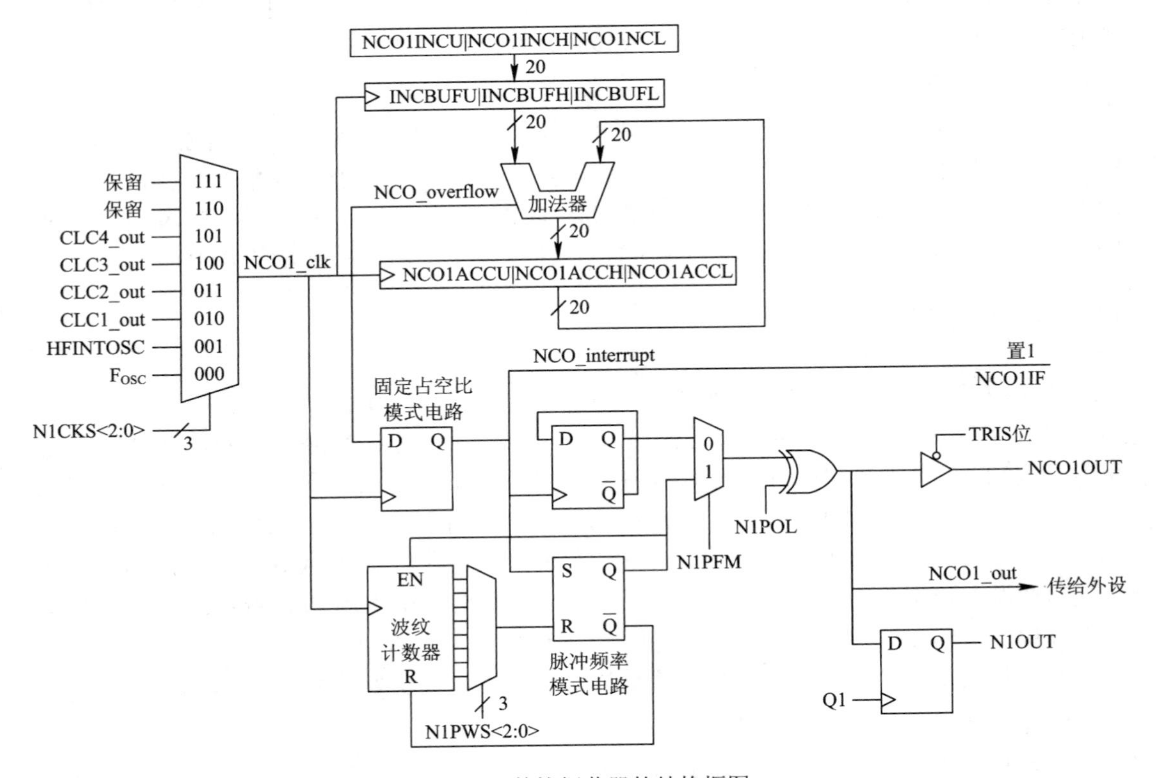


图 5-16　数控振荡器的结构框图

### 5.7.1　NCO 模块的设置

#### 1. NCO 时钟源的设置

NCO 通过设置寄存器 NCO1CLK 中的时钟源选择位 N1CKS<2:0>来实现。N1CKS<2:0>位的不同设置可从以下时钟源中选取一个所需要的时钟：

(1) HFINTOSC；

(2) $F_{OSC}$；

(3) LC1_out；

(4) LC2_out；

(5) LC3_out；

(6) LC4_out。

#### 2. 累加寄存器

NCO 模块的累加器是一个最大值为 1 048 575 的 20 位寄存器，可通过以下三个寄存器对累加器进行读写访问：

(1) NCO 累加器低字节寄存器 NCO1ACCL，对应 20 位累加器的 bit7～bit0。

(2) NCO 累加器高字节寄存器 NCO1ACCH，对应 20 位累加器的 bit15～bit8。

(3) NCO 累加器最高字节寄存器 NCO1ACCU 中的低 4 位，对应 20 位累加器的 bit19～bit16。

当这个 20 位的累加器溢出时，NCO 模块的输出状态将改变。

#### 3. 增量寄存器

增量值存储在寄存器组 NCO1INCL(8 位)、NCO1INCH(8 位)和 NCO1INCU(低 4 位)中，组成 20 位增量值。这三个增量寄存器都是可读写的。增量寄存器是双重缓冲寄存器，因此无须先禁止 NCO 模块即可对增量值进行更改。当 NCO 模块使能时，应先写寄存器 NCO1INCU 和 NCO1INCH，然后再写寄存器 NCO1INCL，写寄存器 NCO1INCL 时会使增量缓冲寄存器被同步装载。

#### 4. 输出模式

NCO 模块有两种可选的输出模式，通过寄存器 NCO1CON 中的 NCO 脉冲频率模式位 N1PFM 来选择，具体设置如表 5-3 所示。

表 5-3　NCO 输出模式选择

| N1PFM 位 | NCO 输出模式 |
|---|---|
| 0 | 固定占空比模式 |
| 1 | 脉冲频率模式 |

1) 固定占空比(FDC)模式

在固定占空比(FDC)模式下，每次累加器发生溢出时，NCO 输出都会发生翻转。因此，只要增量值和 NCO 时钟保持不变，就可得到一个占空比为 50%的输出。

2) 脉冲频率(PF)模式

在脉冲频率(PF)模式下，每次累加器发生溢出时，NCO 输出都会变为有效电平状态，并持续一个或多个时钟周期。有效电平输出的持续时钟周期数通过寄存器 NCO1CLK 中的 N1PWS<2:0>位来设定。当有效电平输出的持续周期数达到 N1PWS<2:0>位设定的时钟周期数时，NCO 输出会变为无效电平状态。NCO 输出的有效电平状态和无效电平状态通过寄存器 NCO1CON 中的极性位 N1POL 来设定。

图 5-17 所示为 FDC 和 PF 输出模式的工作波形图。

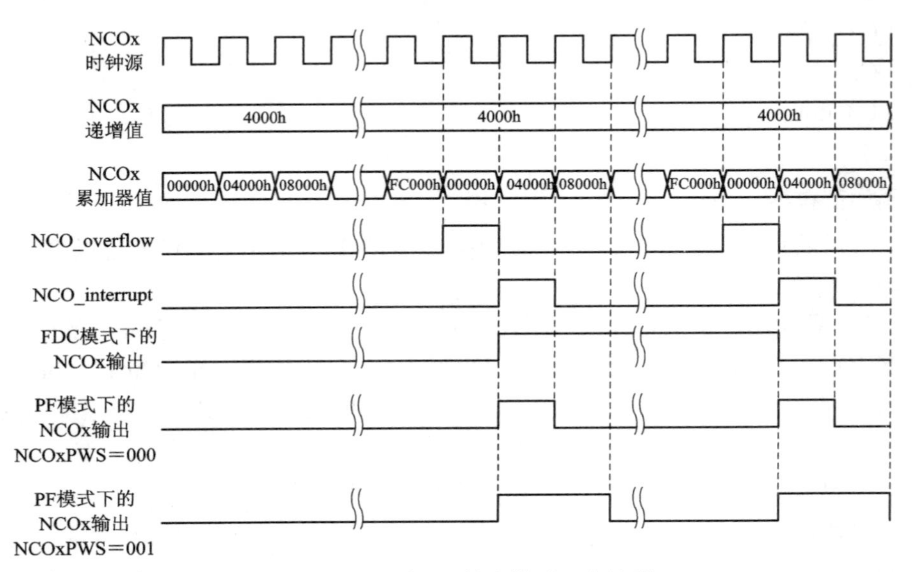


图 5-17　FDC 和 PF 输出模式工作波形

## 5.7.2　NCO 模块的运行

### 1. NCO 模块使能

NCO 模块通过寄存器 NCO1CON 中 N1EN 位来控制使能或禁止。当 N1EN = 1 时，NCO 模块被使能；当 N1EN = 0 时，NCO 模块被禁止。

### 2. NCO 模块中断

当 NCO 模块的累加器产生溢出时，外设中断请求寄存器 PIR7 中的标志位 NCO1IF 将置 1。如果这时同时使能了全局中断使能位 GIE、外设中断使能位 PEIE，以及寄存器 PIE7 中的 NCO 中断允许位 NCO1IE，那么 NCO 中断将被允许，单片机将跳转到中断向量地址，执行中断服务程序。中断标志位 NCO1IF 必须在中断服务程序中由软件清零。

### 3. 休眠模式下的运行

NCO 模块可以独立于系统时钟工作，只要选定的时钟源在休眠状态下保持活动状态，NCO 模块就会在休眠期间继续运行。如果使能了 NCO 模块，并且选择 HFINTOSC 作为 NCO 模块的时钟源，则 HFINTOSC 在休眠期间将保持活动状态，NCO 模块将在休眠期间继续工作。

# 5.8 过零检测模块

过零检测(Zero Crossing Detection，ZCD)模块可以用来检测交流信号电平向上或者向下穿过零电平门限的时间节点。这个时间节点可以作为时间基准来实现系统的同步，也可以用于电机的转速控制或者输出功率控制，还可以用来测量交流信号的周期以及长期的精准计时。

PIC16(L)F18877 系列单片机包含内置的过零检测电路，ZCD 模块的结构框图如图 5-18 所示。

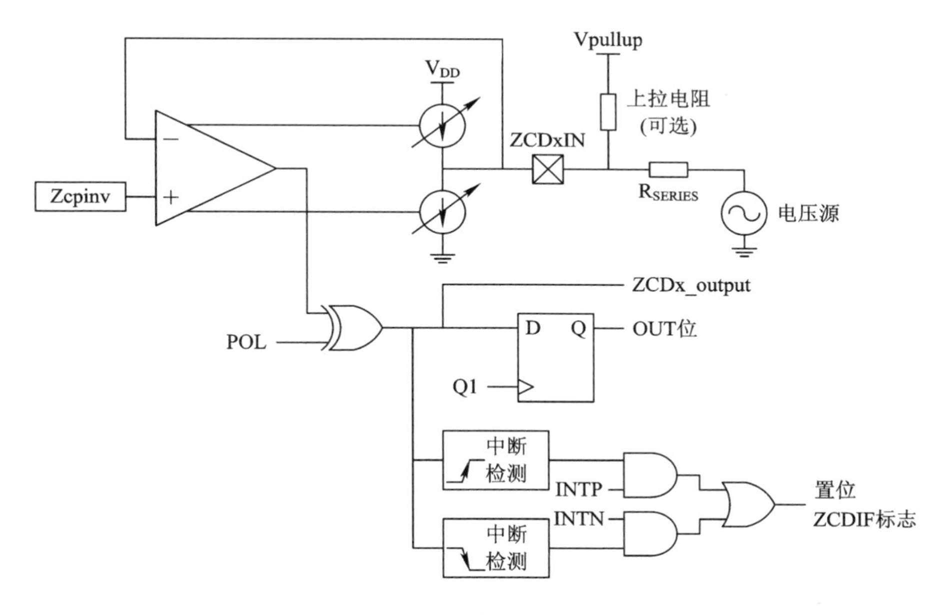


图 5-18　ZCD 模块的结构框图

## 5.8.1 ZCD 模块的设置

理论上讲，过零检测电路的功能是判断单片机 ZCDxIN 引脚上的外部信号电平是否发生上穿或者下穿零电平的事件，但是出于生产成本和功耗的考虑，零电平门限值并非选取 Vss 电平，而是使用 0.75 V 的电压值(用 Zcpinv 表示)。如图 5-18 所示，当 ZCDxIN 引脚上的电压高于 Zcpinv 时，ZCD 模块从 ZCDxIN 引脚吸收电流，同时寄存器 ZCDCON 中的状态位 OUT 被置 1。当外部引脚上的电压低于 Zcpinv 时，ZCD 模块向 ZCDxIN 引脚提供电流，同时寄存器 ZCDCON 中的状态位 OUT 被清 0。请注意，上述情况发生在寄存器 ZCDCON

中的极性位 POL 是 0 的时候。当 POL 位被设为 1 时，OUT 位的值将和之前的结果正好相反，也就是当 ZCDxIN 引脚上的电压高于 Zcpinv 时，OUT 为 0；当 ZCDxIN 引脚上的电压低于 Zcpinv 时，OUT 为 1，这是因为 OUT 是将 POL 和比较器输出经过异或运算后获得的。

### 1. 串联限流电阻 $R_{SERIES}$ 的阻值设置

由于 ZCD 模块检测的交流信号通常具有较高的峰值电压，为了防止输入的高电压造成单片机的物理损坏以及保证 ZCD 模块正常工作，通常需要在 ZCD 检测引脚和外部交流输入信号之间串联一个合适的限流电阻，使流经该电阻的标称电流不超过 300 μA。由此，可以使用以下公式获得串联限流电阻 $R_{SERIES}$ 的阻值：

$$R_{SERIES} = \frac{V_{PEAK}}{3 \times 10^{-4}}$$

其中，$V_{PEAK}$ 为交流信号的峰值电压。

### 2. 过零检测超前/滞后问题的相关电容电阻设置(可选)

由于在实际应用中，过零门限电平通常不是 0V，而是 0.75 V，因此对于不是方波的输入信号，ZCD 模块得出的时间点和实际过零时间点会存在超前或者滞后的问题，尤其当输入电压值比较小(如小于 24 V)时，过零点的超前和滞后所带来的影响将不可忽略。

为了解决过零检测的超前和滞后问题，可以采用以下两种方法：

1) 电容耦合法

当外部输入信号是正弦波时，在 ZCD 检测脚和串联限流电阻之间串联一个电容可以消除由 Zcpinv 引起的过零检测超前和滞后问题，因为电容可以引入相移。串联电容的容值 C 和限流电阻的阻值 R 可以按照以下步骤来确定：

(1) 由于 ZCD 引脚上的最大电流为 300 μA，利用公式：

$$300\ \mu A = \frac{V_{ppmax}}{Z}$$

可以计算整体阻抗值 Z。

(2) 任意选择一个大容值的无极性电容，如 C = 0.1 μF，利用公式：

$$X_C = \frac{1}{2 \times \pi \times f \times C}$$

可以计算电容的电抗 $X_C$，其中 f 为外部信号频率。

(3) 利用 $Z^2 = X_C{}^2 + R_{SERIES}{}^2$ 可计算限流电阻的阻值 $R_{SERIES}$。

通过改变所选取的电容和电阻值，可以找到消除超前/滞后效应的电容和电阻的组合。

2) 电压偏置法

电压偏置法是将 ZCD 检测脚连接上拉电阻到 $V_{pullup}$(如 $V_{DD}$ 或其他电压值)来实现 0.75 V 的电压预偏置，上拉电阻的阻值 $R_{pullup}$ 可以通过以下步骤来计算：

(1) 根据 ZCD 引脚上的最大电流为 300 μA，利用公式：

$$300\ \mu A = \frac{V_{pp\,max}}{R_{SERIES}}$$

可计算串联的限流电阻值 $R_{SERIES}$。

(2) 因为当外部信号电压为 0 时，单片机 ZCD 引脚电压需要正好等于 Zcpinv 才能保证不会出现超前/滞后效应，所以可以得到以下的电流公式：

$$\frac{Z_{cpinv}}{R_{SERIES}}=\frac{(V_{pullup}-Z_{cpinv})}{R_{pullup}}$$

因此可以得到 $R_{pullup}=\dfrac{(V_{pullup}-Z_{cpinv})\times R_{SERIES}}{Z_{cpinv}}$，从而可以计算出上拉电阻的值。

### 3. 下拉电阻的设置(可选)

通常情况下，ZCD 都是用来侦测外部信号过零点的事件，如果用户希望通过 ZCD 模块来侦测外部信号电平达到一个远高于零的门限值的事件，那么用户可以在单片机的 ZCD 引脚和 $V_{SS}$ 地之间放置 1 个适当阻值的电阻。例如，假设外部信号的峰值电压 $V_{PEAK}$ 是 300 V，现在想要侦测外部信号电压到达 100 V 时的时间点，那么可以采用如下的步骤来确定下拉电阻值 $R_{pulldown}$。

(1) 根据公式 $R_{SERIES}=\dfrac{V_{PEAK}}{3\times10^{-4}}$ 计算出串联限流电阻 $R_{SERIES}$ 为

$$R_{SERIES}=\frac{300}{3\times10^{-4}}=1\mathrm{M\Omega}$$

(2) 由于外部信号到达 100 V 时，单片机 ZCD 引脚电压需要正好等于 Zcpinv 才能使 ZCD 的输出发生变化，以实现对此事件的侦测，因此可以得到以下的电流公式：

$$\frac{Z_{cpinv}}{R_{pulldown}}=\frac{100-Z_{cpinv}}{R_{SERIES}}$$

其中，$Z_{cpinv}=0.75\ \mathrm{V}$。

由此可以计算出下拉电阻 $R_{pulldown}$ 的值约为 7.5 kΩ。

### 4. ZCD 中断的设置

当过零检测模块的 OUT 值发生变化时，单片机硬件会根据寄存器 ZCDCON 中的 INTP 和 INTN 位来选择是否将中断标志位 ZCDIF 置 1。如果 INTP 和 INTN 均被设置为 0，那么 OUT 的变化将不会将 ZCDIF 位置 1，因此不会产生中断。如果 INTP = 1，INTN = 0 时，那么当 OUT 从 0 变成 1 时(即上升沿)，中断标志位 ZCDIF 将被置 1。当 OUT 从 1 变成 0 时(下降沿)，由于 INTN = 0，因此不会将中断标志位 ZCDIF 置 1。如果 INTP = 0，INTN = 1 时，则只有当 OUT 从 1 变成 0 时(即下降沿)，中断标志位 ZCDIF 才会被置 1。如果 INTP 和 INTN 都被设置为 1，那么不管 OUT 值是从 1 变成 0，还是从 0 变成 1，硬件都会将中断标志位 ZCDIF 置 1。

在中断标志位 ZCDIF 置 1 后，要想进入中断服务程序，对应的 ZCD 中断使能位 ZCDIE(位于寄存器 PIE2 中)以及外设中断使能位 PEIE 和全局中断使能位 GIE 都需要设为 1。

### 5.8.2 ZCD 模块的运行

#### 1. ZCD 模块的启动

启动 ZCD 模块的方式有以下两种：

(1) 将配置字 CONFIG2 中的 ZCDDIS 设为 OFF，这样在单片机上电后 ZCD 将自动进入使能状态。

(2) 如果配置字 CONFIG2 中的 ZCDDIS 被设为 ON，那么单片机上电后 ZCD 自动进入禁用状态，此时用户可以通过软件将寄存器 ZCDCON 的 ZCDSEN 位置 1，来启动 ZCD 模块。

#### 2. 休眠模式下 ZCD 的运行

ZCD 启动后，单片机进入睡眠模式不会影响 ZCD 模块的工作。

## 5.9 循环冗余校验模块

在数据传输过程中，由于信道存在噪声干扰、信号碰撞或其他原因，会导致接收方收到错误的数据。另外，用户也可能会遇到诸如本地存储载体老化、EOS 或者误擦写等情况导致数据发生变化的问题。这些问题可能导致系统功能出现异常，甚至出现系统崩溃的严重后果。为了预防此类状况的发生，通常会采用数据校验的方法来检测错误，以保证数据的准确性和完整性。比较常用的数据校验方法包括校验和、奇偶校验、循环冗余校验(Cyclic Redundancy Check，CRC)等，其中，CRC 校验由于检错能力强、速度快、实现的难度适中，因此被广泛地应用在包括数字通信在内的多个领域。

PIC16(L)F18877 系列单片机包含了一个 CRC 模块，它具有以下几个主要的特点：

(1) 可以使用软件配置 CRC 多项式。

(2) 支持手动填充数据寄存器进行 CRC 运算。

(3) 支持在输入数据的尾端自动填充 0。

(4) 可以使用软件来选择输入数据进入移位寄存器的次序。

(5) 支持针对程序存储区的代码扫描。

### 5.9.1 CRC 模块的设置

#### 1. CRC 多项式的设置

CRC 模块的基本工作原理是发送方将数据对某个二进制多项式采用模 2 除法，所得到的余数(也就是 CRC 校验和)将被添加到原数据的末尾以形成新的数据串，然后将新的数据串发送到接收端。接收端在接收完成后用接收到的数据串模 2 除以发送端使用的二进制多项式，如果所得余数为 0，则表示接收数据正确，反之，则表示接收到的数据存在误码。二进制多项式根据其位数的不同可以分为 CRC-8、CRC-16、CRC-32 等，比较常用的 16 位多项式是 CRC-16-ANSI，它可以使用以下多项式来表示：

$$x^{16}+x^{15}+x^{2}+1$$

在硬件上，二进制多项式的除法可以采用线性反馈的移位寄存器来实现，其中的模 2 运算采用无进位的二进制加法和无借位的二进制减法，等同于异或(XOR)操作。

图 5-19 所示是 CRC-16-ANSI 的两个利用移位寄存器进行物理实现的架构框图。

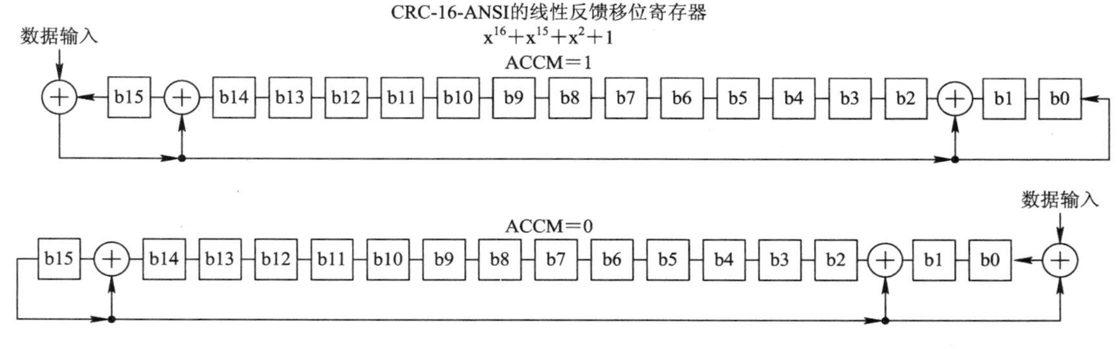


图 5-19　CRC-16-ANSI 的物理实现架构

多项式 $x^{16}+x^{15}+x^{2}+1$ 可以表示为 $1\times(2^{16})+1\times(2^{15})+0\times(2^{14})+0\times(2^{13})+\cdots+0\times(2^{3})+1\times(2^{2})+0\times(2^{1})+1\times(2^{0})$，每个 $2^{n}$ 项的系数可以组合成一个 17 位的二进制数，即 0x18005，由于最高位的系数必须为 1，因此这个多项式可以忽略最高位的 1，仅使用 0x8005 来表示。

CRC 模块包含 CRCXORH 和 CRCXORL 两个 8 位寄存器，用户通过配置这两个寄存器的值来确定 CRC 移位寄存器的结构。以 CRC-16-ANSI 为例，根据之前的介绍，我们知道 CRC-16-ANSI 所对应的 16 进制多项式系数为 0x8005，用户需要将 0x8005 的高八位 0x80 赋给寄存器 CRCXORH，将低八位 0x05 赋给寄存器 CRCXORL，这样就完成了 CRC 多项式所对应的移位寄存器结构的设置。多项式的设置还包括多项式长度的设置，用户通过设置寄存器 CRCCON1 的 PLEN<3:0>来完成此项设置。以 CRC-16-ANSI 为例，因为 CRC-16-ANSI 的多项式是 16 位，因此 PLEN<3:0>的值需要设为 16−1，即 15。

### 2. 数据的相关设置

CRC 数据的设置包括数据长度、数据填充以及数据进入移位寄存器的次序设置。数据长度的设置通过寄存器 CRCCON1 的 DLEN<3:0>来完成。对于 8 位数据，DLEN<3:0>的值需要设为 7。数据填充指的是在数据末尾填充与多项式长度相等的 0，用户通过设置寄存器 CRCCON0 的 ACCM 位来决定是否需要对数据填充 0 之后再进行 CRC 运算。如果 ACCM = 1，则数据末尾将被填充 0，否则就不填充。数据进入移位寄存器的次序有两种选择，当寄存器 CRCCON0 的 SHIFTM = 1 时，数据的低位(LSB)将先进入移位寄存器进行 CRC 运算；如果 SHIFTM = 0，那么数据的高位(MSB)将先进入移位寄存器进行 CRC 运算。

### 3. 功能模式的设置

CRC 模块具有两个功能模式，一个是手动加载数据模式，在这种模式下用户需要先通过软件将数据加载到寄存器 CRCDAT 中，然后启动 CRC 运算。另外一个功能模式是自动扫描单片机程序存储空间模式，该模式自动利用程序空间的代码数据来计算 CRC 校验值，并根据计算得到的结果来判断程序的完整性和有效性。PIC16(L)F18877 系列单片机自带一个硬件 CRC 扫描器，用户可以通过设置扫描起始地址寄存器组 SCANLADRH/SCANLADRL 和结束地址寄存器组 SCANHADRH/SCANHADRL 来确定扫描范围，并通过寄存器 SCANCON0 的 MODE<1:0>位选择扫描模式。CRC 模块将自动使用选定的程序区的代码数据来计算 CRC 校验值。计算完成后，校验值结果保存在寄存器组 CRCACCH/CRCACCL 中，同时中断标志位 CRCIF(位于寄存器 PIR7 中)将被置 1，如果对应的中断使能位 CRCIE(位于寄存器 PIE7 中)、外设中断使能位 PEIE 以及全局中断使能位 GIE 都为 1，那么将会触发 CRC 中断，并进入 CRC 的中断服务程序。

程序空间的自动扫描模式包括以下 4 种：

(1) 同发(Concurrent)模式，即 SCANCON0bits.mode = 0b00。当 CRC 在访问存储空间时，单片机的内核处于停滞状态，但在 CRC 访问存储空间的时间间隙，单片机的内核可以执行程序。

(2) 爆发(Burst)模式，即 SCANCON0bits.mode = 0b01。扫描开始后单片机的内核处于停滞状态，直到扫描结束后单片机的内核才重新开始执行程序。

(3) 窥视(Peek)模式，即 SCANCON0bits.mode = 0b10。扫描操作只有当单片机的内核不访问程序存储器时才会进行，即 CRC 扫描不会影响程序的正常执行。

(4) 触发(Triggered)模式，即 SCANCON0bits.mode = 0b11。它和同发模式类似，不同之处在于同发模式是通过将 SCANGO 位置 1 来启动，而触发模式是通过寄存器 SCANTRIG 指定的特定触发时钟的上升沿来启动。

寄存器 SCANCON0 中的 INTM 位的设置会影响中断和 CRC 扫描的关系。如果 INTM 设为 0，当中断发生后，CRC 扫描仍然可以访问程序存储空间，这可能会影响中断服务程序的开始执行时间和执行速度。如果 INTM 设为 1，那么 CRC 扫描将暂停，等中断服务程序全速执行结束后再恢复 CRC 扫描。另外 CRC 扫描不会影响看门狗的运行，因此如果进行长时间 CRC 扫描，特别是在使用爆发(Burst)模式扫描时，用户需要考虑看门狗复位对 CRC 扫描所产生的影响。

## 5.9.2 CRC 模块的运行

### 1. CRC 模块的使能

用户通过软件将寄存器 CRCCON0 的 EN 位置 1，就可完成 CRC 模块的使能。

### 2. CRC 运算的启动

1) *手动加载数据模式*

当 CRC 模块处于使能状态，并且用户已经完成了多项式和数据的相关设置以及数据已经通过代码加载到了寄存器 CRCDAT，那么用户只需要将寄存器 CRCCON0 的 CRCGO 位置 1 就可以启动 CRC 运算。此时用户可以检测寄存器 CRCCON0 的 FULL 位，如果 FULL 位由 1 变 0，则用户可以加载下一个数据到寄存器 CRCDAT。当所有数据加载完毕，用户可以通过寄存器 CRCCON0 的 BUSY 位来判断整个 CRC 计算是否完成，如果 BUSY = 1，

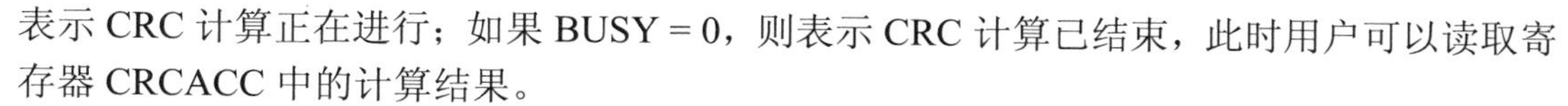


表示 CRC 计算正在进行；如果 BUSY = 0，则表示 CRC 计算已结束，此时用户可以读取寄存器 CRCACC 中的计算结果。

2) *自动扫描单片机程序存储空间模式*

当 CRC 模块处于使能状态，并且用户已经完成了多项式和数据的相关设置、扫描起始地址和结束地址的设置以及扫描模式的设置，那么用户只需要将寄存器 SCANCON0 中的 SCANGO 置 1 就可以启动扫描，在此过程中，所选定的程序区数据会自动加载到寄存器 CRCDAT 中进行 CRC 运算。当完成了所有数据的运算后，或者碰到了非法的程序空间地址，CRC 扫描将停止，SCANGO 位将被自动清零，中断标志位 SCANIF 将被置 1。扫描结果将保存在寄存器 CRCACC 中。

### 5.9.3　CRC 模块的配置步骤示例

以下给出了 CRC 模块的一个配置步骤的示例，供用户参考。

(1) 将寄存器 CRCCON0 的 EN 位置 1，使能 CRC 模块。

(2) 选定 CRC 的多项式，并使用多项式系数来设置寄存器组 CRCXORH/CRCXORL。

(3) 设置寄存器 CRCCON1 中的多项式长度位 PLEN 和数据长度位 DLEN。

(4) 设置寄存器 CRCCON0 中的 ACCM 位和 SHIFTM 位。

ACCM = 1 表示输入数据尾部会填充 0，ACCM = 0 表示输入数据尾部不会填充 0；SHIFTM = 1 表示输入数据的低位(LSB)先进入 CRC 的移位寄存器，SHIFTM = 0 表示输入数据的高位(MSB)先进入 CRC 的移位寄存器。

(5) 如有需要，设置 CRCACC 的种子值(初值)。

(6) 将寄存器 CRCCON0 的 CRCGO 位置 1，启动移位寄存器进行运算。

(7) 如果采用的是手动加载输入数据模式，则：

① 判断寄存器 CRCCON0 的 FULL 位，如果 FULL 位为 0，则可以将数据写入寄存器组 CRCDATH/CRCDATL，写入数据的位数由 DLEN 位决定。

② 重复以上步骤，直至所有输入数据被赋给寄存器组 CRCDATH/CRCDATL。

③ 等待寄存器 CRCCON0 的 BUSY 位变为 0(或者 CRCIF 位变为 1)，即 CRC 运算已经完成。

④ 读取寄存器 CRCACC 中的 CRC 校验值结果。

如果需要进行程序空间扫描，那么除了上述步骤(1)～(5)的设置外，还需要对扫描器进行如下步骤的操作：

(1) 将寄存器 SCANCON0 的 EN 位置 1，使能扫描器。

(2) 设置寄存器 SCANCON0 的 MODE<1:0>位，确定扫描模式。

(3) 设置寄存器 SCANCON0 的 INTM 位，确定中断服务程序和 CRC 扫描的优先级。

(4) 设置寄存器组 SCANLADR 和 SCANHARD，确定扫描的起始地址和结束地址。

(5) 将寄存器 SCANCON0 的 SCANGO 位置 1，启动扫描。

(6) 等待 SCANGO 位和寄存器 CRCCON0 的 BUSY 位都变为 0(或者 SCANIF 和 CRCIF 位都变为 1)，即 CRC 运算已经完成。

(7) 读取寄存器 CRCACC 中的 CRC 校验值结果。

# 5.10 电平变化中断模块

电平变化中断(Interrupt On Change，IOC)模块的功能是通过检测每个引脚上的电平变化来产生中断。在 PIC16(L)F18857/77 系列单片机中，PORTA、PORTB 和 PORTC 的所有引脚以及 PORTE 中的 RE3 引脚均支持电平变化中断。

图 5-20 所示为以 PORTA 为例的电平变化中断电路框图。

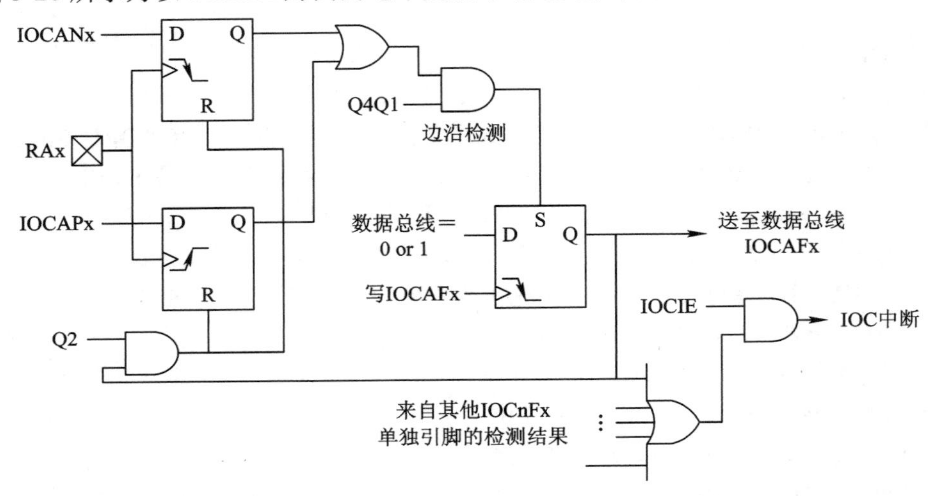


图 5-20 电平变化中断电路框图(以 PORTA 为例)

## 5.10.1 IOC 模块的设置

每个支持 IOC 的引脚，都各自具有一个上升沿检测器和一个下降沿检测器。必须使能引脚的上升沿检测器或下降沿检测器，该引脚才能够检测引脚上相应的电平变化并产生中断。如果引脚的上升沿检测器和下降沿检测器都没有被使能，则该引脚将无法检测引脚上的电平变化。

### 1. 上升沿 IOC 的使能

每个支持 IOC 的 PORT 是通过寄存器 IOCxP 中的 IOCxPy 位来使能或禁止每一位的上升沿中断功能(x 代表 A、B、C 和 E 中的一个字母，与 PORTA、PORTB、PORTC 和 PORTE 相对应。y 代表 0～7 中的一个数字，与一组 PORT 口中第 0 位～第 7 位相对应)。

例如，寄存器 IOCBP 中的 IOCBP5 位对应的是 PORTB 中的 RB5 引脚的上升沿检测器使能控制。如果 IOCBP5 位设为 1，那么当 RB5 引脚上出现上升沿时将触发 IOC 中断。

### 2. 下降沿 IOC 的使能

每个支持 IOC 的 PORT 是通过寄存器 IOCxN 中的 IOCxNy 位来使能或禁止每一位的下

降沿中断功能(x 代表 A、B、C 和 E 中的一个字母，与 PORTA、PORTB、PORTC 和 PORTE 相对应。y 代表 0～7 中的一个数字，与一组 PORT 口中第 0 位～第 7 位相对应)。

例如，寄存器 IOCBN 中的 IOCBN5 位对应的是 PORTB 中的 RB5 引脚的下降沿检测器使能控制。如果 IOCBN5 位设为 1，那么当 RB5 引脚上出现下降沿时将触发 IOC 中断。

#### 3. 上升沿和下降沿 IOC 的同时使能

如果要使某个引脚能够同时检测上升沿和下降沿，并在检测到上升沿和下降沿时都产生中断，那么就要将寄存器 IOCxP 和 IOCxN 中与该引脚相对应的 IOCxPy 和 IOCxNy 位同时置 1。

### 5.10.2　IOC 模块的运行

#### 1. IOC 模块的使能

单片机上电后，IOC 模块处于默认开启状态，但此时 IOC 并不会因为外部引脚发生了电平变化而产生 IOC 中断。如果用户希望 IOC 模块能够检测到某个或某些引脚上发生了电平变化并能够产生 IOC 中断，那么除了设置寄存器 IOCxP 和 IOCxN 来选定需要监测的引脚外，还需要将寄存器 PIE0 中的电平变化中断使能位 IOCIE 置 1。

寄存器 IOCxF 中包含了支持电平变化中断的引脚的中断状态标志位 IOCxFy。当某个使能了 IOC 功能的引脚检测到了期望的电平变化，则该引脚所对应的 IOCxFy 将置 1。IOC 模块带有一个总标志位 IOCIF，只要有任意一个引脚的电平变化中断标志位 IOCxFy 被置 1，那么 IOCIF 就将置 1。如果此时电平变化中断使能位 IOCIE 也为 1，则 IOC 模块将向内核发出中断请求。

#### 2. 休眠状态下 IOC 模块的运行

IOC 可以在休眠状态下继续工作。在休眠状态下，如果中断使能位 IOCIE 为 1，那么当一个或几个使能了 IOC 功能的引脚检测到了所期望的电平变化时，电平变化中断标志位 IOCIF 将被置 1，单片机将被唤醒。

## 5.11　信号测量定时器模块

单片机可以用来测量外部数字信号的一些参数，如脉宽、周期、频率等。低端单片机产品通常需要利用定时器配合端口的边沿检测来测算这些参数，因此会占用较多的片上资源。PIC16(L)F18877 系列单片机带有一个独立的外设，即信号测量定时器(Signal Measurement Timer，SMT)，可以用来方便地测量片外数字信号的脉宽、周期、频率、占空比以及两个信号的边沿时间差等，用户可以直接读取相应的寄存器来快速获得测量结果。图 5-21 所示为 SMT 模块的内部结构的整体框图。

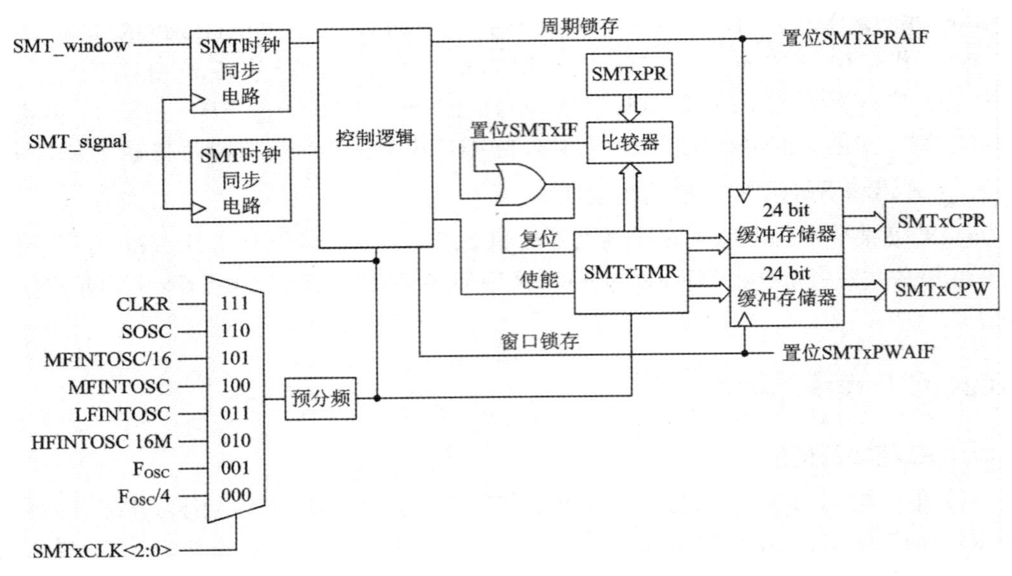


图 5-21　SMT 模块内部结构的整体框图

SMT 模块具有以下几个主要特点：

(1) 24 位可读/写的定时/计数器。

(2) 两个 24 位测量结果捕捉寄存器。

(3) 一个 24 位的周期寄存器。

(4) 多种信号参数测量功能。

(5) 捕捉完成或者周期结束时可以产生中断。

## 5.11.1　SMT 模块的设置

### 1. 计数器时钟源的设置

SMT 模块的核心组件是一个 24 bit 的计数器，它由三个 8 位寄存器 SMTxTMRU、SMTxTMRH 和 SMTxTMRL 级联组成，为输入信号的各种参数测量提供基本的时基。PIC16(L)F18877 系列单片机带有两个独立的 SMT 模块，SMTxTMR 中的 x 代表模块编号，其值为 1 或者 2。

计数器的输入时钟源通过寄存器 SMTxCLK 中的 CSEL<2:0>来选择，可选项可以参看图 5-21。

当 SMTxCON0 中的 EN 位和 SMTxCON1 中的 SMTxGO 位都被置 1 时，计数器被使能并开始对经过预分频的时钟进行累加计数。

SMT 模块还带有一个 24 位的周期寄存器 SMTxPR，当计数器 SMTxTMR=SMTxPR 时，SMT 模块将产生周期匹配中断。另外还有两个缓冲寄存器 SMTxCPW 和 SMTxCPR，分别用来保存捕捉到的脉宽结果和周期结果，或者是由工作模式决定的其他参数结果。

### 2. 输入信号的设置

SMT 模块有两个输入信号，一个是 SMTx_signal，一个是 SMTx_window，这两个输入信号是否参与SMT的工作取决于用户选择的SMT运行模式。SMTx_signal 和 SMTx_window

均有多个选项，它们可以是单片机外部引脚上的信号，也可以是内部其他模块所产生的信号，具体选项可以分别通过寄存器 SMTxSIG 中的 SSEL<4:0>和寄存器 SMTxWIN 的 WSEL<4:0>来选择。

### 3. 运行模式的选择

SMT 模块支持多种运行模式，运行模式通过寄存器 SMTxCON1 中的 MODE<3:0>进行选择，表 5-4 列出了 SMT 支持的所有运行模式。

表 5-4 SMT 工作模式选项

| MODE<3:0> | 运 行 模 式 | 同步操作 |
| --- | --- | --- |
| 0000 | 定时器(Timer) | 是 |
| 0001 | 门控定时器(Gated Timer) | 是 |
| 0010 | 周期和占空比获取(Period and Duty Cycle Acquisition) | 是 |
| 0011 | 高/低电平时长测量(High and Low Time Measurement) | 是 |
| 0100 | 窗体测量(Windowed Measurement) | 是 |
| 0101 | 门控式窗体测量(Gated Windowed Measurement) | 是 |
| 0110 | 飞行时间测量(Time of Flight Measurement) | 是 |
| 0111 | 捕捉(Capture) | 是 |
| 1000 | 计数器(Counter) | 否 |
| 1001 | 门控计数器(Gated Counter) | 否 |
| 1010 | 窗体计数器(Windowed Counter) | 否 |
| 1011～1111 | 保留 | — |

## 5.11.2 SMT 模块的运行

SMT 模块支持多种运行模式，不同的模式完成不同的量测功能。本节将介绍 SMT 常用的三种模式和功能。

### 1. 周期和占空比获取(Period and Duty Cycle Acquisition)模式

此模式用于测量 SMTx_signal 信号的占空比和周期值。在 SMT 模块被使能并且 SMTxGO 被置 1 后，当 SMTx_signal 的电平从无效值变成有效值时，SMTxTMR 开始计数，当 SMTx_signal 上的电平从有效值变成无效值时，SMTxTMR 的当前值被复制到 SMTxCPW 中，同时中断标志位 SMTxPWAIF 被置 1。SMTxTMR 继续计数直到 SMTx_signal 的电平再次从无效值变成有效值，此时 SMTxTMR 的当前值将被复制到寄存器 SMTxCPR 中，同时中断标志位 SMTxPRAIF 被置 1，另外，SMTxTMR 的值会被重置为 0x0000。这样 SMTxCPW 中就保存了 SMTx_signal 信号的占空比值，而 SMTxCPR 则保存了 SMTx_signal 信号的周期值。如果 SMT 模块工作在重复模式下(REPEAT = 1)，那么 SMTx_signal 的后续信号的占空比值和周期值将会按照上述的方式不断被保存到寄存器 SMTxCPW 和 SMTxCPR 中。如果 SMT 模块工作在单次模式下(REPEAT = 0)，那么 SMTx_signal 后续信号的占空比值和周期值将不会被测量和保存。

图 5-22 所示为重复模式下获取 SMTx_signal 的周期和占空比的时序波形。

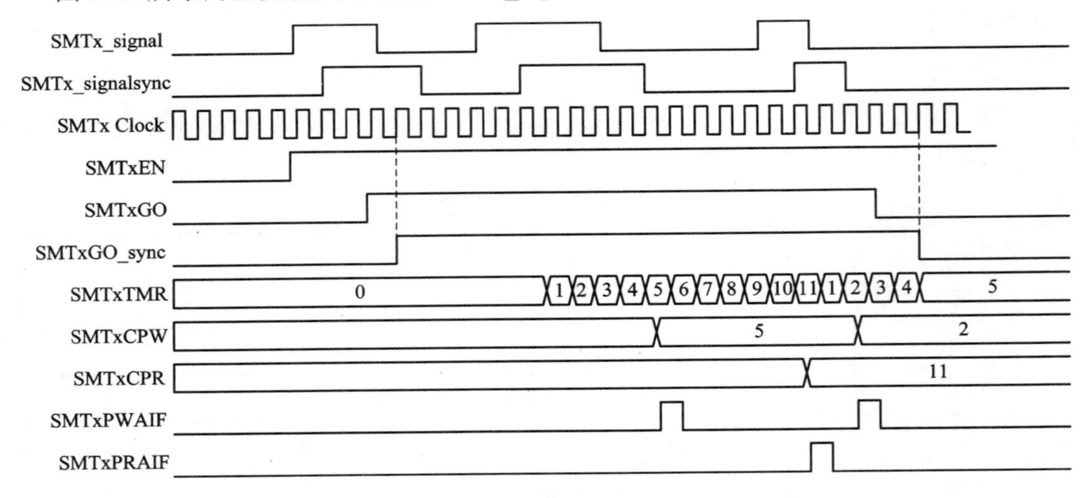


图 5-22　重复模式下获取的周期和占空比的时序波形

图 5-23 给出了单次模式下获取 SMTx_signal 的周期和占空比的时序波形。

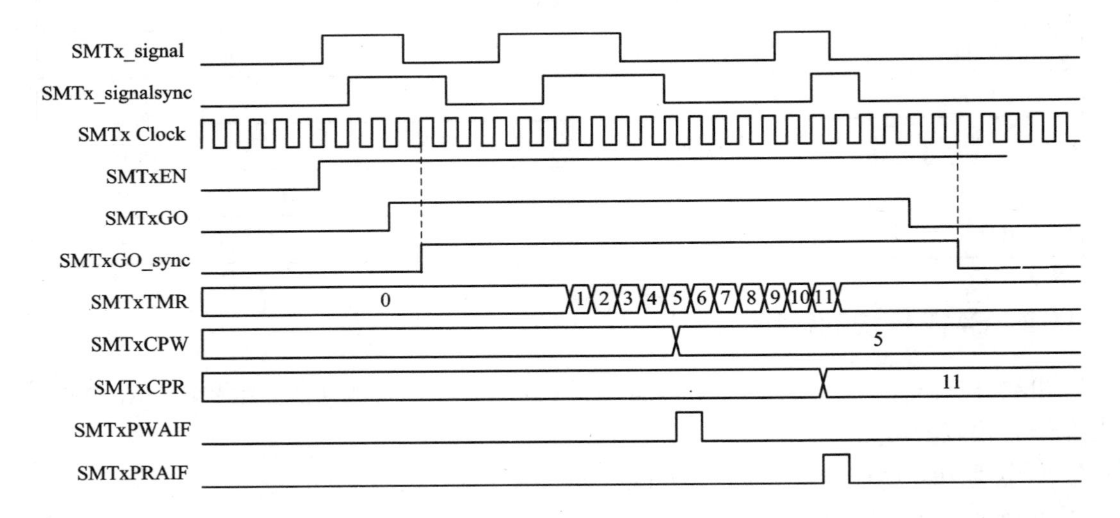


图 5-23　单次模式下获取的周期和占空比的时序波形

### 2. 高/低电平时长测量(High and Low Time Measurement)模式

此模式用于测量 SMTx_signal 信号的相邻高、低脉冲的宽度。在 SMT 模块被使能并且 SMTxGO 被置 1 后，当 SMTx_signal 信号电平从无效值变成有效值时，SMTxTMR 从 0 开始计数，当 SMTx_signal 信号电平从有效值变成无效值时，SMTxTMR 的当前值被复制到寄存器 SMTxCPW 中，同时中断标志位 SMTxPWAIF 被置 1，然后 SMTxTMR 会被重置为 0x0000 并继续累加计数，当 SMTx_signal 信号电平从无效值再次变成有效值时，SMTxTMR 的当前值被复制到寄存器 SMTxCPR 中，同时中断标志位 SMTxPRAIF 将被置 1，然后 SMTxTMR 会被复位为 0。如果 SMT 工作在重复模式下(REPEAT = 1)，以上操作将重复进行。

如果 SMT 工作在单次模式下(REPEAT = 0)，那么仅进行一次相邻的高/低电平时长测量。

图 5-24 所示为重复模式下测量输入信号 SMTx_signal 的相邻高/低电平时长的时序波形。

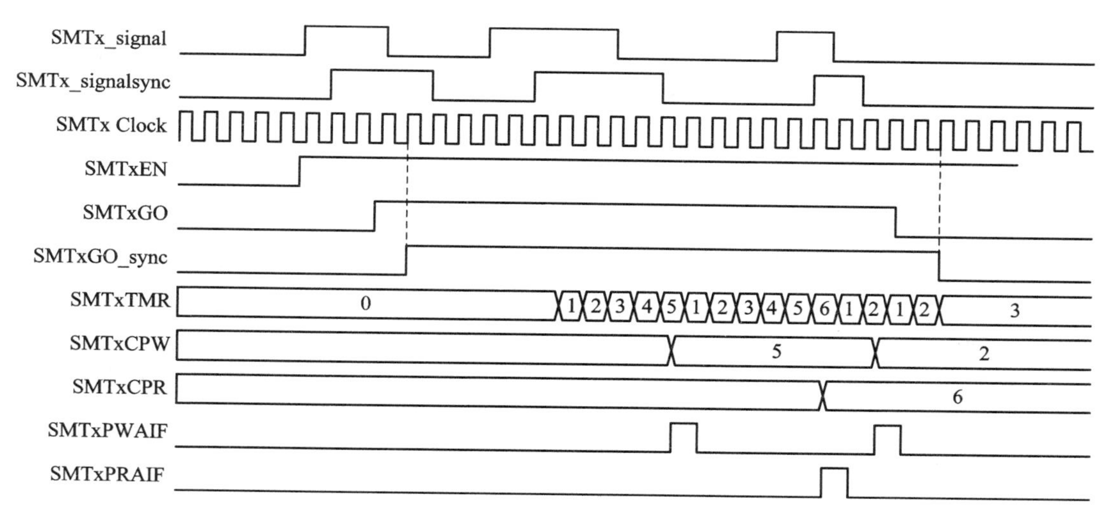


图 5-24　重复模式下的高/低电平时长测量时序波形

图 5-25 所示为单次模式下测量输入信号 SMTx_signal 的相邻高/低电平时长的时序波形。

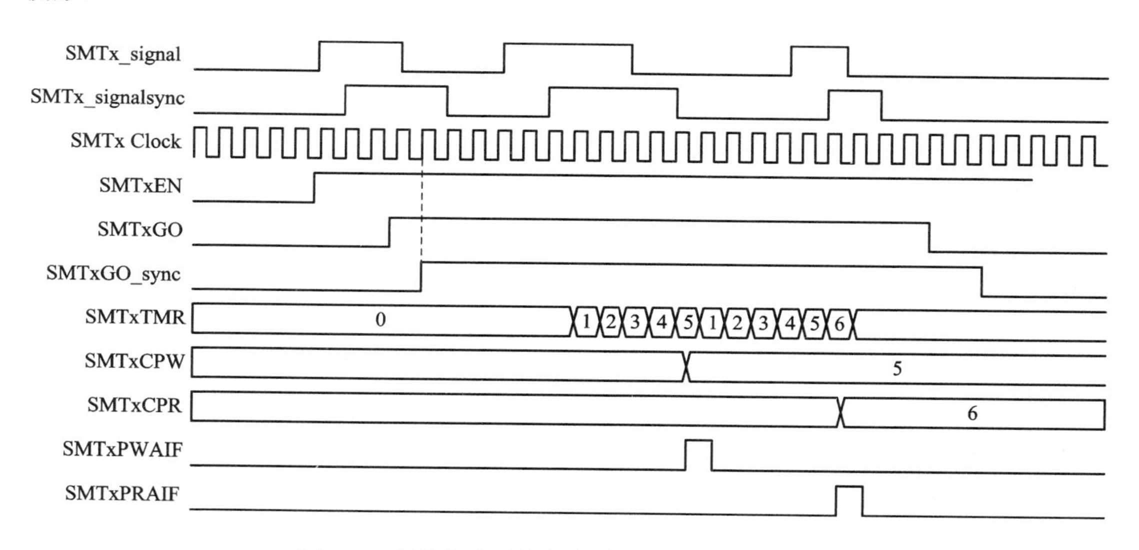


图 5-25　单次模式下的高/低电平时长测量时序波形

### 3. 飞行时间测量(Time of Flight Measurement)模式

此模式用来测量 SMTx_window 有效沿和 SMTx_signal 有效沿之间的时间间距。在 SMT 模块被使能并且 SMTxGO 被置 1 后，当第一个 SMTx_window 有效沿出现时(即 SMTx_window 电平由无效值变成有效值)，SMTxTMR 开始累加计数，直到 SMTx_signal 的有效沿出现(即 SMTx_signal 电平由无效值变成有效值)，此时 SMTxTMR 的当前值被复制到寄存器 SMTxCPR 中，然后清零 SMTxTMR。如果在整个窗口期内 SMTx_signal 的有效沿没有出现，那么在窗口期结束时(即第二个 SMTx_window 有效沿出现)，SMTxTMR 的当前值被复制到寄存器 SMTxCPW 中，然后清零 SMTxTMR，并将中断标志位 SMTxPWAIF 置 1。如果 SMT 工作在重复模式下(REPEAT = 1)，以上操作将重复进行。如果 SMT 工作在单次模式下(REPEAT = 0)，则只进行一次 SMTx_window 信号有效沿和 SMTx_signal 信号有效沿之间的时长测量。

图 5-26 所示为重复模式下测量飞行时间的时序波形。

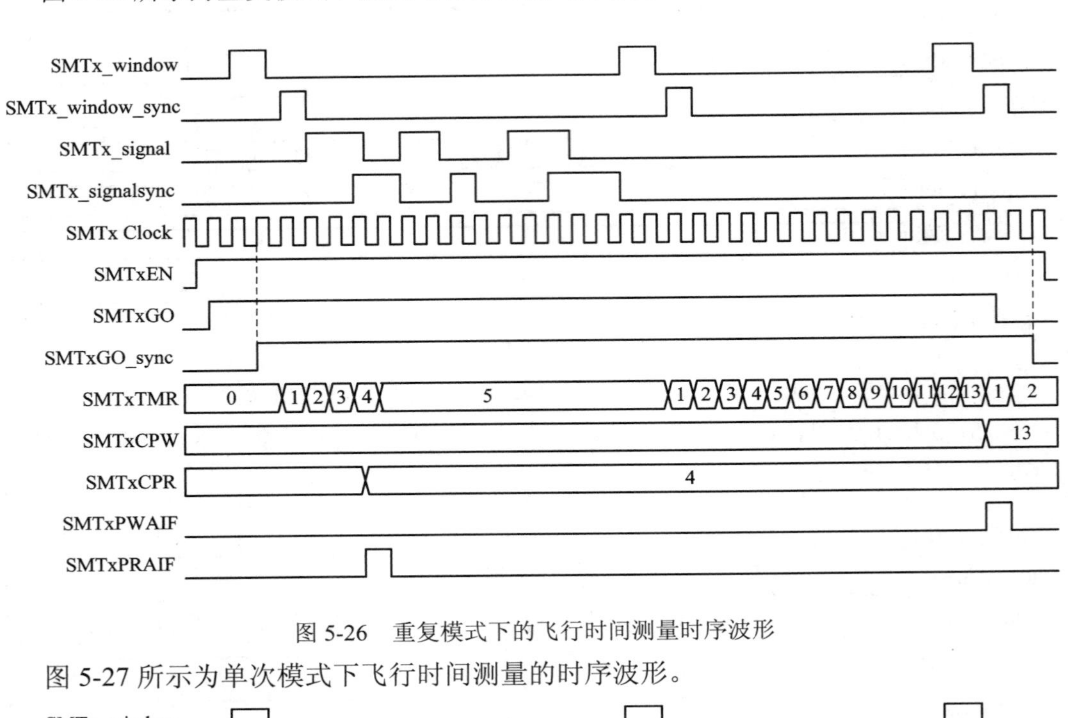


图 5-26 重复模式下的飞行时间测量时序波形

图 5-27 所示为单次模式下飞行时间测量的时序波形。

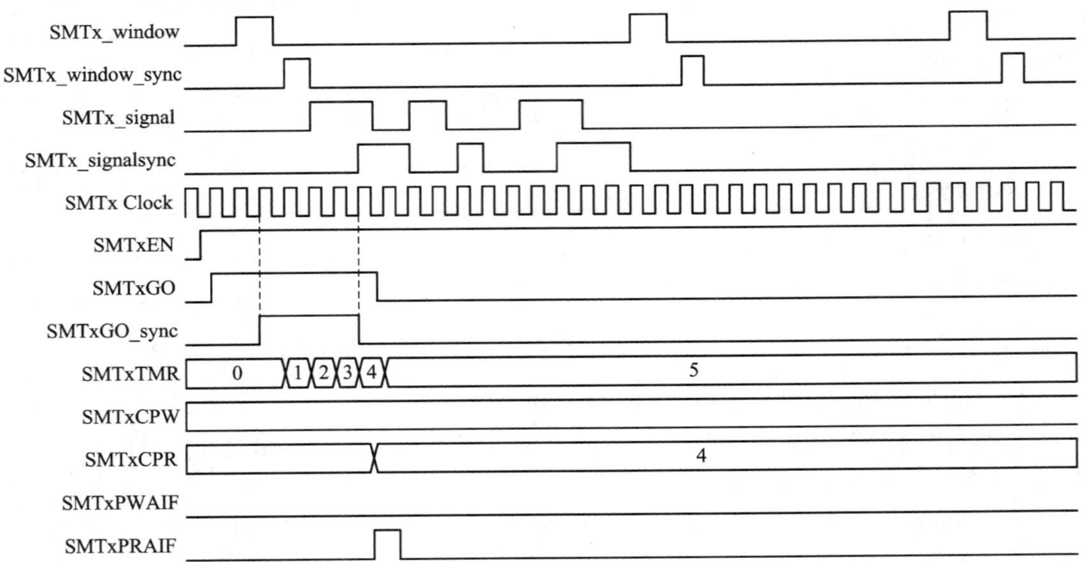


图 5-27 单次模式下的飞行时间测量时序波形

### 5.11.3　SMT 模块的中断

SMT 模块可以触发以下三种中断：

(1) 脉宽捕获中断。

当 SMTxCPW 被更新时，SMT 会将中断标志位 SMTxPWAIF 置 1，表示脉宽捕获完成，它所对应的中断使能位是 SMTxPWAIE。

(2) 周期捕获中断。

当 SMTxCPR 被更新时，SMT 会将中断标志位 SMTxPRAIF 置 1，表示周期值捕获完成，它所对应的中断使能位是 SMTxPRAIE。

(3) 周期匹配中断。

无论 SMT 模块工作在何种模式下，当计数器 SMTxTMR 的值等于周期寄存器 SMTxPR 的值时，中断标志 SMTxIF 位都将被置 1，它所对应的中断使能位是 SMTxIE。

当 SMT 的某个中断标志位被置 1 后，如果其对应的中断使能位、外设中断使能位 PEIE 和全局中断使能位 GIE 均为 1，那么内核将转去执行所对应的中断服务程序。

# 第 6 章 非易失性存储器的 RTSP 编程

非易失性存储器(None Volatile Memory，NVM)分为两种类型，即闪存程序存储器(Program Flash Memory，PFM)和数据 EEPROM 存储器。非易失性存储器上保存的数据不会因为外部供电的移除而消失。数据 EEPROM 由于具有远高于闪存存储器的耐擦写能力，因此 EEPROM 通常用来保存需要经常改变的数据，如程序的参数、运行标识等。对于不带 EEPROM 的单片机，用户也可以利用闪存程序存储器的 RTSP(Run-Time Self-Programming)来模拟 EEPROM 的功能。

PIC16(L)F18877 系列单片机的闪存程序存储器(PFM)包括：

(1) 存储用户指令的程序存储器。程序存储器的大小为 32 k 个字，每个字的位宽为 14 位。

(2) 存储中断向量、用户 ID、版本 ID、器件 ID 和配置字的存储空间。这些存储空间中的每个字的位宽也是 14 位。

NVM 可通过寄存器 FSR 和 INDF 或者寄存器 NVMREG 接口进行访问。稍后将具体介绍如何通过这两种方式访问 NVM。

通过配置字 CONFIG5 中的 $\overline{\text{CP}}$ 位和 $\overline{\text{CPD}}$ 位可以分别对 PFM 和 EEPROM 进行读/写保护设置。当 $\overline{\text{CP}}$ 位为 0 时，将保护 PFM 免受来自片外的读/写访问。当 $\overline{\text{CPD}}$ 位为 0 时，将保护 EEPROM 免受来自片外的读/写访问。但 $\overline{\text{CP}}$ 位和 $\overline{\text{CPD}}$ 位的设置不影响外部编程器对 PFM 和 EEPROM 进行整片擦除，$\overline{\text{CP}}$ 位和 $\overline{\text{CPD}}$ 位也只能通过外部编程器对 CONFIG 配置字进行擦除来重置。

通过配置字 CONFIG4 中的闪存程序存储器自写/自擦除保护位 WRT<1:0>可以对 32k 字的程序存储器中的全部或部分地址进行自写/自擦除保护设置。WRT<1:0>的设置不会影响外部编程器对 PFM 进行读/写/擦除操作，$\overline{\text{CP}}$ 位和 $\overline{\text{CPD}}$ 位的设置也不会影响用户代码对 NVM 的自写和自擦除功能。表 6-1 列出了 WRT<1:0>位的数值和写保护区域大小的关系。

**表 6-1　WRT<1:0>位和被保护地址的对应关系**

| WRT<1:0> | 自写/自擦除保护的地址范围 |
|---|---|
| 11 | 32 k 字的程序存储器未被保护，可以对全部地址进行自写/自擦除操作 |
| 10 | 地址 0x0000～0x01FF 被保护，禁止对该地址段进行自写/自擦除操作<br>地址 0x0200～0x7FFF 可以进行自写/自擦除操作 |
| 01 | 地址 0x0000～0x3FFF 被保护，禁止对该地址段进行自写/自擦除操作<br>地址 0x4000～0x7FFF 可进行自写/自擦除操作 |
| 00 | 地址 0x0000～0x7FFF 被保护，禁止对 32 k 字的程序存储器进行自写/自擦除操作 |

# 6.1 闪存程序存储器

闪存程序存储器(PFM)可用于存储用户的程序指令和自定义的数据。闪存程序存储器中的内容可通过以下方式进行读/写/擦除：

(1) CPU 取指(只读)。

(2) 使用 FSR/INDF 间接访问(只读)。

(3) 使用 NVMREG 访问(通过程序软件来进行读/写/擦除)。

(4) 使用在线串行编程(通过 ICSP 接口由外部编程器进行读/写/擦除)。

读操作是以单个 14 位的字(Word)为单位，每次从一个地址中读取一个字。写和擦除操作都是以行(Row)为基础，要进行写和擦除操作，需要了解程序存储器的结构。程序存储器是按行(Row)排列的，每一行都包含 32 个 14 位的字。行(Row)是可以通过用户软件擦除的最小单位。写操作是以字(Word)为单位按行写入，每次可以在一行中写入一个或多个字，每次可以写入的最大字数由片内写锁存器的数量决定。表 6-2 列出了 PIC16(L)F18877 系列单片机的 PFM 的相关参数。

表 6-2　PIC16(L)F18877 系列单片机的 PFM 的相关参数

| | 每一行中的字数 | 写锁存器的个数 | 程序空间的总字数 |
|---|---|---|---|
| PIC16(L)F18877 | 32 | 32 | 32 768 |

PIC16(L)F18877 系列单片机内有 32 个 14 位的写锁存器。要写入 PFM 的数据将被首先写入这些写锁存器中。但是这些写锁存器不能直接访问，必须通过寄存器组 NVMDATH:NVMDATL 才能将数据加载到写锁存器里。如果要对先前已编程过的行进行修改，必须先对该行进行擦除。但在擦除之前应先读取该行的整行内容并保存到 RAM 中。然后，可以将要修改的新数据和不需要修改的保留数据写入写锁存器，再对该行重新编程。

# 6.2 数据 EEPROM 存储器

PIC16(L)F18877 系列单片机的 EEPROM 存储器大小为 256 个字节，可存储用户定义的 8 位数据。EEPROM 可通过以下方式读/写：

(1) 使用 FSR/INDF 间接访问(只读)。

(2) 使用 NVMREG 接口访问(通过程序软件来进行读/写)。

(3) 使用在线串行编程(通过 ICSP 接口由外部编程器进行读/写)。

与 PFM 不同的是，EEPROM 可逐字节写入和读取，而 PFM 必须按行写入。

## 6.3 使用 NVMREG 接口对 NVM 进行访问

用户对 NVM 进行访问的最常用方式是通过 NVMREG 接口。使用 FSR/INDF 的方式只能对 PFM 和 EEPROM 进行读操作，无法进行写操作，而且无法访问单片机的任意一个 ID 区和配置字区。使用 NVMREG 接口不仅可以对 PFM 和 EEPROM 进行读/写操作，也可以对配置字区、器件 ID 和版本 ID 进行读操作以及对用户 ID 进行读/写操作。本节将介绍通过 NVMREG 接口对 NVM 进行读/写访问的具体方法。

### 1. 通过寄存器 NVMREG 接口访问 NVM

要使用 NVMREG 接口访问 NVM 存储单元，用户首先要设置 NVM 控制寄存器 NVMCON1 中的 NVM 区域选择位 NVMREGS，以选择要访问的 NVM 区域。如果打算访问程序存储器，应将 NVMREGS 位设为 0；如果打算访问用户 ID、版本 ID、器件 ID、配置字或 EEPROM，则应将 NMVREGS 位设为 1。表 6-3 列出了 NVM 的构成和使用 NVMREG 可以访问 NVM 的区域和权限。

表 6-3　NVM 构成和 NVMREG 访问区域和权限

| 存储器功能 | 存储器类型 | ICSP 接口地址 | NVMREGS 位 | NVMREG 访问类型 | NVMREG 地址 NVMADR<14:0> |
|---|---|---|---|---|---|
| 程序存储器 | PFM | 0000h～7FFFh | 0 | 读/写/擦除 | 0000h～7FFFh |
| 用户 ID | PFM | 8000h～8003h | 1 | 读/写 | 8000h～8003h |
| 版本 ID | PFM | 8005h | 1 | 只读 | 8005h |
| 器件 ID | PFM | 8006h | 1 | 只读 | 8006h |
| 配置字 1～5 | PFM | 8007h～800Bh | 1 | 只读 | 8007h～800Bh |
| EEPROM | EEPROM | F000h～F0FFh | 1 | 读/写 | F000h～F0FFh |

### 2. 通过 NVMREG 接口读闪存程序存储器

从闪存程序存储器读取数据的步骤如下：

(1) 将寄存器 NVMCON1 中的 NVMREGS 位清零，选择 PFM 作为访问对象。

(2) 将所要读的地址写入 NVM 地址寄存器组 NVMADRH:NVMADRL。

(3) 将 NVM 控制寄存器 NVMCON1 中的读控制位 RD 置 1 以启动读操作。

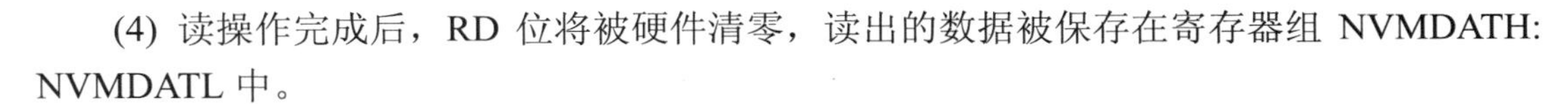

(4) 读操作完成后，RD 位将被硬件清零，读出的数据被保存在寄存器组 NVMDATH: NVMDATL 中。

### 3. NVM 解锁序列

如果要使用 NVMREG 接口对 NVM 存储单元进行写或者擦除，则在启动写或擦除操作前，必须先执行一个“解锁序列”。解锁序列是一种用于保护 NVM 免于被意外写入或擦除的机制，用户代码在执行解锁序列指令时不能被打断，否则解锁无效。解锁序列由以下步骤组成并且必须按照以下顺序完成：

(1) 先将 55h 写入 NVM 控制寄存器 NVMCON2。

(2) 再将 AAh 写入 NVM 控制寄存器 NVMCON2。

(3) 最后将 NVM 控制寄存器 NVMCON1 中的写控制位 WR 置 1，启动写/擦除操作。

由于在执行解锁序列的过程中不能被打断，所以在执行解锁序列之前应先禁止全局中断(即 GIE 需要设为 0)，等到解锁序列指令全部完成之后再重新允许中断。在 WR 位置 1 后，单片机的内核会暂停内部操作直到写/擦除操作完成后才继续执行下一条指令。

### 4. 通过 NVMREG 接口擦除闪存程序存储器

在写闪存程序存储器之前，要写入的地址必须是已被擦除或先前未被写过的。因此，在写闪存程序存储器之前，一般都需要先对目标区域进行擦除操作。要完成擦除操作，用户需要首先将寄存器 NVMCON1 中的 FREE 位置 1，然后才能将 WR 位置 1 来执行擦除动作。闪存程序存储器每次只能擦除一行(Row)。擦除一行的步骤如下：

(1) 将寄存器 NVMCON1 中的 NVMREGS 位清零，以选择 PFM 作为操作对象。

(2) 将所要擦除的地址写入 NVM 地址寄存器组 NVMADRH:NVMADRL，写入的地址将对齐到行的边界。

(3) 将寄存器 NVMCON1 中的 FREE 位以及编程/擦除使能位 WREN 都置 1。

(4) 执行 NVM 解锁序列，启动擦除操作。

如果要擦除的闪存程序存储器地址在配置位 WRT<1:0>中设置了自擦除保护，则 WR 位将被清零且不会发生擦除操作。当启动擦除闪存程序存储器操作后，单片机的内核操作将暂停，直到擦除操作完成。当擦除操作完成时，NVM 中断标志位 NVMIF 将置 1，如果 NVM 中断使能位 NVMIE 也置 1，则将发生 NVM 中断。擦除操作不会改变写锁存器中的数据，NVMCON1 中的编程/擦除使能位 WREN 位也将保持不变。

### 5. 通过 NVMREG 接口写闪存程序存储器

闪存程序存储器每次可以按行写入一个或多个字。每次可以写入的最多字数等于片内写锁存器的数量。在 PIC16F18877 系列单片机中有 32 个写锁存器。写锁存器与由地址寄存器组 NVMADRH:NVMADRL 的高十位(NVMADRH<6:0>:NVMADRL<7:5>)定义的程序存储器行地址边界对齐，地址寄存器 NVMADRL 的低五位(NVMADRL<4:0>)决定要加载的写锁存器。写操作不会跨越行边界。当闪存程序存储器写操作完成后，写锁存器中的数据会复位为 0x3FFF。图 6-1 所示为写入锁存器和目标闪存程序存储器地址的关系。

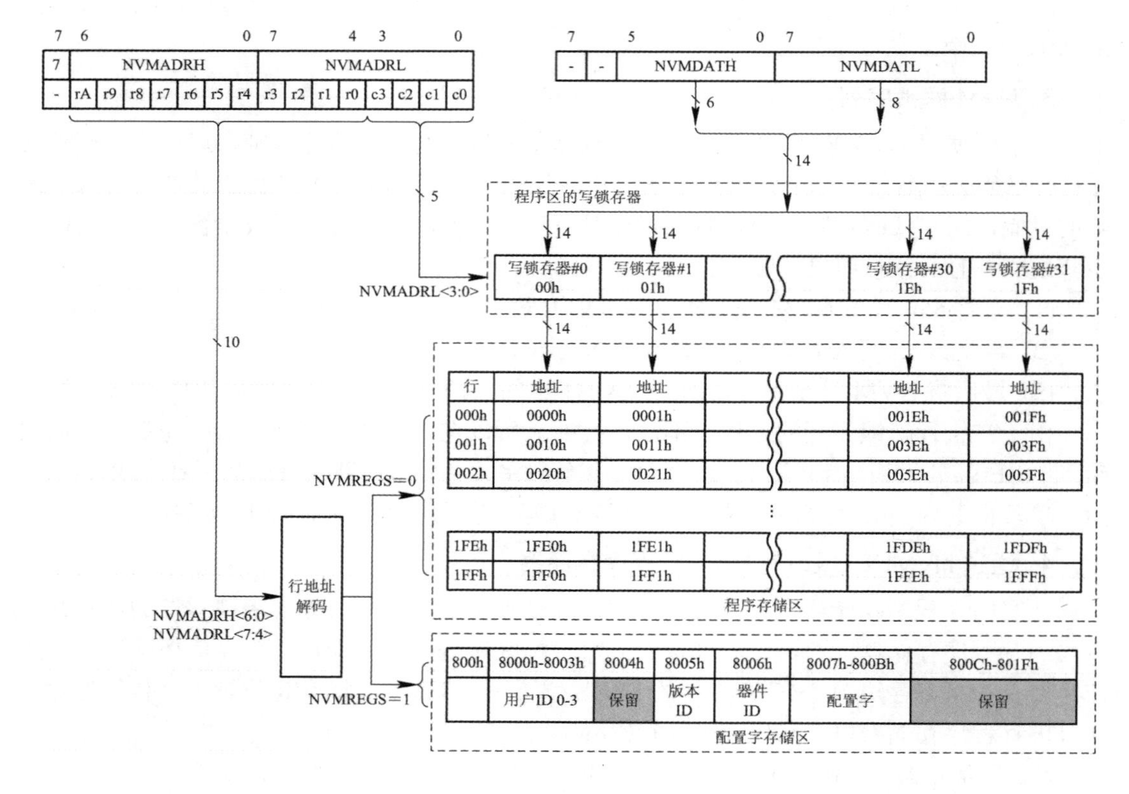


图 6-1　写入锁存器和目标闪存程序存储器地址的关系

要将数据装入写锁存器并对闪存程序存储器的一行进行编程，需要完成以下两个步骤。首先，将 NVM 控制寄存器 NVMCON1 中的“仅加载写锁存器控制位 LWLO”置为 1，使用 NVM 解锁序列，将来自数据寄存器组 NVMDATH:NVMDATL 的数据装入对应的写锁存器。当要装入写锁存器的最后一个数据字就绪时，将“仅加载写锁存器控制位 LWLO”清零并再次执行解锁序列，启动写操作，将所有写锁存器中的内容写入闪存程序存储器。

写闪存程序存储器步骤如下：

(1) 将寄存器 NVMCON1 的 WREN 位置 1，允许写/擦除操作。

(2) 将寄存器 NVMCON1 的 NVMREGS 位清零，选择 PFM 作为访问对象。

(3) 将寄存器 NVMCON1 的 LWLO 位置 1，表示当 WR 位置 1 时 NVMDATH:NVMDATL 中的数据将被装入写锁存器，而不会启动对闪存程序存储器的写操作。

(4) 将所要写入的地址装入寄存器组 NVMADRH:NVMADRL。

(5) 将所要写入的数据装入寄存器组 NVMDATH:NVMDATL。

(6) 执行解锁序列，将数据装入写锁存器。

(7) 递增寄存器组 NVMADRH:NVMADRL，使之指向下一个存储地址。

(8) 重复步骤(5)～步骤(7)，直到除了最后一个要写入的数据之外的所有数据都已装入写锁存器为止。

(9) 将寄存器 NVMCON1 的 LWLO 位清零。

(10) 将最后一个要写入的数据装入寄存器组 NVMDATH:NVMDATL。

(11) 执行解锁序列。此时，最后一个写入的数据和所有前面已装入写锁存器的数据会被写入闪存程序存储器中。

### 6. 通过 NVMREG 接口访问 EEPROM、用户 ID、版本 ID、器件 ID 和配置字

通过 NVMREG 接口访问 EEPROM、用户 ID、版本 ID、器件 ID 和配置字的方法和通过 NVMREG 接口对闪存程序存储器进行读/擦除/写的方法相似，不同之处在于要将寄存器 NVMCON1 中的 NVMREGS 位置 1，将 EEPROM、各种 ID 以及配置字作为访问对象。NVMREG 访问 EEPROM、用户 ID、版本 ID、器件 ID 和配置字的地址及权限可参考表 6-3。

下面以 NVMREG 接口访问 EEPROM 为例来说明通过 NVMREG 接口对 EEPROM、用户 ID、版本 ID、器件 ID 和配置字区域访问的方法。通过 NVMREG 对 EEPROM 进行写操作的步骤如下：

(1) 将 NVM 区域选择位 NVMREGS 置 1，选择访问 EEPROM。

(2) 将编程/擦除使能位 WREN 位置 1。

(3) 将所要写的 EEPROM 地址(偏移地址+基地址 F000h)写入 NVM 地址寄存器组 NVMADRH:NVMADRL。

(4) 将要写入 EEPROM 的数据装入寄存器 NVMDATL。

(5) 执行 NVM 解锁序列，启动写/擦除操作。

通过 NVMREG 接口对 EEPROM 进行读操作的步骤如下：

(1) 将要读取的 EEPROM 目标地址赋给寄存器组 NVMADRH:NVMADRL。

(2) 将 NVM 区域选择位 NVMREGS 置 1，选择访问 EEPROM。

(3) 将寄存器 NVMCON1 中的 RD 位置 1，启动读操作。

(4) 读取寄存器 NVMDATL，获得 EEPROM 中的值。

# 第 7 章 低功耗设计

节能减耗是当今世界的一大热门主题，也是电子产品的发展方向。对于嵌入式系统来说，低功耗尤为重要。通常来说，嵌入式应用在灵活性、长效性、便携性等方面都有很高的要求，低功耗是达到这些要求的必要条件之一。研发人员在针对嵌入式系统进行低功耗设计时要考虑系统中的每个部件的功耗情况和特点，并通过优化组合的方式来达到最优的系统功耗。单片机作为嵌入式系统的核心部件，它的功耗通常会占据整个系统功耗的大部分，因此低功耗设计的重点将围绕单片机展开。

## 7.1 功耗的分类

单片机的功耗可以分为两大类，一类称为动态功耗，一类称为静态功耗。动态功耗指的是单片机正常执行任务时所消耗的能量，包括内核的功耗、各种外设的功耗、I/O 口的功耗以及模拟器件的偏置电流损耗等，如 A/D 转换器或者振荡器的功耗。静态功耗指的是单片机在没有执行任务的情况下消耗的能量，它主要包括漏电流、看门狗、欠压复位电路、低电压振荡器等的功耗。图 7-1 所示为单片机在不同的状态下所消耗的电流情况。当单片机正常工作时，它所消耗的电流(即动态电流)，远远高于单片机处于低功耗模式时所消耗的静态电流。

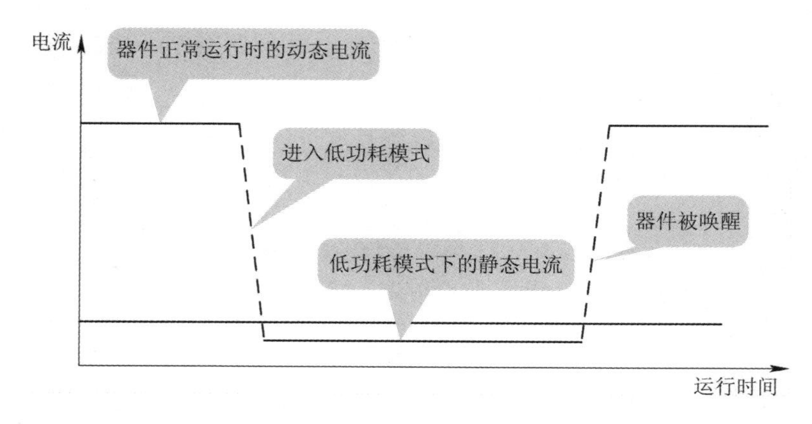


图 7-1　单片机的工作状态和电流的对应关系

1. 动态功耗

动态功耗主要是由 CMOS 电路开关所引起的能耗，下面以图 7-2 中的反相器电路为例来作一个说明。

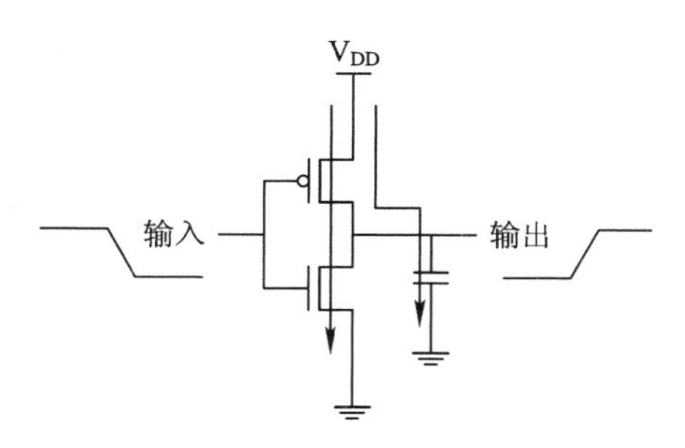

图 7-2　反相器电路结构

当反相器的输入电压为 $V_{DD}$ 时，反相器下面的 NMOS 管导通，上面的 PMOS 管截止。当反相器的输入电压为 0 时，反相器的 NMOS 管截止，PMOS 管导通。因此当反相器的输入电压固定为 $V_{DD}$ 或 0 时，反相器都有一个 MOS 管处于截止状态，所以反相器只消耗很小的漏电流。但是当输入信号在从 $V_{DD}$ 到 0 切换，或者从 0 到 $V_{DD}$ 切换时，NMOS 管和 PMOS 管会在某段时间内同时被偏置到线性区，因此在 $V_{DD}$ 和地之间形成了电流通路。另外反相器在输出端有寄生电容和负载电容，当输入信号在 $V_{DD}$ 和 0 之间来回切换时，输出端的电容也会不断充电和放电，从而导致电流消耗。对于单一的门电路来说，电容上的平均动态功耗可以由以下公式来计算：

$$P = V^2 \times f \times C$$

其中，V 是系统电压，f 是电路开关频率，C 是输出端总电容。

由以上公式可以看出，平均动态功耗和系统电压、电路开关频率以及输出端总电容相关，其中，电压变化对功耗的影响更大，因为电压对功耗的影响是指数级的。由于输出端总电容值 C 是由硬件决定的，因此用户可以考虑使用低电压以及低频时钟来降低系统的动态功耗。

2. 静态功耗

静态功耗指的是单片机不执行任务时消耗的能量，此时系统时钟不工作，所消耗的功率仅仅维持系统保持最基本的状态。对于电池供电的应用，静态功耗是一个十分重要的耗能指标。虽然看门狗电路也需要时钟并存在门电路动态开关操作，但由于此时钟是固定的低频率时钟，且功耗很低，因此看门狗的功耗通常作为静态功耗的一部分。静态功耗所包含的漏电流大小会受到工作电压、环境温度和芯片生产工艺的影响。工作电压越高，环境温度越高，MOS 管的线宽越小，漏极和源极之间的漏电流越大。单片机在高温高压和窄线宽的情况下漏电流可以达到 μA 级别。

## 7.2　低功耗设计的原则、考虑因素和模式

### 7.2.1　低功耗设计的原则

根据器件的动态功耗和静态功耗的形成机制以及两者在总功耗中所占的比重，低功耗设计的基本原则是：

(1) 尽量使内核在最短的时间内完成需要完成的操作，然后将单片机置于低功耗模式

(休眠(Sleep)，空闲(Idle)或者打盹(Doze))下。

(2) 关闭所有不需要使用的外设模块。

(3) 选择采用低功耗技术的产品。

(4) 通过优化软件和硬件来降低系统整体功耗。

(5) 如有必要，测量静态功耗以及各种工作状况下的动态功耗，综合设计低功耗方案来满足功耗预算要求。

### 7.2.2 低功耗设计的考虑因素

#### 1. 通信外设的选择

单片机一般具有多种通信外设，如 UART、MSSP(SPI、$I^2C$)等。很多用户会直观地认为 UART 的功耗最小，因为用到的 I/O 口数量少，数据传输速率低。而实际情况并非如此，虽然在数据传输过程中 MSSP 消耗的功率可能大于 UART，但系统可以在 MSSP 快速完成数据传输后进入休眠模式，因此使用 MSSP 时的系统整体功耗反而小于使用 UART 时的整体功耗。表 7-1 是一个单片机串行通信的功耗估值对比表。

**表 7-1 串行通信的功耗估值对比**

| 串行通信 | 电流/μA | 发送 10 字节所需时间/ms | 总电荷 μA × ms |
|---|---|---|---|
| UART(57.6k) | 200 | 1.74 | 347.22 |
| $I^2C^{TM}$(400 kHz) | 1000 | 0.25 | 250.00 |
| SPI(4 MHz) | 700 | 0.02 | 14.00 |

从表 7-1 可以看出，对于相同的数据发送任务，SPI 所消耗的能量最少，$I^2C$ 次之，而速率最低的 UART 实际消耗的能量最多。

#### 2. A/D 转换器

A/D 转换器的功耗大部分集中在参考电压电路、信号放大器、信号缓冲器等上面，而且这些电路功耗随频率的变化不大，因此 A/D 转换尽量选择小的 Tad 并且采样时间尽可能短(但仍需要满足电气规范中的最小值要求)，这样有利于降低 A/D 转换器的功耗。

#### 3. 欠压复位(BOR)

欠压复位电路用于防止 $V_{DD}$ 电压下降到一定程度后导致程序发生误操作。要保证欠压复位电路正常工作通常需要十几个微安的电流。通过以下方式可以降低欠压复位电路的功耗：

1) 在休眠模式下自动禁止 BOR

较新的 PIC 单片机通常在配置字中提供了在休眠模式下自动禁止 BOR 的选项。BOR 的主要目的是防止程序误操作，而在休眠模式下程序停止执行，因此没有多大必要保持 BOR 处于工作状态，BOR 电路只需要在器件被唤醒后恢复工作即可。

2) 使用低功耗 BOR 模块

很多较新的 PIC 单片机产品带有低功耗欠压复位模块(LPBOR)，它的功耗一般可以达到 0.5 μA 以下，大大低于普通 BOR 模块的功耗。

#### 4. 唤醒时间

器件在唤醒过程中的功耗和器件正常运行时的功耗相差不大，因此对于唤醒后在很短时间内就能完成任务处理的应用来说，唤醒过程所消耗的能量在总的功耗中所占的比例将不可忽视。由于内部 RC 振荡器的起振速度远快于外部晶振，因此用户可以考虑使用双速启动的模式，即唤醒过程中首先使用起振速度快的内部时钟来执行指令，等外部晶振稳定后再自动切换回外部时钟。目前双速启动只支持 PIC18 系列的产品。

#### 5. 软件优化

软件优化对降低功耗的重要性不亚于选择一个采用低功耗技术或者具有其他硬件优化功能的产品。以下就是几个利用软件优化来实现功耗降低的应用场景：

(1) 对于一个利用 A/D 转换器将外部传感器的模拟输出信号转换为数字信号，并将转换结果保存到片内 FLASH 的应用，如果每完成一次 A/D 转换后都将结果写入 FLASH，那么这种方式所产生的功耗远远高于多次 A/D 转换完成后再使用 page write 方式将转换结果一次性写入 FLASH 的方式所产生的功耗，因为后者大大降低了写 FLASH 的次数，而 FLASH 的写操作会消耗大量的能量。

(2) 很多用户经常会利用轮询的方式来检测某个事件的状态，例如：

```
while(!ADCCInterruptFlag);
```

这条指令将循环读取中断标志寄存器的值来判断 ADCC 是否产生了中断信号，因此单片机时钟处于全速运行状态。如将上述语句改成：

```
while(!ADCCInterruptFlag)
  {
       Idle( ); //使能空闲
  }
```

那么单片机在检测到没有 ADCC 中断标志后会立即让内核进入空闲模式，直到 ADCC 模块产生中断将内核从空闲状态拉出。上述这两种方法实现了同样的功能，但后者的功耗将大大低于前者的功耗。

(3) 由于汇编语言赋予了开发者对单片机更多的直接控制能力，因此使用汇编语言从原则上讲更有利于开发者进行功耗控制，但前提是开发者具备足够的经验。对于中大型项目以及经验不是很充足的开发者，使用 C 语言进行编程不仅可以改善项目的移植性和维护性，而且可以通过 C 编译器的优化功能来消除功能上可能存在的一些潜在风险，并实现系统功耗的优化。

#### 6. 硬件设计

对于低功耗系统来说，硬件上的不当处理也会严重影响系统的功耗指标，以下列出了部分硬件设计时需要注意的问题：

1) 按键

按键通常用来作为嵌入式系统和人之间的信息交换接口。相对于单片机的速度而言，人的按键动作是一个很慢的操作过程，至少也需要几百毫秒。假设上拉电阻的大小为 10 kΩ，人的一个按键动作将至少产生时间为几百毫秒，电流值约为几百微安的放电过程，这对要求低功耗的系统来说是必须要考虑的问题。加大上拉电阻的阻值可以降低放电的电流值，但也会降低抗干扰能力，同时由于时间常数的增加，按键上的电压变化会变得缓慢。比较好的一个按键设计方案是使用 I/O 口的片内上拉电阻，因为这个电阻可以通过软件来使能和禁止，当按键检测完成后，用户软件可以将片内上拉电阻移除，从而降低通过片内上拉电阻传导到地的电流。

2) LED

和按键类似，LED 的功耗在对低功耗有要求的设计中同样需要关注。LED 的功耗通常在 2～50 mA 左右，用户可以考虑使用 PWM 来控制它的亮度，以达到降低功耗的目的。另外增大限流电阻的阻值也是一种解决方法，对于比较新的高亮度、高效率的 LED 产品，当电流降到远低于额定值时，仍然可以让 LED 保持足够的亮度。

3) 未使用的数字 I/O 口

当未使用的数字 I/O 口处于悬空状态时，内部数字缓冲区的 MOS 管会被偏置到线性区，从而引起较大的功耗。因此对于未使用的数字 I/O 口，用户可以将它们设为输出脚，输出电平为 0，同时使用一个 10 kΩ 的电阻连接到地，或者将输出电平设为 1，同时使用一个 10 kΩ 的电阻连接到 $V_{DD}$。如果数字 I/O 口与模拟脚复用，也可以将 I/O 口设为模拟输入口，因为模拟输入口具有高电阻特性，可以帮助降低功耗。

4) 外部上拉电阻的阻值选择

有的单片机外设需要使用外部上拉电阻才能实现外设功能，比如 $I^2C$ 模块。这些上拉电阻的存在会导致系统功耗的增加。用户可以提高上拉电阻的阻值来降低流过电阻的电流，但是这种做法会影响 $I^2C$ 的通信速率，因此用户需要根据系统对 $I^2C$ 的功能要求来合理选择上拉电阻的大小。

5) 电容的漏电流

任何电容都或多或少地存在漏电流现象。对于常用的几种电容，它们的漏电性能又不尽相同。通常情况下，电解电容的漏电流最大，其次是胆电容，然后是陶瓷电容，最后是薄膜电容。

### 7.2.3 PIC16(L)F18877 系列单片机的低功耗模式

PIC16(L)F18877 系列单片机提供了以下四种低功耗模式供用户选择：

#### 1. 休眠(Sleep)模式

当寄存器 CPUDOZE 的 IDLEN = 0 时，运行 SLEEP 指令将使单片机进入休眠模式，此时系统时钟将被禁止，状态寄存器 STATUS 的 $\overline{PD}$ 位将被清零，表示有休眠事件发生。在休眠模式下，除了不需要使用时钟的外设，使用 SOSC，HFINTOSC 和 LFINTOSC 的外设以及使用自身专用时钟的外设可以继续工作外，其余外设将停止工作。

要将单片机从休眠状态唤醒，可以通过复位信号(MCLR、POR、BOR)、外部中断、外设中断以及看门狗来完成。复位信号除了唤醒单片机外还将导致芯片复位，而剩下的三种方式在唤醒单片机后，单片机将从休眠指令后的第一条指令开始恢复执行。如果用户希望某个外设中断能够将单片机从休眠中唤醒，那么此外设的中断使能位必须置 1，另外，绝大部分外设还需要同时将寄存器 INTCON 中的外设中断使能位 PEIE 置 1(详情请参看第 4

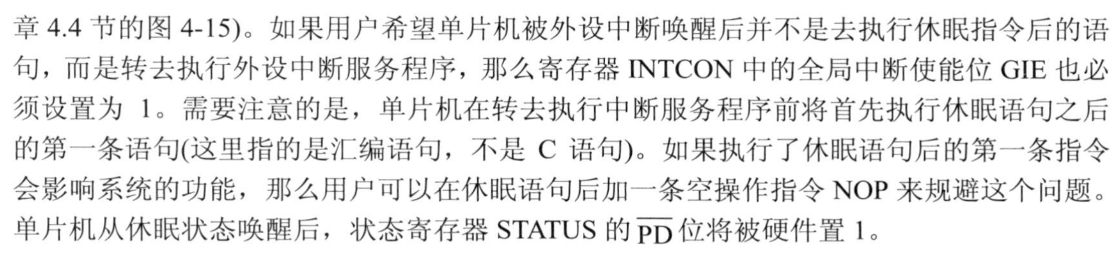

章 4.4 节的图 4-15)。如果用户希望单片机被外设中断唤醒后并不是去执行休眠指令后的语句，而是转去执行外设中断服务程序，那么寄存器 INTCON 中的全局中断使能位 GIE 也必须设置为 1。需要注意的是，单片机在转去执行中断服务程序前将首先执行休眠语句之后的第一条语句(这里指的是汇编语句，不是 C 语句)。如果执行了休眠语句后的第一条指令会影响系统的功能，那么用户可以在休眠语句后加一条空操作指令 NOP 来规避这个问题。单片机从休眠状态唤醒后，状态寄存器 STATUS 的 $\overline{PD}$ 位将被硬件置 1。

为了进一步降低功耗，PIC16(L)F18877 系列单片机还提供了低功耗休眠模式。要使用这种休眠模式，用户需要将寄存器 VREGCON 中的 VREGPM 位置 1。

**2. 空闲(Idle)模式**

当寄存器 CPUDOZE 的 IDLEN = 1 时，运行 SLEEP 指令将使单片机进入空闲模式。空闲模式和休眠模式的相同之处是内核以及程序存储器处于停工状态，不同之处在于系统时钟在空闲模式下仍然处于工作状态，因此外设的工作状态不受影响。外设中断和看门狗溢出可以使单片机终止空闲模式，并转入正常工作模式。

**3. 打盹(Doze)模式**

当寄存器 CPUDOZE 的 DOZEN = 1 时，系统进入打盹模式。此时内核不再是全速运行，而是根据寄存器 CPUDOZE 中的 DOZE<2:0>的比例值降频运行。在打盹模式下，如果产生了外设中断，那么当 ROI 位(位于寄存器 CPUDOZE 中)等于 0 时，内核将采用 DOZE<2:0>设定的降频值执行中断服务程序；如果 ROI 位等于 1，则 DOZEN 位将被清零，内核采用全速方式执行中断服务程序。当中断服务程序运行完毕，单片机将根据寄存器 CPUDOZE 中的 DOE 位的值来决定退出中断服务程序后内核的运行速度，如果 DOE = 1，则 DOZEN 位被置 1，内核采用降频方式执行后续程序；如果 DOE = 0，则 DOZEN 的值保持原值不变。

**4. 外设模块禁用(PMD)模式**

单片机上电后外设模块的默认状态是使能状态，对于不需要使用的模块，用户可以通过寄存器 PMD 来禁用这些模块。外设模块在寄存器 PMD 中所对应位的上电默认初始值是 0，即外设处于使能状态。如果用户通过代码将模块对应位的值设为 1，则该模块处于禁用状态，此时模块的输入时钟和控制输入被禁止，模块处于复位状态，所有输出被禁止，相关的特殊功能寄存器也无法读写，此时外设功耗被降到最低限度。

低功耗设计是嵌入式应用的发展要求和方向，同时也是一个复杂的系统工程。影响系统功耗的因素众多，而且很多因素彼此之间互相制约、相互影响，一个有效的功率控制方案往往是对于各种因素进行平衡折中的结果。测量静态电流以及各种状态下的动态电流，开展精细化功率预算，对于优化系统功耗具有重要的现实意义。

# 第 8 章 MPLAB 代码配置器

MPLAB 代码配置器(MPLAB Code Configurator，MCC)是 MPLAB X IDE 中的一个插件，用于帮助用户配置 Microchip 单片机及生成代码。MCC 只能在 MPLAB X IDE 中启动，并且在启动 MCC 之前必须先在 MPLAB X IDE 中创建并打开一个已经存在的项目。因为 MCC 需要事先知道项目中使用的是哪一款型号的 Microchip 单片机，然后才能访问特定于该型号单片机的信息，如寄存器、配置位、引脚分配等。

MCC 提供了一个免费的图形化环境，通过 MCC 的图形用户界面可以方便地对项目中使用的单片机上的各个外设进行配置，并按照配置生成外设的 C 语言初始化代码和控制外设的 C 语言驱动代码。此外，MCC 中还支持一些软件库和外部组件，通过 MCC 的图形用户界面也可以对这些软件库和外部组件进行配置并生成相应的 C 语言代码。MCC 生成的外设初始化代码、驱动代码、软件库和外部组件代码都会无缝插入到 MPLAB X IDE 的活动项目中。MCC 为用户对单片机进行配置和开发提供了一种简单的方法。

目前 MCC 支持 Microchip 的 8 位、16 位和 32 位单片机，包括 PIC、AVR、SAM 系列单片机和 dsPIC 系列数字信号控制器。

## 8.1 MCC 的安装

MCC 需要在 MPLAB X IDE 的 Plugins 窗口中进行安装，具体的安装方法有以下两种。

### 1. 安装方法 1

在 Plugins 窗口中进行在线联网安装，具体步骤如下：

(1) 在 MPLAB X IDE 中，单击菜单 Tools→Plugins，打开 Plugins 窗口。

(2) 在 Plugins 窗口中，单击 Available Plugins 选项卡，如图 8-1 所示。

(3) 在 Available Plugins 中，选择 MPLAB Code Configurator，然后单击 Install 按钮。

(4) 插件安装程序打开。单击下一步，然后检查条款和协议。完成此步骤后，插件安装程序将开始下载 MCC 插件。

(5) 完成 MCC 插件下载后，将要求重新启动 MPLAB X IDE。重启 MPLAB X IDE 后，插件安装完成。

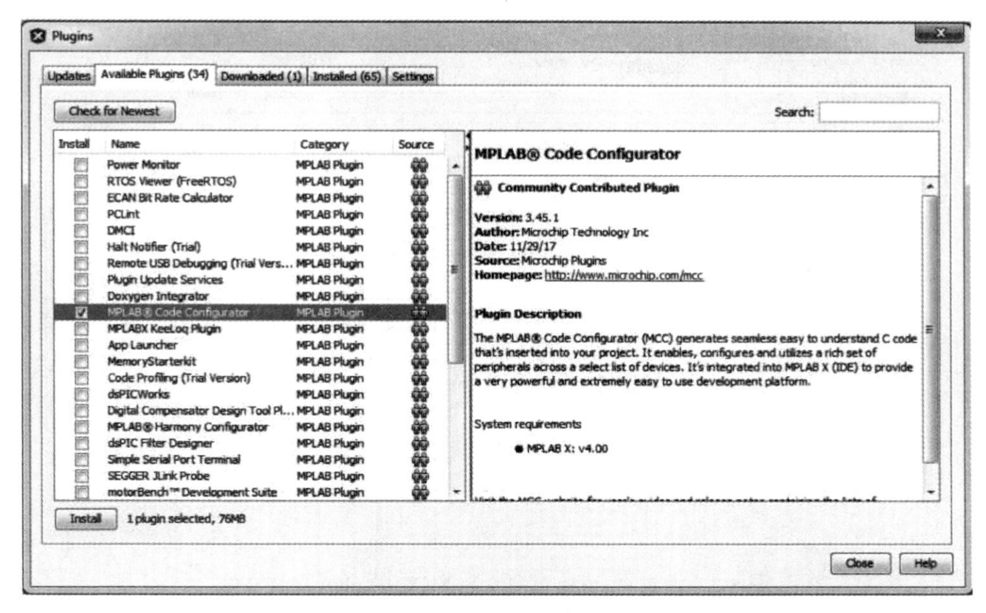


图 8-1　Plugins 窗口

## 2. 安装方法 2

从 Microchip 网站下载 MCC 安装文件，在本地进行安装，具体步骤如下：

(1) 从 Microchip 网站下载 MCC 插件的安装文件。打开 www.microchip.com/mcc 网页，找到 MCC Current Download，下载当前版本 MCC 的安装文件，如图 8-2 所示。

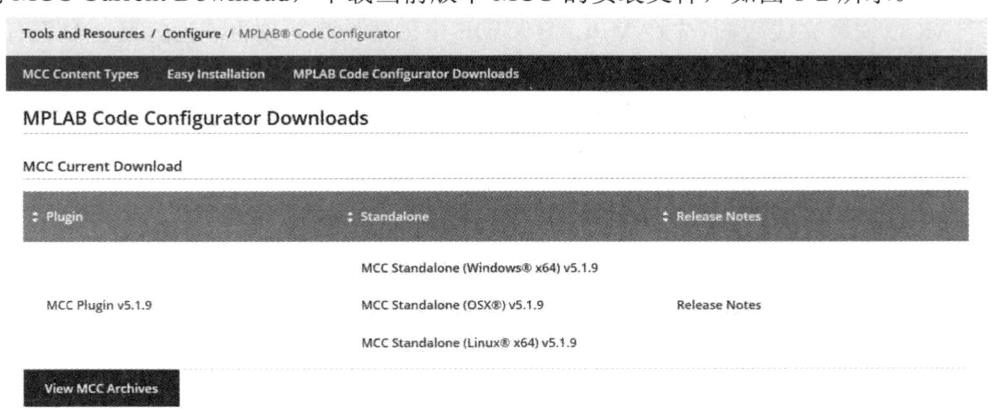


图 8-2　MCC 下载网页

(2) 下载完成后，将下载的 zip 文件解压，其中包含了.nbm 文件。

(3) 在 MPLAB X IDE 中，单击菜单 Tools→Plugins，打开 Plugins 窗口。

(4) 在 Plugins 窗口中，单击 Downloaded 选项卡，如图 8-3 所示。

(5) 在 Downloaded 选项卡中，单击 Add Plugins...按钮。

(6) 浏览本地文件夹，导航到解压下载的.zip 文件的文件夹，在其中选择.nbm 文件。

(7) 单击 Install 按钮，开始安装。

(8) 安装过程要求重新启动 MPLAB X IDE。重启 MPLAB X IDE 后，MCC 安装完成。

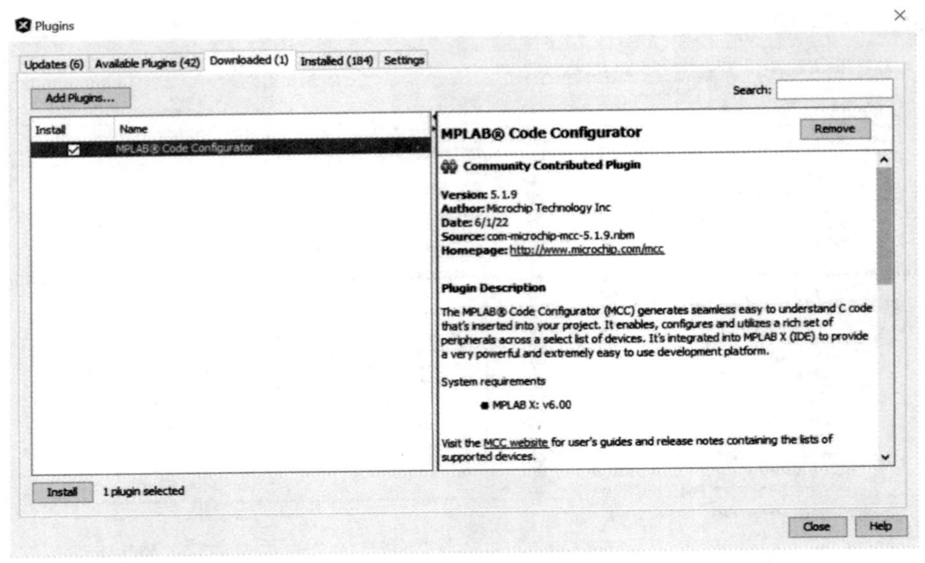


图 8-3　通过 Plugins 窗口安装 MCC 的.nbm 安装文件

## 8.2　MCC 的启动

当 MCC 安装完成后，首先在 MPLAB X IDE 中创建一个新项目或者打开一个已有的项目，然后通过 MPLAB X IDE 的菜单 Tools→Embedded→MPLAB Code Configurator xx: Open/Close，或者单击 MPLAB X IDE 工具栏上的 MCC 图标，启动 MCC，如图 8-4 所示。

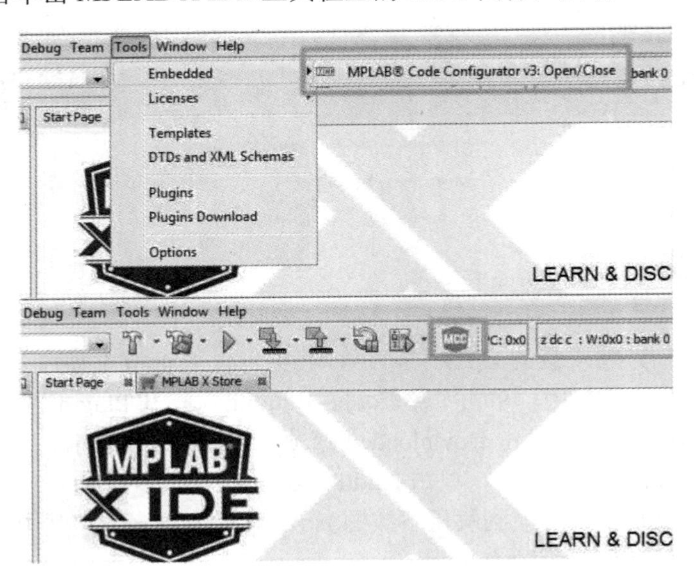


图 8-4　在 X IDE 中启动 MCC

当在 MPLAB X IDE 项目中首次启动 MCC 时，MCC 会产生一个后缀名为.mc3 的 MCC 配置文件，保存在项目目录中，如图 8-5 所示。当首次启动 MCC 后，这个 MCC 配置文件会被添加到 MPLAB X IDE 项目树的 Important Files 目录中。

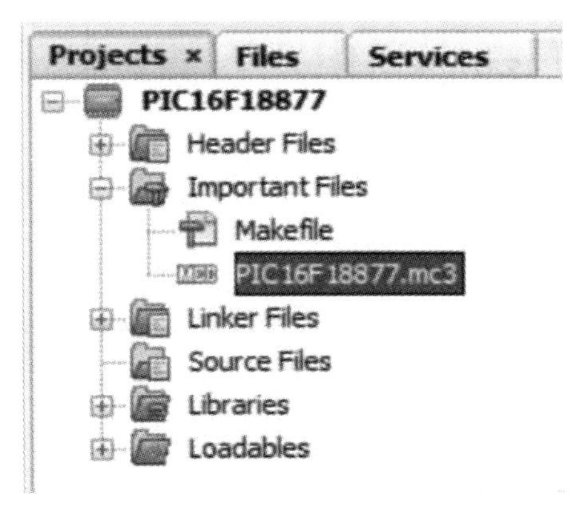


图 8-5　MCC 配置文件*.mc3

目前 MCC 包含三种内容类型：MCC Classic、MCC Melody 和 MPLAB Harmony。在项目中首次启动 MCC 时，会出现 MCC 内容管理器窗口，允许用户在 MCC Classic、MCC Melody 和 MPLAB Harmony 内容类型之间进行选择(即选择特定版本的组件模块和库用于 MCC 项目)，如图 8-6 所示。

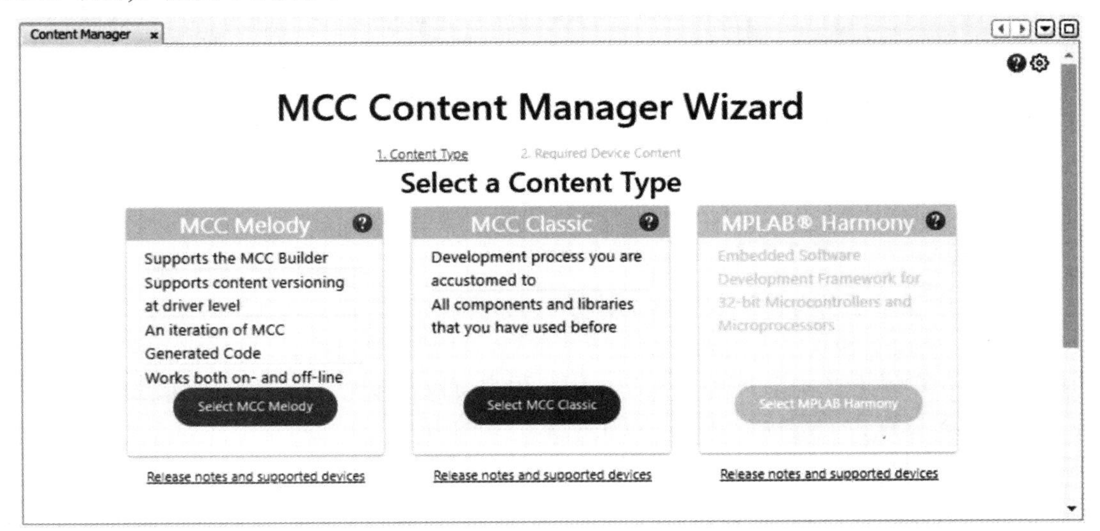


图 8-6　在项目中首次启动 MCC 后的选项

MCC Classic、MCC Melody 和 MPLAB Harmony 都是为嵌入式软件的开发提供应用程序库和系统及外设驱动程序。MCC Classic 是 MPLAB 代码配置器的原始插件和用户界面。MCC Melody 是一种新型 MCC。它具有一个结构化的关系管理器(MCC Builder)，可以清晰地显示项目中组件的相关依赖关系和上下文。MPLAB Harmony 为 Microchip 32 位单片机开发嵌入式软件提供了芯片支持包(CSP)、核心硬件抽象库、广泛的中间件和图形配置工具。MPLAB Harmony 只有在基于 32 位单片机的项目中才可选。

下面将以 MCC Classic 为例来详细介绍 MCC。

## 8.3 MCC Classic 的用户界面和操作区域

MCC Classic 的用户界面如图 8-7 所示。

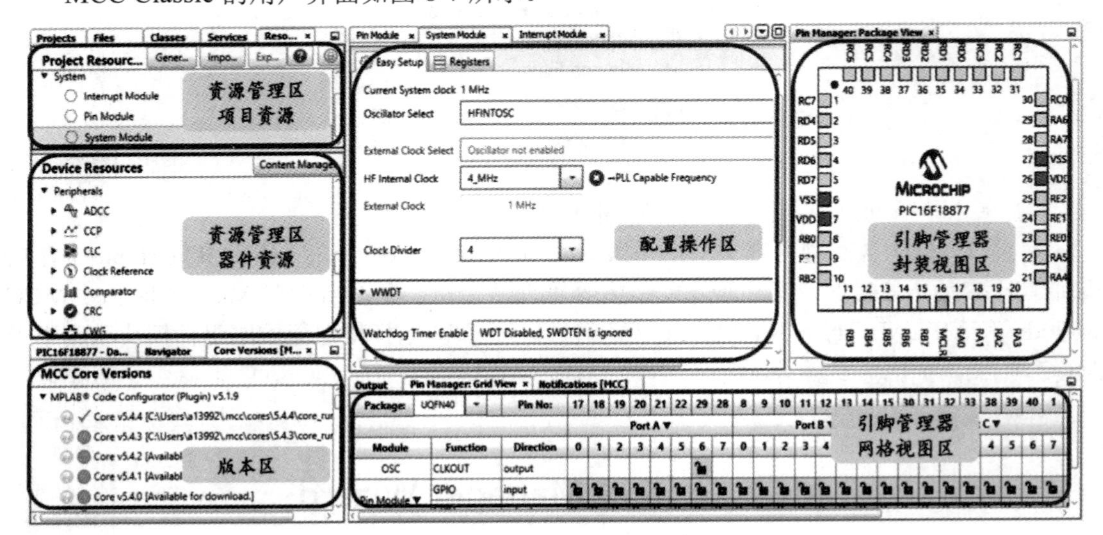


图 8-7　MCC Classic 用户界面

MCC Classic 的用户界面包含以下几个主要的操作区域：

### 1. 版本区

版本区中显示了所有已安装在本地计算机上、可以与当前项目所选的器件一起使用的 MCC 内核、外设库和软件库的列表及其版本信息。对于当前项目所选的器件，可能会有多个版本的 MCC 内核、外设库和软件库可用。用户可以在多个可用版本之间选择切换。当前加载的版本以绿色勾选标记显示，可用但未加载的版本以灰色圆圈显示，不可用的版本以红色圆形反斜杠符号显示。

### 2. 资源管理区

资源管理区中包含了“项目资源”和“器件资源”两个分区。在“器件资源”分区中根据“版本区”中加载的库，列出了当前 MCC 项目中所用器件的所有可用片上外设、库和外部组件。在“器件资源”分区中双击某个外设、库或者外部组件的名称时，就会将它从“器件资源”分区移动添加到“项目资源”分区中，同时将相关的 I/O 引脚添加到“引脚管理器区”。

在“项目资源”分区中显示的是在当前 MCC 项目中被选中的需要使用并配置的片上外设、库和外部组件。“项目资源”分区中有 3 个默认选中的模块：System Module、Pin

Module 和 Interrupt Module(系统模块、引脚模块和中断模块)。其他在项目中需要使用的外设、库和外部组件，可通过在“器件资源”分区中双击其名称进行选中并添加到“项目资源”分区。

图 8-8 所示为在“器件资源”分区中选中 EUSART 外设并将其添加到“项目资源”分区的一个示例。EUSART 外设被添加到“项目资源”分区后，EUSART 相关的 I/O 引脚同时被添加到了“引脚管理器区”，如图 8-9 所示。

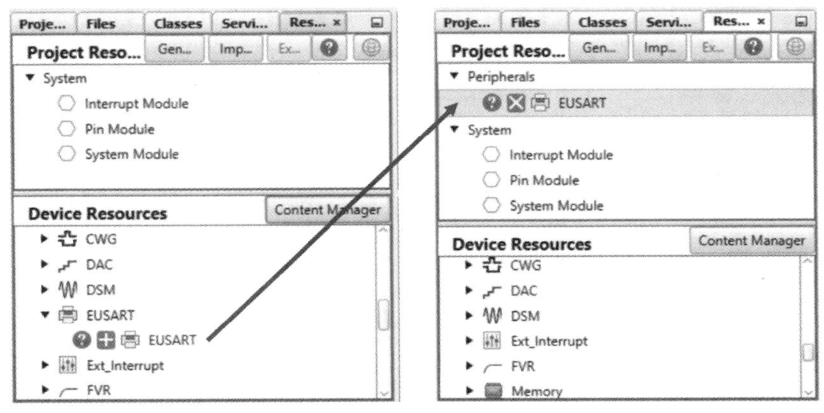


图 8-8　MCC 中添加 EUART 外设示例

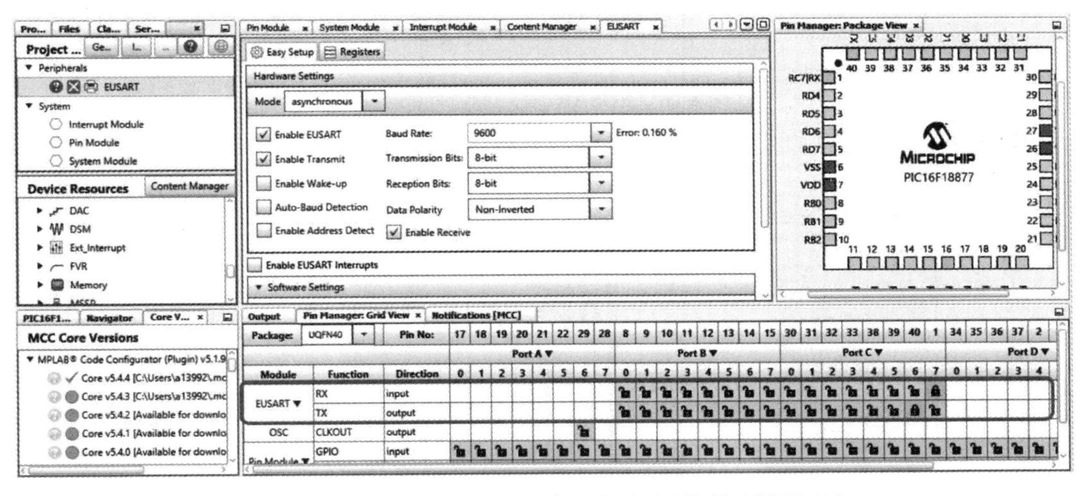


图 8-9　添加 EUSART 到项目资源分区后引脚管理器的变化

单击“项目资源”分区中某个外设、库或外部组件名称左侧的红色 X 按钮，可以将该项从“项目资源”分区中删除。“项目资源”分区中默认选中的系统模块、引脚模块和中断模块无法从“项目资源”分区中删除。

在“项目资源”分区中选中某个外设、库或外部组件，其相应的配置界面将显示在配置操作区域中。用户可以根据应用要求，在配置操作区域中完成对选中的外设、库或外部组件的配置。

### 3. 配置操作区

配置操作区是用于对外设、库或外部组件进行配置的主要区域。该区域为用户提供配置外设、库或外部组件的图形界面。对于在“项目资源”分区中被选中的外设、库或外部组件，其相关的全部可配置选项都会显示在配置操作区中，供用户进行设置。

例如，如果在“项目资源”分区中选中 EUSART 外设，那么在配置操作区中就会显示 EUSART 的用户配置界面。在 EUSART 的用户配置界面中有 Easy Setup 和 Registers 两个选项卡。Easy Setup(快速设置)选项卡允许配置与发送和接收操作相关的各种 EUSART 参数，如图 8-10 所示。

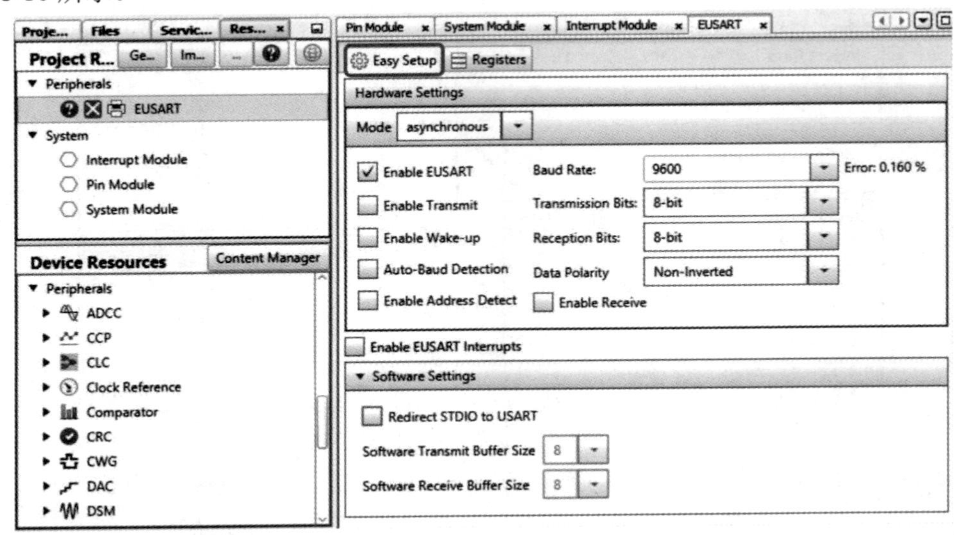

图 8-10　EUSART 的 Easy Setup 界面

Registers 选项卡允许用户直接对 EUSART 模块的所有特殊功能寄存器进行配置，如图 8-11 所示。

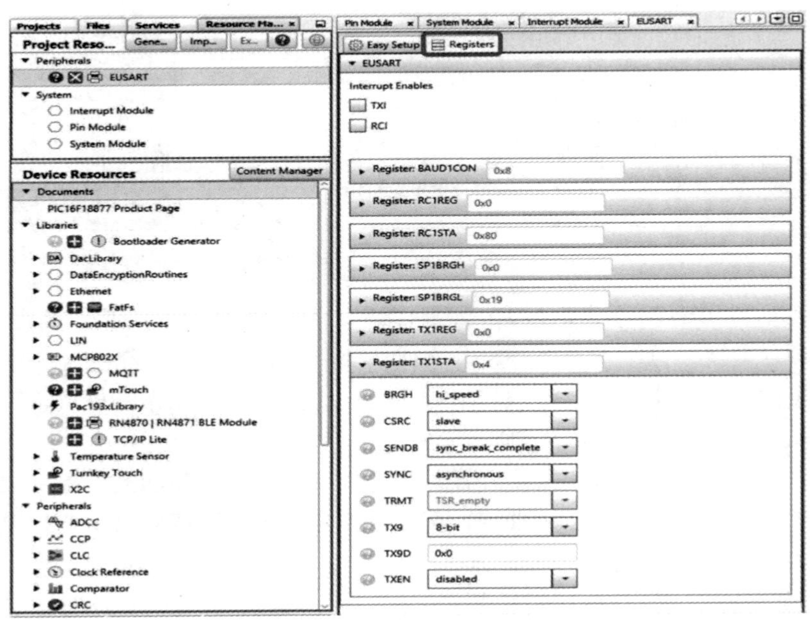

图 8-11　EUSART 的 Registers 配置界面

Easy Setup 选项卡用于配置模块的常用特性。Registers 选项卡允许用户无限制地配置模块的所有特性。在 Easy Setup 选项卡中所作的配置将反映在 Registers 选项卡中对应寄存器的显示值中。同样地，在 Registers 选项卡中所作的配置也将反映在 Easy Setup 选项卡中对应选项的配置显示中。

#### 4. 引脚管理器网格视图区

引脚管理器网格视图区提供了一个用于配置器件引脚功能的网格化界面。网格视图区最左边三列分别表示模块的名称(Module)、引脚的功能名称(Function)和引脚的输入或输出方向(Direction)，如图 8-12 所示。

Pin Manager: Grid View ×　Notifications [MCC]

| Package: PDIP40 | | Pin No: | 2 | 3 | 4 | 5 | 6 | 7 | 14 | 13 | 33 | 34 | 35 | 36 | 37 | 38 | 39 | 40 | 15 | 16 | 17 | 18 | 23 | 24 | 25 | 26 | 19 | 20 | 21 | 22 | 27 |
| --- | --- | --- | --- | --- | --- | --- | --- | --- | --- | --- | --- | --- | --- | --- | --- | --- | --- | --- | --- | --- | --- | --- | --- | --- | --- | --- | --- | --- | --- | --- | --- |
| | | | Port A ▼ | | | | | | | | Port B ▼ | | | | | | | | Port C ▼ | | | | | | | | Port D ▼ | | | | |
| Module | Function | Direction | 0 | 1 | 2 | 3 | 4 | 5 | 6 | 7 | 0 | 1 | 2 | 3 | 4 | 5 | 6 | 7 | 0 | 1 | 2 | 3 | 4 | 5 | 6 | 7 | 0 | 1 | 2 | 3 | 4 |
| EUSART ▼ | RX | input | | | | | | | | | | | | | | | | | | | | | | | | | | | | | |
| | TX | output | | | | | | | | | | | | | | | | | | | | | | | | | | | | | |
| OSC | CLKOUT | output | | | | | | | | | | | | | | | | | | | | | | | | | | | | | |
| Pin Module ▼ | GPIO | input | | | | | | | | | | | | | | | | | | | | | | | | | | | | | |
| | GPIO | output | | | | | | | | | | | | | | | | | | | | | | | | | | | | | |
| RESET | MCLR | input | | | | | | | | | | | | | | | | | | | | | | | | | | | | | |

图 8-12　引脚管理器网格视图区

在网格视图区中，左上角有一个名为 Package 的下拉列表，在这个下拉列表中可以选择项目所用器件的封装，如图 8-13 所示。注意：在配置引脚前，先要确保在 Package 下拉列表中所选的封装和实际所使用的器件封装一致。

Pin Manager: Grid View ×　Notifications [MCC]

| Package: PDIP40 | | Pin No: | 2 | 3 | 4 | 5 | 6 | 7 | 14 | 13 |
| --- | --- | --- | --- | --- | --- | --- | --- | --- | --- | --- |
| | UQFN40 | | Port A ▼ | | | | | | | |
| Module | PDIP40 | Direction | 0 | 1 | 2 | 3 | 4 | 5 | 6 | 7 |
| EUSART ▼ | TQFP44 | input | | | | | | | | |
| | QFN44 | output | | | | | | | | |
| OSC | CLKOUT | output | | | | | | | | |
| Pin Module ▼ | GPIO | input | | | | | | | | |
| | GPIO | output | | | | | | | | |
| RESET | MCLR | input | | | | | | | | |

图 8-13　网格视图区中的 Package 下拉列表

在图 8-13 的 Package 下拉列表中选择了 PDIP40 封装后，网格视图区中的 Pin No 显示的就是引脚在所选封装上的引脚序号。单击网格视图区中的带锁小方格，可以为各个模块分配及配置引脚，如图 8-14 所示。

Notifications [MCC]　Pin Manager: Grid View

| Package: QFN64 | | Pin No: | 11 | 12 | 25 | 26 | 29 | 54 | 10 | 1 | 27 | 30 | 64 | 8 | 7 | 6 | 59 | 58 | 13 | 14 | 15 | 16 | 28 | 43 | 44 | 46 | 48 | 49 | 60 | 61 | 63 | 2 | 3 | 19 | 20 | 21 | 35 | 36 | 37 | 50 | 51 | 52 |
| --- | --- | --- | --- | --- | --- | --- | --- | --- | --- | --- | --- | --- | --- | --- | --- | --- | --- | --- | --- | --- | --- | --- | --- | --- | --- | --- | --- | --- | --- | --- | --- | --- | --- | --- | --- | --- | --- | --- | --- | --- | --- | --- |
| | | | Port A ▼ | | | | | | | | | | | | | | | | Port B ▼ | | | | | | | | | | | | | | | Port C ▼ | | | | | | | | |
| Module | Function | Direction | 0 | 1 | 2 | 3 | 4 | 5 | 6 | 7 | 8 | 9 | 10 | 11 | 12 | 13 | 14 | 15 | 0 | 1 | 2 | 3 | 4 | 5 | 6 | 7 | 8 | 9 | 10 | 11 | 13 | 14 | 15 | 0 | 1 | 2 | 3 | 4 | 5 | 6 | 7 | 8 |
| ADC1 ▼ | ANx | input | | | | | | | | | | | | | | | | | | | | | | | | | | | | | | | | | | | | | | | | |
| | VREF+ | input | | | | | | | | | | | | | | | | | | | | | | | | | | | | | | | | | | | | | | | | |
| | VREF- | input | | | | | | | | | | | | | | | | | | | | | | | | | | | | | | | | | | | | | | | | |
| ICD ▼ | PGCx | input | | | | | | | | | | | | | | | | | | | | | | | | | | | | | | | | | | | | | | | | |
| | PGDx | input | | | | | | | | | | | | | | | | | | | | | | | | | | | | | | | | | | | | | | | | |
| OSC ▼ | CLKI | input | | | | | | | | | | | | | | | | | | | | | | | | | | | | | | | | | | | | | | | | |
| | CLKO | output | | | | | | | | | | | | | | | | | | | | | | | | | | | | | | | | | | | | | | | | |
| | OSCI | input | | | | | | | | | | | | | | | | | | | | | | | | | | | | | | | | | | | | | | | | |
| | OSCO | output | | | | | | | | | | | | | | | | | | | | | | | | | | | | | | | | | | | | | | | | |
| | REFCLKI | input | | | | | | | | | | | | | | | | | | | | | | | | | | | | | | | | | | | | | | | | |
| | REFCLKO | output | | | | | | | | | | | | | | | | | | | | | | | | | | | | | | | | | | | | | | | | |
| | SOSCI | input | | | | | | | | | | | | | | | | | | | | | | | | | | | | | | | | | | | | | | | | |
| | SOSCO | output | | | | | | | | | | | | | | | | | | | | | | | | | | | | | | | | | | | | | | | | |
| Pin Module ▼ | GPIO | input | | | | | | | | | | | | | | | | | | | | | | | | | | | | | | | | | | | | | | | | |
| | GPIO | output | | | | | | | | | | | | | | | | | | | | | | | | | | | | | | | | | | | | | | | | |

图 8-14　模块引脚的选择示例

在网格视图中对各个模块的引脚进行设置后，就可以看到各个模块的引脚对应的带锁小方格呈现出了不同颜色和不同锁的形状，它们的含义如下：

(1) 灰色背景引脚：该引脚不能用于所选的配置，并且没有任何已使能的模块在该引脚上具有功能。另外，白色背景上的灰色锁表示该引脚已被锁定为选定的系统功能。

(2) 蓝色背景引脚(未上锁)：该引脚可分配给相应的模块。

(3) 绿色背景引脚(已上锁)：该引脚已分配给相应的模块。引脚旁边显示的名称是用户输入的自定义名称。

(4) 绿色背景引脚(带锁链)：该引脚已分配给多个模块，该引脚可由多个模块功能复用。

(5) 黄色背景引脚(未上锁)：该引脚可以作为已分配了引脚的功能的备用引脚。

(6) 白色背景上的灰色锁：该引脚已被锁定为选定的系统功能。

### 5. 引脚管理器封装视图区

根据在引脚管理器网格视图区中所选的器件封装，引脚管理器封装视图区中将会以器件封装图的形式显示器件引脚图。在封装视图区中，将鼠标悬停在器件封装图上，通过滚动鼠标滚轮或者通过键盘上的“+”和“-”键，可以放大和缩小器件封装图，以调整器件封装图在封装视图区中的显示完整性，如图 8-15 所示。

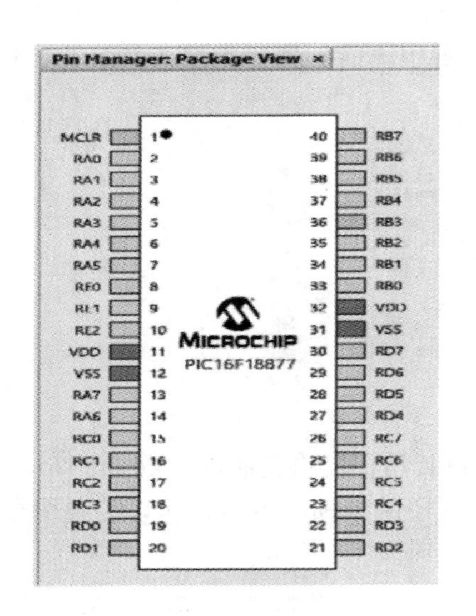


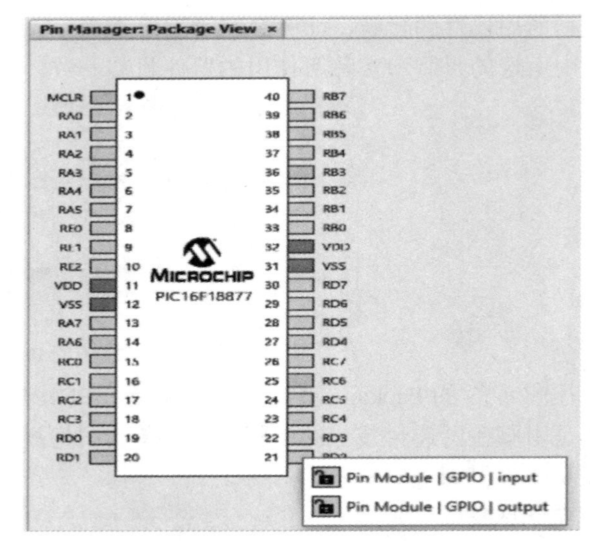


图 8-15　引脚管理器的封装视图

在封装视图中也可以分配及配置引脚，使用鼠标右键在器件封装图上单击特定的引脚，将弹出该引脚所有可用的引脚功能以供选择。

如果在“项目资源”分区中选中默认的引脚模块(Pin Module)，则会在配置操作区中显示引脚模块视图。如果用户没有在引脚管理器中选中设置任何引脚，则在配置操作区中引脚模块视图中将显示“No Configurable Pins Selected”，如图 8-16 所示。

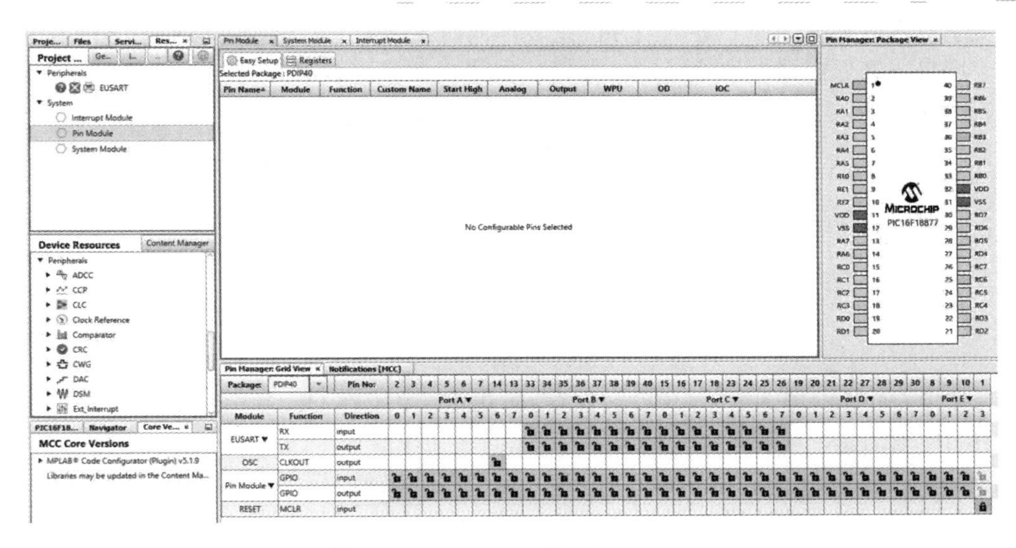


图 8-16　Pin Module 和 Pin Manager

对于已在引脚管理器中被选择设置了的引脚，会被添加到配置操作区中的引脚模块视图里。用户可以在引脚模块视图中完成对这些引脚的其他配置，包括自定义引脚名称(可编辑文本字段，将在生成的代码中反映出来)、初始电平状态设置、模拟/数字引脚设置、引脚输入/输出方向设置、内部弱上拉电阻设置、引脚开漏功能设置、引脚电平变化中断功能设置等，如图 8-17 所示。

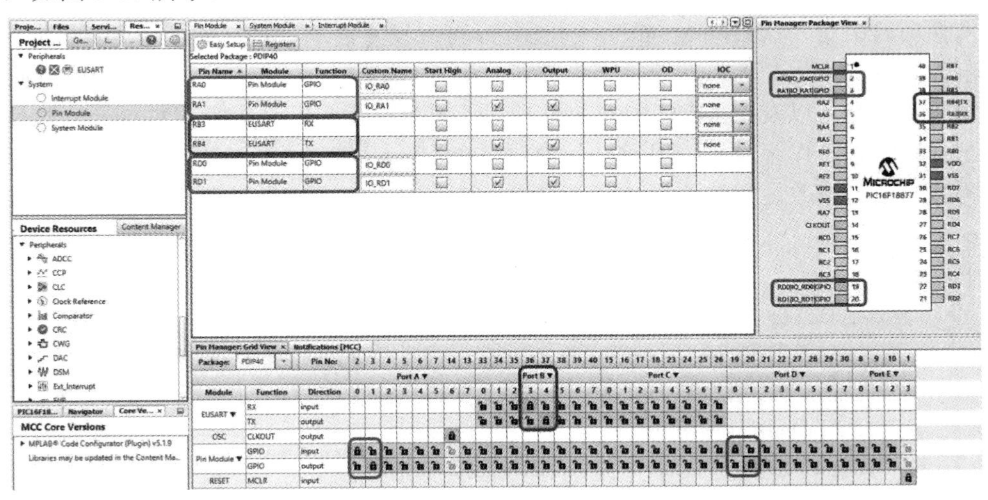


图 8-17　已选引脚的其他配置

## 8.4　代码的自动生成

当将需要配置的外设、库和外部组件添加到“项目资源”分区，并且在配置操作区域中完成了对这些外设、库和外部组件的配置，同时在引脚管理器中完成对引脚的配置后，按下“项目资源”窗口中的 Generate 按钮，如图 8-18 所示，即可自动生成代码。

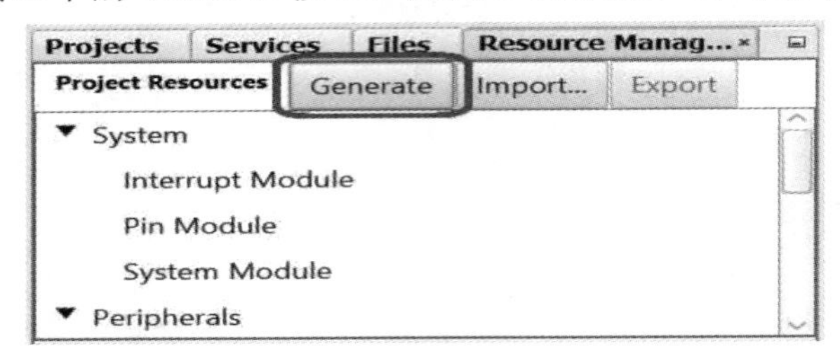


图 8-18　MCC 生成代码的启动按钮

当按下 Generate 按钮后，MCC 会保存.mc 配置文件，在 Output 窗口中会显示代码生成过程中的详细信息，如图 8-19 所示。

```
Output - MPLAB® Code Configurator | Notifications [MCC] | Pin Manager: Grid View
00:31:34.235   INFO: Saved configuration to file C:\Users\m91320\MPLABXProjects\asdfff.X\MyConfig.mc3
00:31:37.886   INFO: ****************************************************
00:31:37.886   INFO:  Generation Results
00:31:37.887   INFO: ****************************************************
00:31:37.917   INFO: mcc_generated_files\adcc.c        Success.
00:31:37.917   INFO: mcc_generated_files\adcc.h        Success.
00:31:37.917   INFO: mcc_generated_files\ccp1.c        Success. New file.
00:31:37.918   INFO: mcc_generated_files\ccp1.h        Success. New file.
00:31:37.918   INFO: mcc_generated_files\mcc.c         Success. Auto-merged.
00:31:37.918   INFO: mcc_generated_files\mcc.h         Success. Auto-merged.
00:31:37.919   INFO: mcc_generated_files\pin_manager.c Success.
00:31:37.919   INFO: mcc_generated_files\pin_manager.h Success.
00:31:40.416   INFO: ****************************************************
00:31:40.417   INFO:  Generation complete (total time: 2916 milliseconds)
00:31:40.417   INFO: ****************************************************
00:31:40.417   INFO: Generation complete.
00:31:40.479   INFO: Saved configuration to file C:\Users\m91320\MPLABXProjects\asdfff.X\MyConfig.mc3
```

图 8-19　MCC 代码生成过程中的详细信息

当在项目中第一次启动 MCC 生成代码后，可以反复启动 MCC 并更改项目中外设、库、外部组件以及引脚的配置，然后重新生成新的配置代码。如果 MCC 生成的文件在外部被编辑修改并保存，以及在 MCC 中对配置进行了更改，那么当再次按下 Generate 按钮生成代码时会在配置操作区域中出现 Merge 窗口。在 Merge 窗口中可以解决新生成的文件和对文件所做的编辑修改之间的差异冲突，如图 8-20 所示。需要合并的所有文件的列表显示在 Merge 窗口的顶部。必须依次选择列表中的每个文件，以确保将所有新生成的代码合并到项目中。

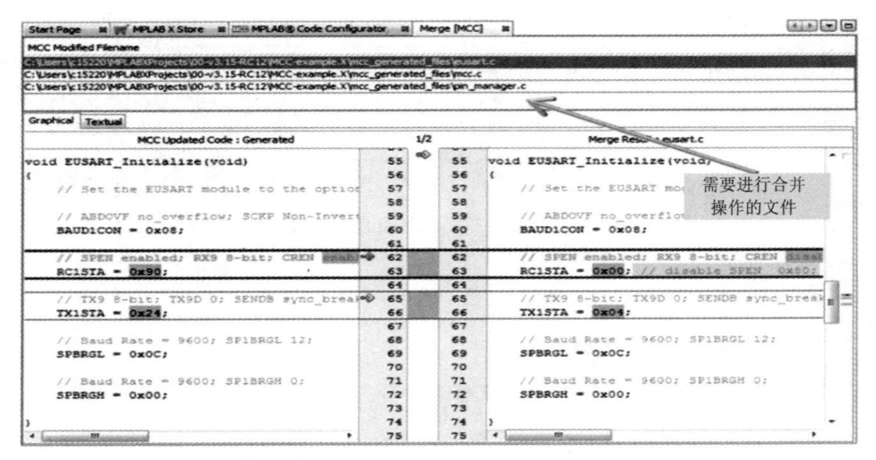


图 8-20　新生成的代码和已存在代码进行合并的操作

在 Merge 窗口的顶部，中间的分隔边距上有一个箭头。单击此箭头会将当前文件中的所有内容替换为 MCC 刚刚生成的新代码，如图 8-21 所示。箭头上方的数字表示当前文件中一共有多少个差异和当前是第几个差异。

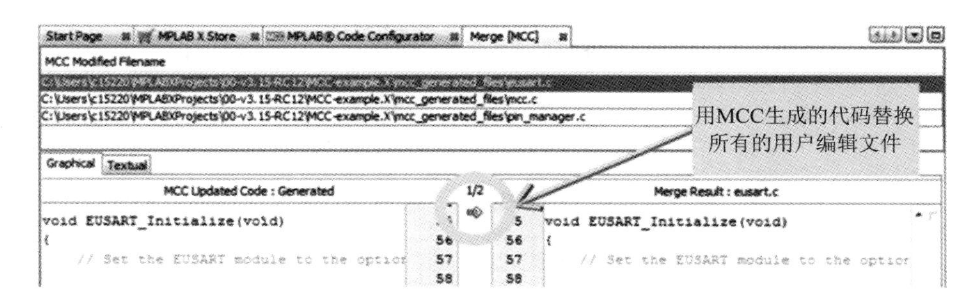


图 8-21　一次性完成所有代码替换的操作

用户也可以选择 MCC 更新代码的各个行来分别替换原有的代码行，如图 8-22 所示。用户单击左侧窗口右边的箭头，可以用 MCC 更新代码逐行替换原有的行代码。

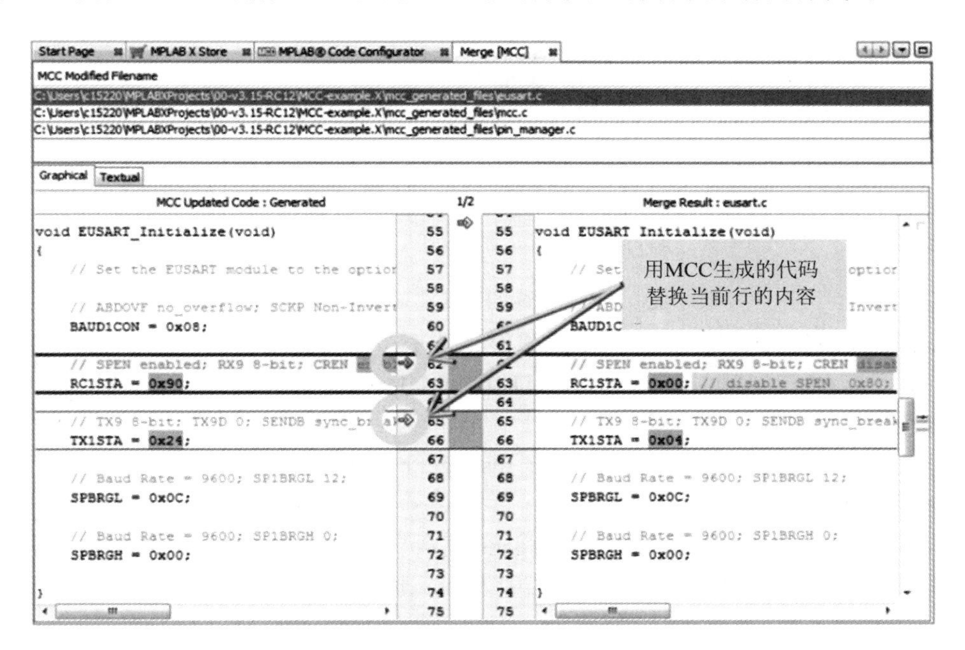


图 8-22　逐行替换原有代码行的操作

## 8.5　MCC 生成代码的基本结构

MCC 代码生成后，生成的代码将会自动加入到 MPLAB X IDE 的活动项目中的 MCC

Generated Files 目录下，如图 8-23 所示。

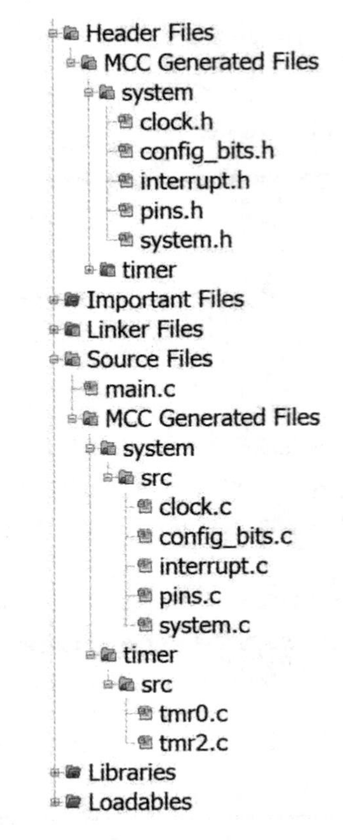


图 8-23　MCC 生成的文件在项目树中的位置

mcc.c 文件中包含配置位的定义，这些定义基于在配置操作区中为 System Module 所作的设置。另外，mcc.c 文件中还包含 SYSTEM_initializer 函数，可在应用程序中调用该函数以调用所有其他默认初始化函数。

根据在引脚管理器中进行的配置，pin_manager.h 和 pin_manager.c 文件中包含引脚定义和引脚管理初始化函数。

interrupt_manager.h 和 interrupt_manager.c 文件为可选文件，仅在允许外设中断时才会生成这些文件。在“项目资源”分区里选中“Interrupt Module”，可以管理配置所有外设中断。

xxx.c 和.xxx.h 是与外设模块对应的特定文件(xxx 代表外设名称，如 TMR、ADCC 等)，包含为每个外设生成的驱动程序函数。

main.c 文件中包含了 mcc.h 头文件、SYSTEM_Initializer( )函数调用和允许中断的代码行。但是允许中断的代码行默认是被注释掉的，如果应用程序需要在启动时允许中断，应先删除这些代码行开头的注释符。

# 第 9 章 工程示例

## 9.1 触摸检测和接近感应示例

随着触摸检测技术的不断成熟，此前应用很广的机械按键正逐步被触摸按键所替代。使用触摸按键不仅可以提高产品外观的美感，而且可以解决机械开关容易出现的劳损失灵问题。Microchip 提供了一个名为 CVD 的技术方案，可以利用模/数转换 ADCC 外部设备，轻松实现可靠的触摸检测，同时也可以实现接近感应检测。

### 1. 实验原理

1) 电容感应

图 9-1 所示为手指按压或者接近 PCB 上的传感器所形成的电容效应示意图，其中 $C_P$ 为传感器的寄生电容，$C_F$ 为手指引入的电容，因此传感器的总电容 $C_s = C_P + C_F$。当手指靠近或者按压传感器时，传感器的总电容会增加。Microchip 的接近/触摸检测方案就是利用检测待测物体上的总体电容变化来判断是否发生了接近/触摸事件。

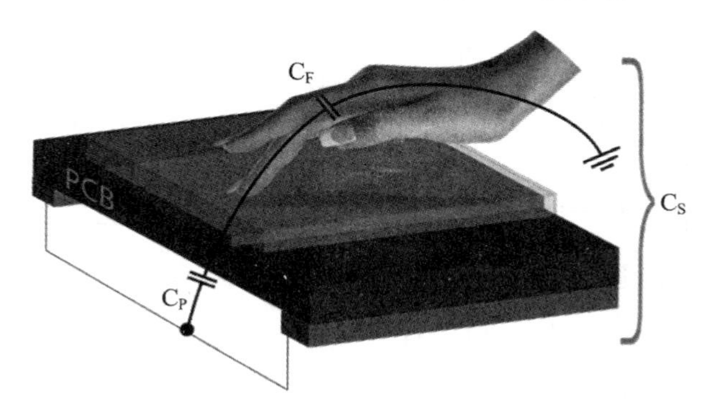


图 9-1　按压/接近 PCB 时的电容分布

2) CVD 工作原理

CVD(Capacitive Voltage Divider，电容分压器)是利用对片外传感器和片内 ADCC 采样保持电容分别充/放电，然后检测片内和片外电容达到电压平衡后的电压值的方法来判断片外传感器的电容变化。片外传感器通常是电路板上的一块金属片，它连接到单片机的一个模拟引脚上。在 PIC 增强型中档单片机产品中，很多较新成员的 ADCC 模块都支持硬件 CVD 功能。支持硬件 CVD 功能的 ADCC 接口具有如图 9-2 所示的结构。

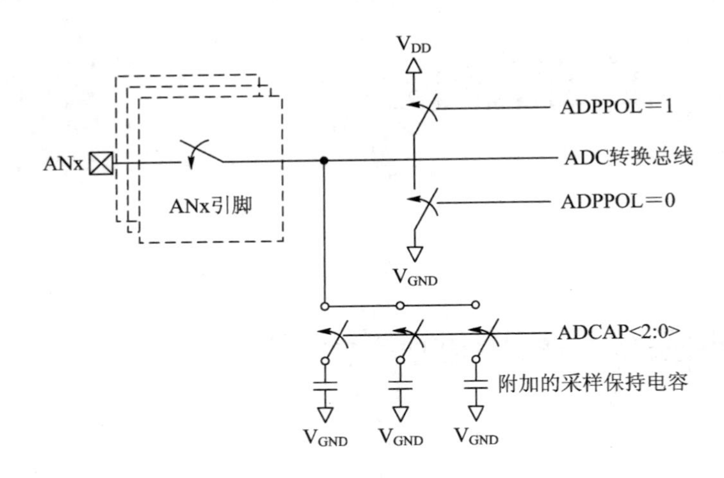


图 9-2　支持 CVD 功能的 ADCC 接口结构

图 9-2 所示的结构内部带有预置电压开关，可以对连接到模拟引脚的外部传感器以及 ADCC 模块内部的采样保持电容独立地充电和放电，确保外部的传感器和内部的采样保持电容的初始电压具有一个稳定的目标值，即 $V_{DD}$ 或者 $V_{GND}$。CVD 的主要工作步骤如下：

(1) 设置 ADCC 模块的工作模式为传统模式(将寄存器 ADCCON2 的 ADMD 位设为 0)，并完成其他的基本配置，包括通过配置寄存器 ADCON0/ADCLK 确定转换时钟频率、通过寄存器 ADREF 选择参考电压源、通过寄存器 ADPCH 选择需要转换的模拟通道、使能 ADCC 模块等。

(2) 设置寄存器 ADCCON1 中的 ADPPOL 位来选择片外传感器和片内 ADCC 采样保持电容首次预置电压阶段的目标电压值。表 9-1 给出了 ADPPOL 和预置电压的具体关系。

**表 9-1　ADPPOL 和预置电压的关系**

| ADPPOL | 首次预置电压阶段 | |
|---|---|---|
| | 外部传感器 | ADCC 内部采样保持电容 $C_{HOLD}$ |
| 1 | 连接到 $V_{DD}$ | $C_{HOLD}$ 连接到 $V_{SS}$ |
| 0 | 连接到 $V_{SS}$ | $C_{HOLD}$ 连接到 $V_{DD}$ |

(3) 将寄存器 ADCCON1 中的 ADDSEN 位置 1，使能双采样转换模式。另外将寄存器 ADCCON1 中的 ADIPEN 位置 1，这样第二次采样转换阶段的预置电压和首次预置电压正好相反，即如果首次预置电压为 $V_{DD}$，那么第二次的预置电压将变成 $V_{SS}$，如果首次预置电压为 $V_{SS}$，那么第二次的预置电压将变成 $V_{DD}$。

(4) 设置寄存器 ADPRE 的值来选择预置电压阶段的时间，这个时间需要保证外部传感器和 ADCC 内部采样保持电容的电压达到稳定值。另外，还需要设置寄存器 ADACQ 的值来选定放电时间，这个时间需要保证外部传感器和内部采样保持电容短接后两者的电压达到最终的稳定值。

(5) 将寄存器 ADCCON0 的 ADGO 位置 1，启动第一轮的二次转换。图 9-3 所示为外部传感器和内部采样保持电容的电压波形示例(假设 ADPPOL = 0)。

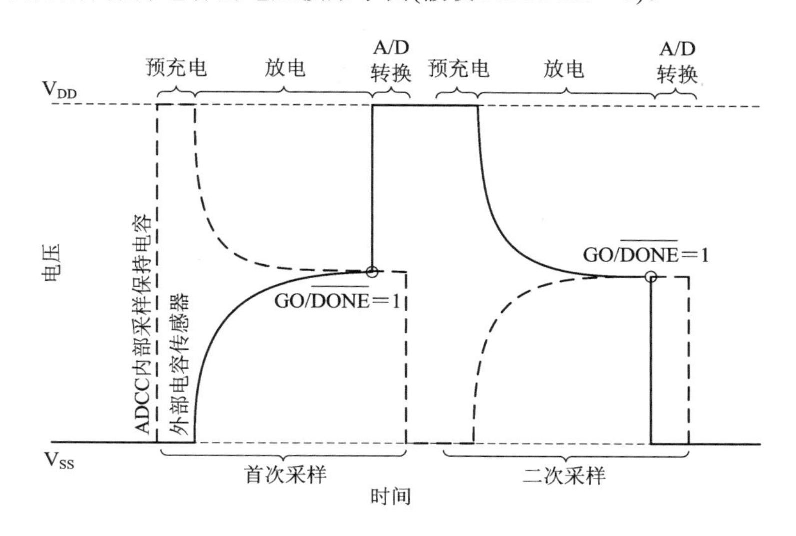


图 9-3　外部传感器和 ADCC 内部采样保持电容的电压波形

在首次采样时，ADCC 内部采样保持电容和外部传感器之间的通路开关被断开，采样保持电容连接到 $V_{DD}$，同时外部传感器连接到 $V_{SS}$，此状态保持时间长度等于寄存器 ADPRE 所设定的值。这就是预置电压阶段，目的是让采样保持电容上的电压达到稳定的 $V_{DD}$ 值，外部传感器电压达到稳定的 $V_{SS}$ 值。预置电压阶段结束后，外部传感器与 $V_{SS}$ 断开，采样保持电容和 $V_{DD}$ 断开，外部传感器和采样保持电容之间的通路开关闭合，此时采样保持电容开始对外部传感器放电，放电时长由寄存器 ADACQ 设定的数值来控制。在放电结束时，采样保持电容和外部传感器上的电压需要达到稳态值。稳态电压值可以根据以下公式计算获得：

$$V_{稳态}=\frac{V_{外部传感器}\times C_{外部传感器}+V_{采样保持电容}\times C_{采样保持电容}}{C_{外部传感器}+C_{采样保持电容}}$$

因为 $V_{外部传感器}=0$， $V_{采样保持电容}=V_{DD}$，因此这时的稳态电压值为

$$V_{稳态1}=\frac{V_{DD}\times C_{采样保持电容}}{C_{外部传感器}+C_{采样保持电容}}$$

然后采样保持电容和外部传感器断开，ADCC 启动电压的模/数转换。转换结束后，结果将被保存在寄存器 ADRES 中。随后进入第二次采样的预置电压阶段，此时的预置电压极性和第一次正好相反，采样保持电容被连接到 $V_{SS}$，外部传感器被连接到 $V_{DD}$，经过寄存器 ADPRE 所设定的预置电压时间后，外部传感器和采样保持电容连通，外部传感器对

采样保持电容放电，直至寄存器 ADACQ 设定的时间结束，双方电压达到稳态值。由于 $V_{外部传感器}=V_{DD}$，$V_{采样保持电容}=0$，此时的电压稳态值 $V_{稳态2}$ 可以由以下公式表示：

$$V_{稳态2}=\frac{V_{DD}\times C_{外部传感器}}{C_{外部传感器}+C_{采样保持电容}}$$

此时，外部传感器和采样保持电容断开，再次启动对采样保持电容器电压的数/模转换，转换结束后，寄存器 ADRES 保存的首次转换结果将被移到寄存器 ADPREV 中，第二次转换结果将被保存到 ADRES 中。当外部传感器的电容大小和采样保持电容大小相同时，ADRES 中保存的第二次转换结果将等于 ADPREV 中保存的第一次转换结果，都对应 $V_{DD}/2$。当外部传感器电容值不等于采样保持电容值时，ADRES 和 ADPREV 之间将存在一定的差值。图 9-4 所示为外部传感器电容值大于采样保持电容值时的一种波形。

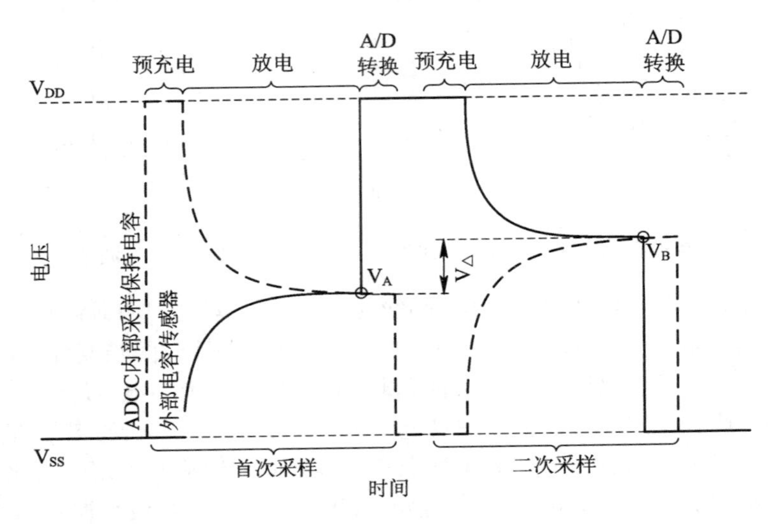


图 9-4　外部传感器电容值大于采样保持电容值时的 CVD 波形

其中，

$$V_{\Delta}=V_{稳态2}-V_{稳态1}=\frac{V_{DD}\times\left(C_{外部传感器}-C_{采样保持电容}\right)}{C_{外部传感器}+C_{采样保持电容}}$$

当人手靠近或者按压外部传感器时，会导致外部传感器上的总电容值增加。因此在 CVD 完成两次 A/D 转换后，其结果的差值大小将反映是否出现了手指接近或者按压的情况。图 9-5 所示为外部传感器的固有电容大于 ADCC 采样保持电容的一种情况。当手指接近或按压外部传感器时，外部传感器的总电容值将增大，和采样保持电容之间的差值将进一步扩大，因此手指接近或按压情况下所得到的两次 A/D 转换的结果差值将大于没有手指接近或按压时所得到的 A/D 转换结果差值。CVD 就是根据这种结果差值的变化来判断是否发生了手指靠近或按压事件。

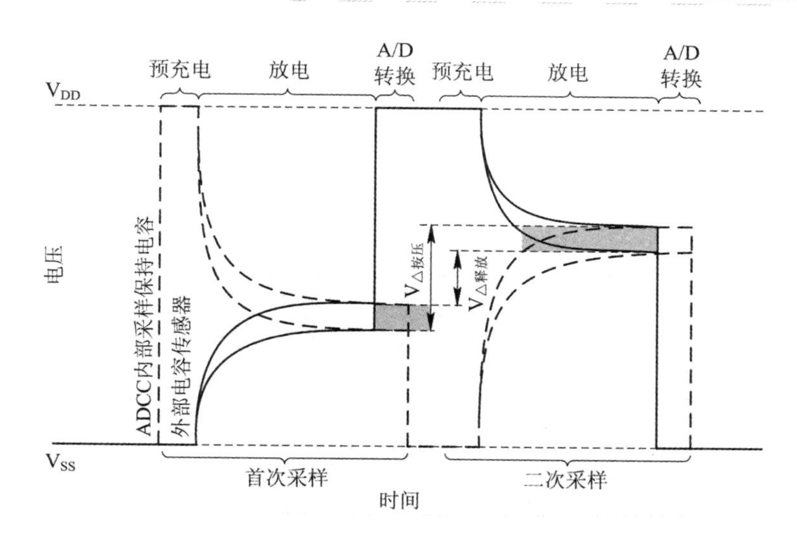


图 9-5　外部传感器固有电容大于 ADCC 采样保持电容的 CVD 波形

3) *护环*(Guard Ring)

为了提高感应检测的灵敏度，比较常用的方法是在外部传感器及其走线外围添加护环进行包裹。通过在护环上加载和外部传感器上的信号同相的驱动信号，可以降低外部传感器的寄生电容，因此手指引入的电容将在总电容中占据更大的成分，从而有助于提高灵敏度。

图 9-6 和图 9-7 所示分别为不带护环和带护环的电力线图，护环可以通过降低传感器和周边环境的电势来减小寄生电容。

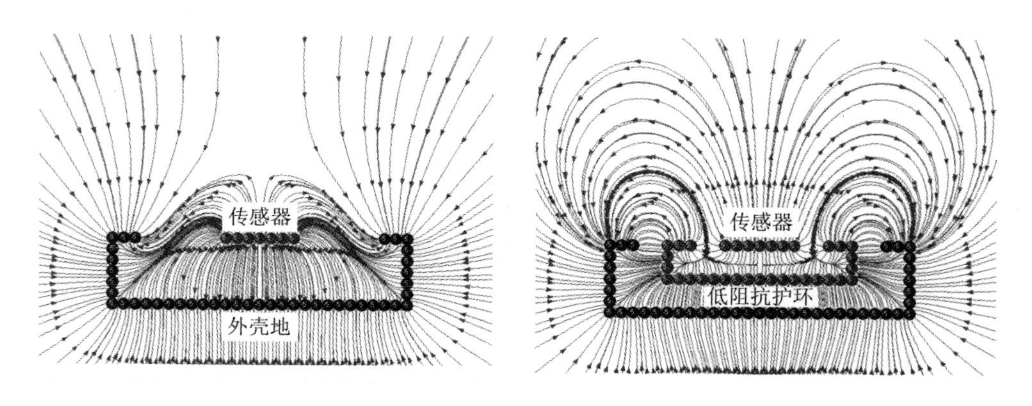


图 9-6　不带护环的外部传感器电力线　　　　图 9-7　带护环的外部传感器电力线

另外，护环还能在相邻的传感器之间产生隔离作用，从而降低传感器之间的干扰。

用于包裹传感器按盘的护环宽度大约为 1 mm，离按盘的距离为 2～3 mm。用于包裹传感器和单片机引脚之间走线的护环宽度可以和走线的宽度一致，为 0.1～0.3 mm，护环和走线之间的距离约为 0.5 mm。

### 2. 演示所需硬件

1) 演示板

本示例使用 APP-ESS18-2 CVD Touch EVM 板，控制芯片采用 PIC16LF18857。演示板外观如图 9-8 所示。

图 9-8 APP-ESS18-2 CVD Touch EVM 板外观

表 9-2 列出了 APP-ESS18-2 CVD 演示板引脚和对应器件的映射关系。

**表 9-2 APP-ESS18-2 CVD 演示板的功能引脚分配**

| 按键传感器名称 | 连接的 I/O 脚 | 功 能 | LED 名称 | LED 所连接的 I/O 脚 | 功 能 |
|---|---|---|---|---|---|
| Proximity | RB0 | 接近感应的输入 | LED4 | RA5 | 指示 CS0 的按压状态 |
| CS0 | RB1 | 触摸按键 0 | LED5 | RA4 | 指示 CS1 的按压状态 |
| CS1 | RB2 | 触摸按键 1 | LED6 | RA3 | 指示 CS2 的按压状态 |
| CS2 | RB3 | 触摸按键 2 | LED7 | RA2 | 指示 CS3 的按压状态 |
| CS3 | RB4 | 触摸按键 3 | LED8 | RA1 | 指示 CS4 的按压状态 |
| CS4 | RB5 | 触摸按键 4 | LED9 | RA0 | 指示 Proximity 的状态 |

示例代码将循环扫描传感器 CS0、CS1、…、CS4 和 Proximity，在扫描每个传感器时，利用 ADCC 完成多轮二次扫描，并计算平均的 ADCC 转换差值，然后将平均差值和门限值作比较，如果平均差值大于门限值，则认为传感器上存在手指按压，此时软件将点亮对应的 LED。如果平均差值小于门限值，则认为传感器上没有手指按压，此时软件将熄灭对应的 LED。对于接近传感器 Proximity，其对应的 LED9 由一路 PWM 控制亮度，用于模拟接近感应的效果，即当人手逐渐靠近传感器时，LED9 将逐渐变亮，当人手逐渐远离传感器时，LED9 将逐渐变暗。

2) 编程/调试器

在对演示板上的器件进行编程时，用户可以使用 PICkit3 或者 PICkit4 编程/调试器，PICkit4 编程/调试器和演示板的连接如图 9-9 所示。

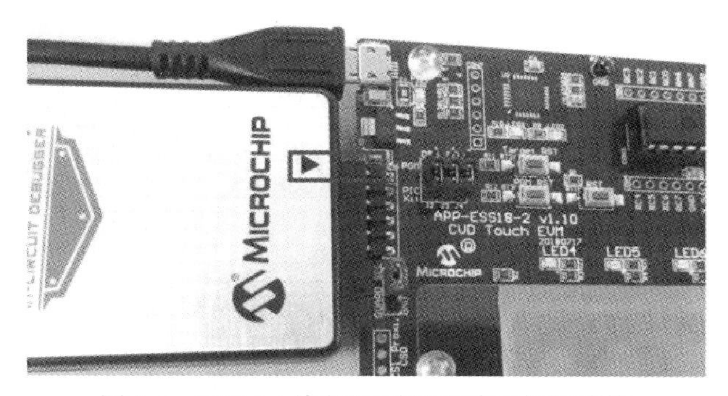


图 9-9　PICkit4 编程/调试器和演示板的连接

### 3. 演示结果

演示板上带有 5 个白色圆形按键(CS0～CS4)，并有 5 个 LED 灯分别与之对应(LED4～LED8)，当任意一个按键被按下时，所对应的 LED 灯会被点亮，松开按键时 LED 灯随之熄灭。板上的白色方框为接近传感器 Proximity，当手逐渐接近白色方框时，LED9 的亮度将随之增强，用来指示手和白色方框的距离变化。

演示板在运行 CVD 程序时，传感器上观测到的 CVD 电压波形如图 9-10 所示。

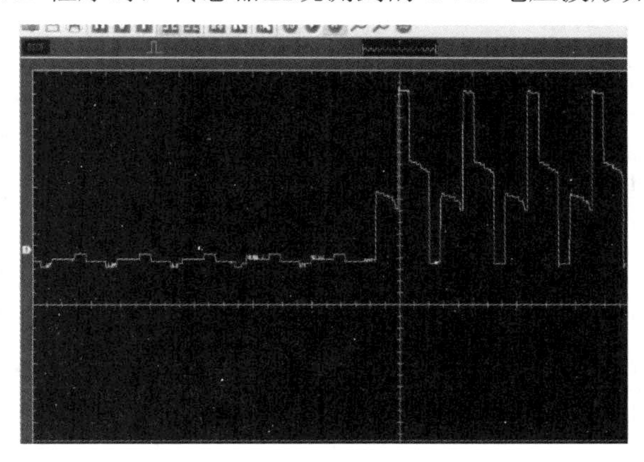

图 9-10　传感器上的 CVD 电压波形

## 9.2　点阵型液晶显示模块示例

点阵型液晶显示模块(LCM)是指包含液晶显示面板(LCD)、控制单元、驱动单元、显示玻璃、背光源、电路板等在内的显示模块，通常和单片机配合，用于小型设备的信息显示。

### 1. 实验原理

1) 液晶显示模块的内部结构和引脚定义

图 9-11 所示是一个 16 × 2 液晶显示模块的结构框图。外部单片机通过控制引脚 R/$\overline{\text{W}}$、E、RS 以及 8 位数据线 DB0～DB7 来完成控制指令和显存数据的传送。

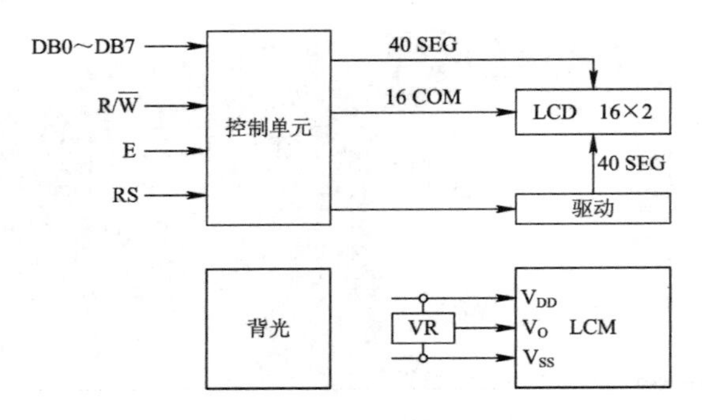


图 9-11 16 × 2 液晶显示模块的结构框图

点阵型液晶显示模块各引脚的功能定义如表 9-3 所示。

**表 9-3 液晶显示模块的引脚定义**

| | 引　脚 | 电平 | 功　能 |
|---|---|---|---|
| 1 | $V_{SS}$ | L | 地(0 V) |
| 2 | $V_{DD}$ | H | 电源+5 V |
| 3 | $V_O$ | H/L | 对比度调节 |
| 4 | RS | H/L | 寄存器选择　H—数据输入，L—指令输入 |
| 5 | R/ $\overline{W}$ | H/L | H—读操作，L—写操作 |
| 6 | E | H，H→L | H—使能，H→L—锁存数据 |
| 7 | DB0 | H/L | 数据位 0 |
| 8 | DB1 | H/L | 数据位 1 |
| 9 | DB2 | H/L | 数据位 2 |
| 10 | DB3 | H/L | 数据位 3 |
| 11 | DB4 | H/L | 数据位 4 |
| 12 | DB5 | H/L | 数据位 5 |
| 13 | DB6 | H/L | 数据位 6 |
| 14 | DB7 | H/L | 数据位 7 |

2) *液晶显示模块的显示方法*

本示例使用的是 16 × 2 液晶模块，即一行可以显示 16 个字符，共两行。每个字符位都有自己的独立地址，外部单片机可以根据这些地址访问其对应的显示 RAM，通过改变显示 RAM 中的数值来改变 LCM 屏的显示结果。字符所对应的地址如表 9-4 所示。

**表 9-4 16 × 2 液晶显示模块的字符所对应的地址**

| | 1 | 2 | 3 | 4 | 5 | 6 | 7 | 8 | 9 | 10 | 11 | 12 | 13 | 14 | 15 | 16 |
|---|---|---|---|---|---|---|---|---|---|---|---|---|---|---|---|---|
| 第 1 行 | 00 | 01 | 02 | 03 | 04 | 05 | 06 | 07 | 07 | 08 | 0A | 0B | 0C | 0D | 0E | 0F |
| 第 2 行 | 40 | 41 | 42 | 43 | 44 | 45 | 46 | 47 | 48 | 49 | 4A | 4B | 4C | 4D | 4E | 4F |

液晶显示模块定义了一套指令来实现特定的功能，比如清屏幕、设置光标属性、移动光标、读/写显存等，所有指令的格式和说明如表 9-5 所示。

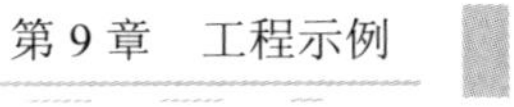

**表 9-5 液晶显示模块的指令格式和说明**

| 功能 | RS | R/$\overline{W}$ | DB7 | DB6 | DB5 | DB4 | DB3 | DB2 | DB1 | DB0 | 描 述 | 最大执行时间 |
|---|---|---|---|---|---|---|---|---|---|---|---|---|
| 清屏 | 0 | 0 | 0 | 0 | 0 | 0 | 0 | 0 | 0 | 1 | 清除整个屏幕显示并将光标返回地址 00 (Home) | 1.64 ms |
| 光标返回起始位置 | 0 | 0 | 0 | 0 | 0 | 0 | 0 | 0 | 1 | x | 将光标返回起始位置，另外移动显示内容到原位置显示数据 RAM 中的内容保持不变 | 1.64 ms |
| 设置进入模式 | 0 | 0 | 0 | 0 | 0 | 0 | 0 | 1 | I/D | 0 | 设置光标移动方向以及显示内容的移动，在读/写数据时进行操作。<br>I/D=1—地址增加；0—地址减小 | 40 μs |
| 显示开/关控制 | 0 | 0 | 0 | 0 | 0 | 0 | 1 | D | C | B | 开/关显示内容(D)、开/关光标(C)，以及控制光标的闪烁(B)。<br>D=1—显示内容；0—不显示内容。<br>C=1—显示光标；0—不显示光标。<br>B=1—光标闪烁；0—光标不闪烁 | 40 μs |
| 光标或显示内容移动 | 0 | 0 | 0 | 0 | 0 | 1 | S/C | R/L | x | x | 移动光标或显示内容，但显示数据 RAM 的内容不变。<br>S/C=1—移动显示内容；0—移动光标。<br>R/L=1—右移；0—左移 | 40 μs |
| 功能设置 | 0 | 0 | 0 | 0 | 1 | DL | N | F | x | x | 设置对外接口数据长度(DL)以及能显示的行数(N)和字符点阵(F)。<br>DL=1—8 比特；0—4 比特。<br>N=1—2 行；0—1 行。<br>F=1—5 × 10 点；0—5 × 7 点 | 40 μs |
| 设置 CG RAM 地址 | 0 | 0 | 0 | 1 | ACG | | | | | | 设置字符生成 RAM 地址 | 40 μs |
| 设置 DD RAM 地址 | 0 | 0 | 1 | ADD | | | | | | | 设置显示数据 RAM 地址 | 40 μs |
| 读取忙标志和地址 | 0 | 1 | BF | AC | | | | | | | 忙标志(BF)用于指示 LCM 内部操作是否结束。<br>BF=1—内部操作仍在进行；0—可以接收下一条指令 | 1 μs |
| 将数据写入 CG/DD RAM | 1 | 0 | 写数据 | | | | | | | | 将数据写入显示数据 RAM 或者字符生成 RAM | 40 μs |
| 从 CG/DD RAM 中读取数据 | 1 | 1 | 读数据 | | | | | | | | 从显示数据 RAM 或者字符生成 RAM 读取数据 | 40 μs |

表 9-6 为预先定义的各种字符所对应的值，用户只要使用表 9-5 中的写 CG/DD RAM 指令将某个字符对应的值写入 DD RAM 的某个位置地址就可以在该位置显示该字符了。

**表 9-6　预定义的字符表**

| 字符表(5 × 7点 + 光标) | | | | | | | | | | | | | |
|---|---|---|---|---|---|---|---|---|---|---|---|---|---|
| 高4位 低4位 | 0000 | 0010 | 0011 | 0100 | 0101 | 0110 | 0111 | 1010 | 1011 | 1100 | 1101 | 1110 | 1111 |
| XXXX0000 | CG RAM (1) | | 0 | @ | P | ` | p | | ー | タ | ミ | α | p |
| XXXX0001 | (2) | ! | 1 | A | Q | a | q | 。 | ア | チ | ム | ä | q |
| XXXX0010 | (3) | " | 2 | B | R | b | r | 「 | イ | ツ | メ | β | θ |
| XXXX0011 | (4) | # | 3 | C | S | c | s | 」 | ウ | テ | モ | ε | ∞ |
| XXXX0100 | (5) | $ | 4 | D | T | d | t | 、 | エ | ト | ヤ | μ | Ω |
| XXXX0101 | (6) | % | 5 | E | U | e | u | ・ | オ | ナ | ユ | σ | ü |
| XXXX0110 | (7) | & | 6 | F | V | f | v | ヲ | カ | ニ | ヨ | ρ | Σ |
| XXXX0111 | (8) | ' | 7 | G | W | g | w | ァ | キ | ヌ | ラ | g | π |
| XXXX1000 | (1) | ( | 8 | H | X | h | x | ィ | ク | ネ | リ | √ | x̄ |
| XXXX1001 | (2) | ) | 9 | I | Y | i | y | ゥ | ケ | ノ | ル | ⁻¹ | y |
| XXXX1010 | (3) | * | : | J | Z | j | z | ェ | コ | ハ | レ | j | 千 |
| XXXX1011 | (4) | + | ; | K | [ | k | { | ォ | サ | ヒ | ロ | ˣ | 万 |
| XXXX1100 | (5) | , | < | L | ¥ | l | \| | ャ | シ | フ | ワ | ¢ | 円 |
| XXXX1101 | (6) | - | = | M | ] | m | } | ュ | ス | ヘ | ン | £ | ÷ |
| XXXX1110 | (7) | . | > | N | ^ | n | → | ョ | セ | ホ | ゛ | ñ | |
| XXXX1111 | (8) | / | ? | O | _ | o | ← | ッ | ソ | マ | ゜ | ö | █ |

3) LCM 外部硬件设计考量

由 LCM 模块的结构(见图 9-11)可以看到，如果使用单片机来直接控制数据宽度为 8 bit 的 LCM，至少需要 11 个 I/O，其中 3 个 I/O 作为控制信号、8 个 I/O 作为数据总线，这将占用单片机大量的端口资源，尤其是引脚数量较少的单片机，根本没有足够的 I/O 来控制液晶模块。为了解决这个问题，用户可以考虑使用一个端口扩展芯片，比如 Microchip 公司的 16 bit I/O 扩展器 MCP23017 或者 MCP23S17。MCP23017 通过 $I^2C$ 接口和上位机相连，它可以接收上位机通过 $I^2C$ 接口发送过来的数据，并将这些数据通过 16 bit 的并行端口向外输出。MCP23S17 和 MCP23017 的功能类似，两者的区别在于和上位机的接口不同，MCP23017 使用的是 $I^2C$ 接口，而 MCP23S17 使用的是 SPI 接口。图 9-12 所示是上述两个芯片的内部结构框图。

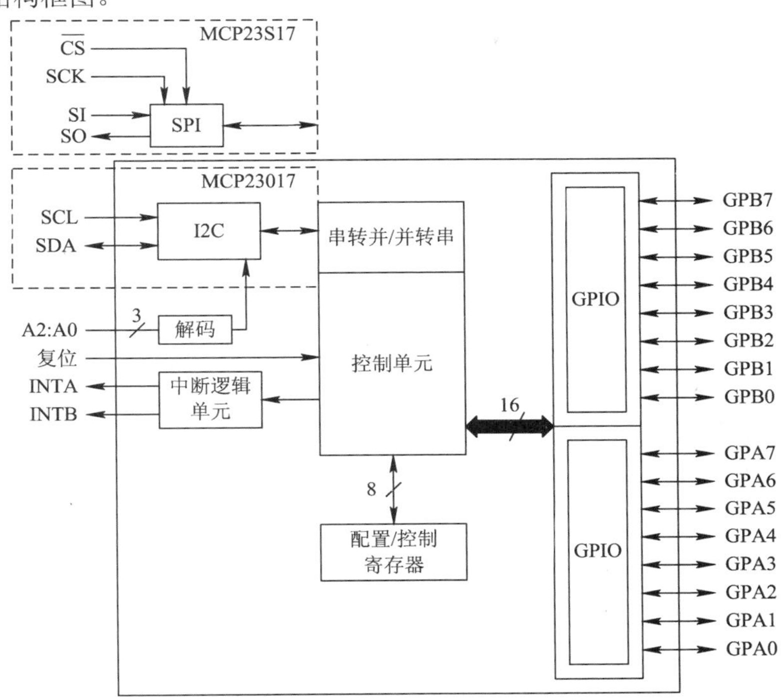


图 9-12　端口扩展芯片 MCP23x17 的内部结构框图

### 2. 实验所需硬件

1) 演示板

本演示使用的是 Microchip 的 8 位机通用开发板 Explorer 8，产品编号为 DM160228，其外观如图 9-13 所示。

图 9-13　Explorer 8 通用开发板外观

Explorer 8 通用开发板安装了一片 PIC16F18877 单片机以及端口扩展芯片 MCP23S17。PIC16F18877 的 RC3、RC5 分别连接 MCP23S17 的 SCK 和 SI 脚，RA2 为 MCP23S17 的片选信号 $\overline{CS}$，RB5 为复位信号 $\overline{RESET}$。MC23S17 的 GPA6 连接到 LCM 模块的使能脚 E, GPA7 连接到 LCM 的寄存器选择脚 RS，GPB0～GPB7 为数据总线，图 9-14 和图 9-15 所示分别为 Explorer 8 通用开发板上的 I/O 扩展器件 MCP23S17 以及 LCM 的外围原理图。

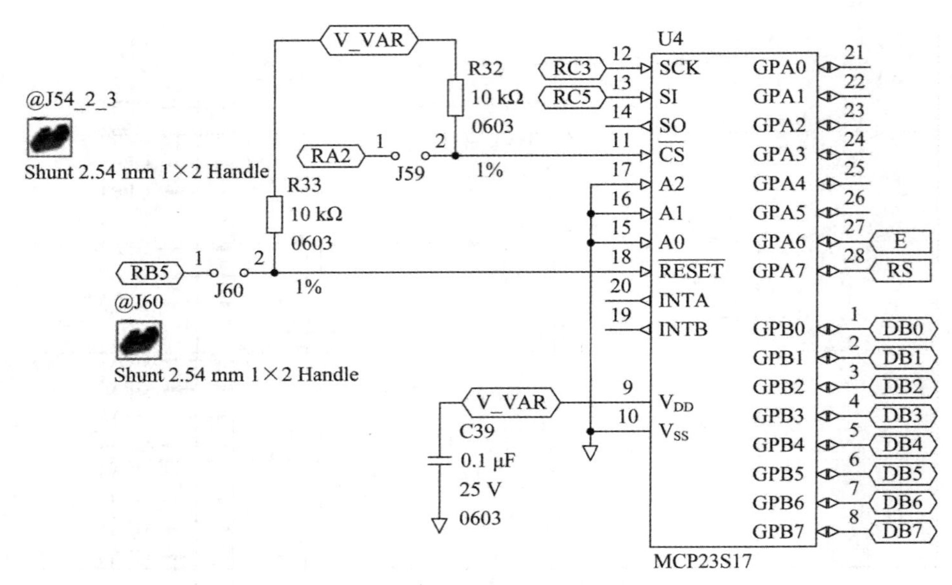


图 9-14 Explorer 8 通用开发板上 MCP23S17 的外围原理图

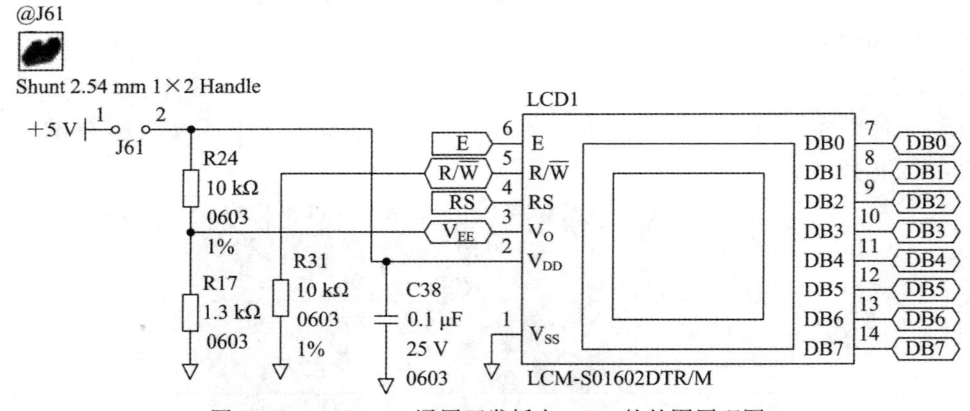


图 9-15 Explorer 8 通用开发板上 LCM 的外围原理图

2) 编程/调试器

Explorer 8 通用开发板支持包括 ICD3、ICD4、PICkit3、PICkit4 和 SNAP 在内的多种编程调试器。

### 3. 演示结果

示例代码将演示字符的顺序显示、字符串的左右平移以及简单动画的显示效果。

## 9.3 曼彻斯特编码/解码示例

曼彻斯特码又称为相位编码或自同步码，是一种利用电平变化来表示 1/0 数据的编码方式。和采用电平来表示 1/0 数据的编码方式相比，利用电平变化来表示 1/0 数据的方法将更多的同步信息包含在数据流中，这对于需要从接收到的数据流中提取时钟信号来恢复接收数据的通信应用具有重大意义，因此曼彻斯特编码被广泛地应用于诸如局域网之类的通信领域中。

**1. 实验原理**

1) 曼彻斯特码的分类

曼彻斯特码分为两种，一种称为托马斯曼彻斯特码，简称托马斯曼码；另外一种称为 IEEE 802.3 曼彻斯特码，简称 IEEE 曼码。在托马斯曼码中，电平由高变为低，代表 1；电平由低变成高，代表 0。图 9-16 所示为一个托马斯曼码的波形示例。

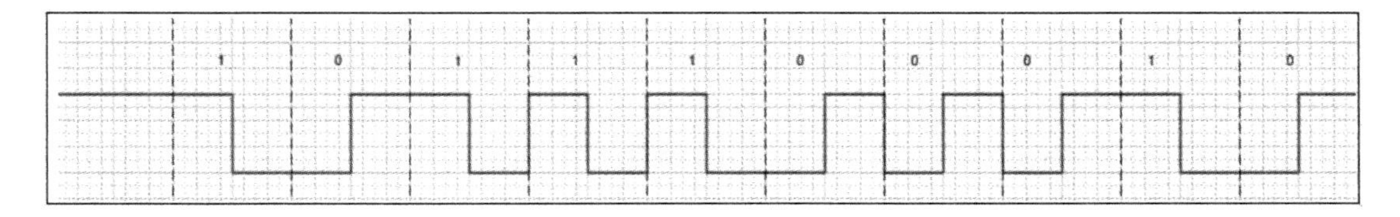


图 9-16　托马斯曼码波形示例

IEEE 曼码和托马斯曼码正好相反，在 IEEE 曼码中，电平由高变为低，代表 0；电平由低变成高，代表 1。图 9-17 所示为一个 IEEE 曼码的波形示例。

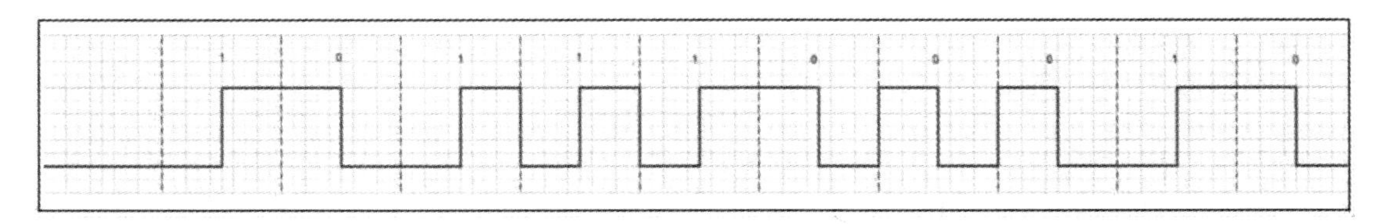


图 9-17　IEEE 曼码波形示例

2) 曼彻斯特编码器

实现曼彻斯特编码的一个简单方法是使用 SPI 模块。图 9-18 所示为使用 SPI 实现曼彻斯特编码的波形示意图。假设 SPI 的 CKP 设置为 0，即时钟 SCK 的初始电平为 0；CKE 的值也设置为 0，即 SCK 的上升沿驱动数据从 SDO 脚输出。观察图 9-18 的波形可以看到，将 SDO 信号和 SCK 信号进行异或运算后就可以得到 IEEE 曼码。由于托马斯曼码和 IEEE 曼码相位正好相反，因此将 SDO 和 SCK 进行取反运算后就可以得到托马斯曼码。

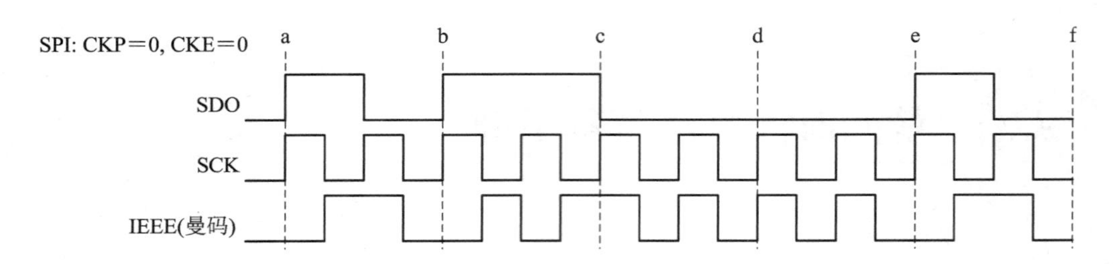


图 9-18　使用 SPI 实现曼彻斯特编码的波形

PIC16(L)F18877 系列单片机带有 MSSP 模块，该模块支持 SPI 和 $I^2C$ 通信。另外，PIC16(L)F18877 系列单片机还带有可编程逻辑单元模块 CLC，它可以提供包括异或门、触发器在内的多种逻辑门器件。有了这些模块，可以很容易地利用 PIC16(L)F18877 系列单片机实现曼彻斯特编码器的功能。

PIC16(L)F18877 系列单片机的 CLC 模块提供了 4 输入或门+异或门逻辑单元，为了将 SCK 和 SDO 进行异或运算，本示例代码将 4 输入或门+异或门逻辑单元的 4 个输入引脚分别配置成如图 9-19 所示的连接状态，lcxq 最后输出的就是曼彻斯特码。

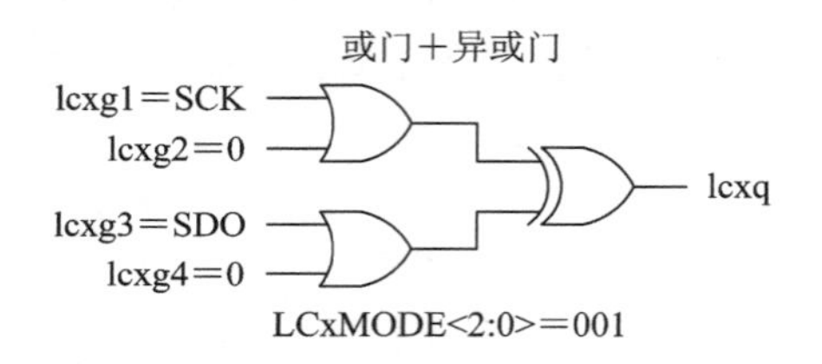


图 9-19　实现 SCK 和 SDO 异或功能的电路框图

3) 曼彻斯特解码器

相对于编码器而言，曼彻斯特解码器的结构要复杂一些。可以使用如图 9-20 所示的 IEEE 曼码来说明本示例代码所采用的解码方式。

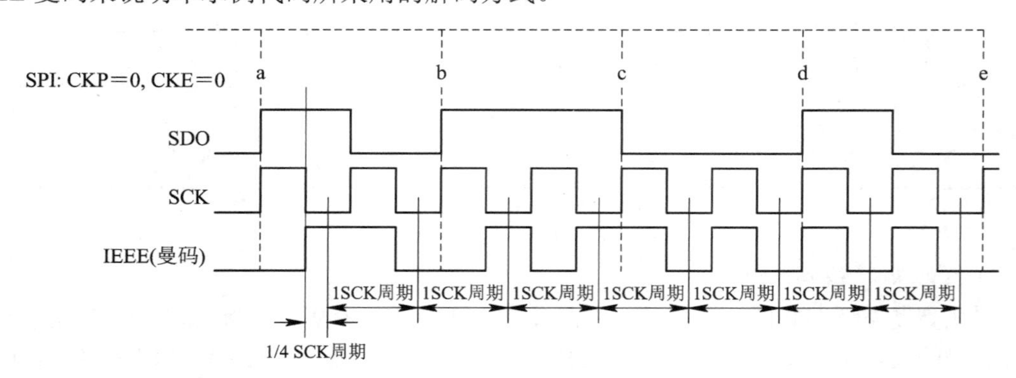


图 9-20　IEEE 曼码的解码时序

由于曼彻斯特码的每个码元都在时间中点有一个上升沿或者下降沿，图 9-20 中的 SDO 数据(原始数据)，为 10110010，在 CKP=CKE＝0 的模式下，所生成的 IEEE 曼码第一个码元的时间中点将出现一个上升沿，在距离上升沿 1/4 SCK 周期的时间点对所接收到的曼码电平进行采样，将得到原始数据第一个比特的值，此后每隔 1 个 SCK 周期对收到的曼码进行一次采样，将依次获得原始数据第二个、第三个…比特的值。按照以上方法检测曼码的第一个上升沿，然后进行定时采样，最后就可以获得解码值。为了检测上升沿，可以利用 PIC16(L)F18877 系列单片机的 IOC(Interrupt On Change，电平变化中断)模块，该模块检测到引脚出现上升沿、下降沿或者任意沿时，可以产生中断。要实现定时功能，可以使用定时器 TIMER2，这是一个带有周期寄存器的定时器，当定时器的累加计数值和周期寄存器的值相等时，定时器将重置计数值并产生中断。

要对接收到的曼码信号进行定时采样，可使用单片机的 CLC 模块。PIC16(L)F18877 系列单片机提供了 4 输入 D 触发器，如图 9-21 所示配置 D 触发器就可以轻松实现定时采样功能，其中 Lcxg2 连接到 CLC2 的外部输入引脚 CLCIN1PPS，该引脚被映射到单片机的 RC5 脚，曼彻斯特码生成器所产生的曼码信号从单片机的 RA1 脚输出，并通过飞线连接到 RC5 脚。将 Lcxg4 设为 0 电平，使得 D 触发器的 D 端口电平由 CLCIN1PPS 控制。另外，将控制 D 触发器复位脚的 Lcxg3 设为 0 电平，以保证 D 触发器正常输出。D 触发器的触发信号由 TIMER2 的周期匹配信号来控制，当 TIMER2 发生周期匹配时，将会产生一个脉冲信号到 D 触发器的触发端，D 端口的曼码电平将被采样并通过 D 触发器的 Q 端输出。

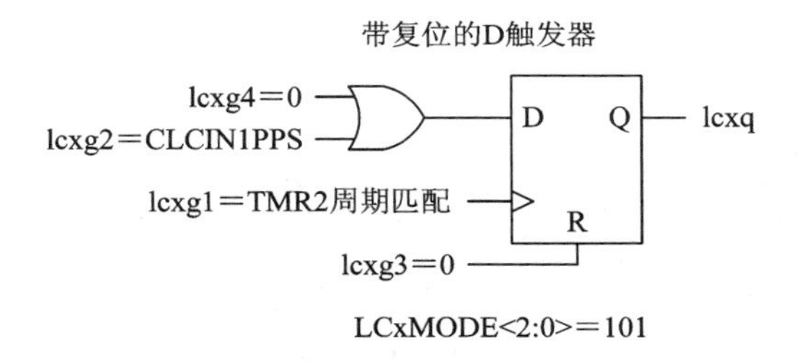


图 9-21　D 触发器实现定时数据采样

表 9-7 列出了本示例中 CLC 模块所需要使用的输入源及其对应的 CLCxSELn 寄存器的值。

**表 9-7　可编程逻辑单元 CLC 的输入选择**

| LCxDyS<4:0>值 | CLCx 输入源 |
|---|---|
| 100111[39] | MSSP1 SCK/SCL 输出 |
| 1001110[38] | MSSP1 SDO/SDA 输出 |
| 001100[12] | TMR2 计数值和周期值相等 |
| 000001[1] | CLCIN1PPS |

本示例使用同一 PIC16F18877 单片机来实现曼彻斯特编码和解码。编码器的输出信号将通过飞线连接到解码器的输入端。以下列出了编码器和解码器的输入/输出引脚以及部分测试引脚的定义。

编码器：

编码输出脚——RA1 (和 RC5 脚用飞线连接)；

SCK——RB0 (用于测试观察)；

SDO——RB5 (用于测试观察)。

解码器：

解码输出脚——RA5；

数据输入脚——RC5 (和 RA1 脚用飞线连接)；

TMR2 周期匹配输出——RB2 (用于测试观察)。

上述的曼彻斯特解码方法需要检测第一个跳变沿，由于解码器并不知道第一个码元究竟是 1 还是 0，因此可能会导致第一个码元信息的丢失。解决这个问题的一个简单的方法是将每个 SPI 数据帧的第一个码元约定为固定值(比如 1)，最后一个码元约定为第一个码元的相反值(比如 0)，这样可以保证解码的正确。

### 2. 实验所需硬件

1) 演示板

本演示使用 Microchip 的 8 位机通用开发板 Explorer 8，产品编号为 DM160228。

2) 编程/调试器

Explorer 8 通用开发板支持包括 ICD3、ICD4、PICkit3、PICkit4 和 SNAP 在内的多种编程调试器。

### 3. 演示结果

示例代码产生的波形如图 9-22 所示，解码波形实际上就是对原始波形进行了相移。

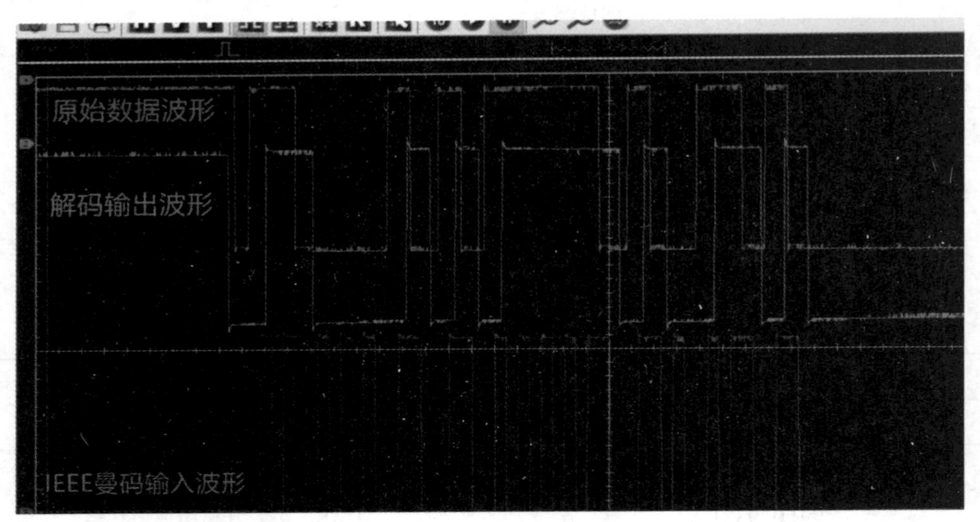


图 9-22　示例工程代码所产生的曼彻斯特编码/解码结果波形

## 9.4 温度指示器示例

嵌入式系统在工作中可能会产生大量的热量，热量的积累会导致器件本身以及工作环

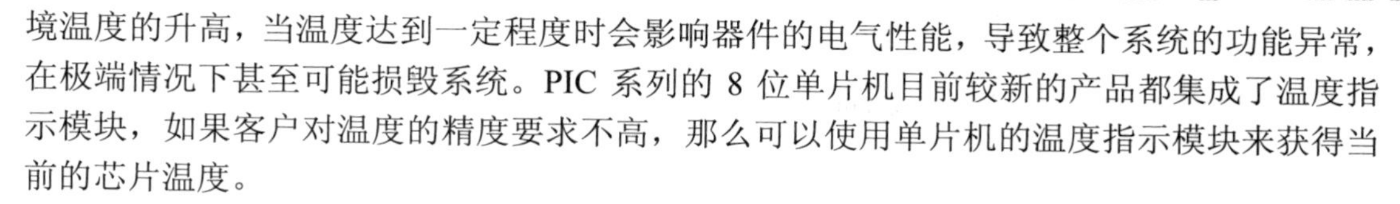

境温度的升高，当温度达到一定程度时会影响器件的电气性能，导致整个系统的功能异常，在极端情况下甚至可能损毁系统。PIC 系列的 8 位单片机目前较新的产品都集成了温度指示模块，如果客户对温度的精度要求不高，那么可以使用单片机的温度指示模块来获得当前的芯片温度。

**1. 实验原理**

1) 温度指示器的基本原理

当恒定电流流经二极管时，其产生的前向压降和温度存在一定的线性关系。在一定的温度范围内(比如−40～125℃)，二极管的前向压降可以使用下式来表示：

$$V_T = T_C \times T_A + V_F \tag{9-1}$$

其中，$V_T$ 表示二极管的前向压降；$T_C$ 表示温度系数；$T_A$ 表示当前的温度；$V_F$ 表示 0℃时的二极管前向电压。可以认为温度系数 $T_C$ 和 0℃时的前向电压是常量，因此如果用户获得了当前温度下的 $V_T$ 值后就可以计算当前的温度值 $T_A$，即

$$T_A = \frac{V_T - V_F}{T_C} \tag{9-2}$$

$T_C$ 和 $V_F$ 的一个特征值为 $T_C = -0.00138\ \text{V}/℃$ 以及 $V_F = 0.732\ \text{V}$，用户可以将这两个特征值带入式(9-2)来计算温度值 $T_A$，即

$$\begin{aligned} T_A &= \frac{V_T - 0.732}{-0.00138} \\ &= \frac{0.732 - V_T}{0.00138} \\ &= 530.43 - \frac{V_T}{0.00138} \end{aligned} \tag{9-3}$$

2) 温度指示模块的结构图

图 9-23 所示为 PIC16(L)F18877 系列单片机所集成的片上温度模块的内部结构。

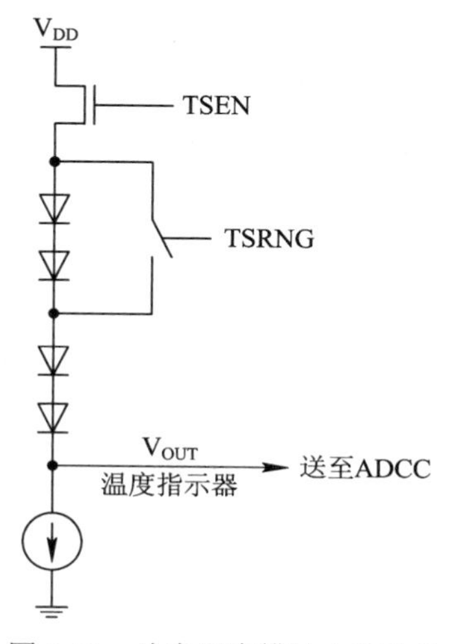


图 9-23　片内温度模块内部结构

温度模块包含高/低两种范围，当 TSRNG 控制的开关打开时(即高范围模式)，4 个二极管被连入电路；当 TSRNG 控制的开关闭合时(即低范围模式)，只有两个二极管接入电路。每个二极管的前向压降 $V_T$ 计算公式如下：

$$V_T = \frac{V_{DD} - V_{OUT}}{Range} \tag{9-4}$$

对于高范围模式，因为有 4 个二极管接入电路，因此 Range=4；对于低范围模式，只有两个二极管接入电路，因此 Range=2。

图 9-23 中的 $V_{OUT}$ 的值可以通过单片机的 A/D 模块进行测量。当 A/D 模块的 ADPCH 寄存器的值被设为 0x3d 时，$V_{OUT}$ 将作为 A/D 的输入信号连接到采样保持电容端，假设 A/D 的参考电压为 $V_{DD}$，A/D 的分辨率为 10 位，A/D 转换后的结果为 $AD_{RESULT}$，那么 $V_{OUT}$ 为

$$\begin{aligned} V_{OUT} &= V_{DD} \times \frac{AD_{RESULT}}{2^{10} - 1} \\ &= V_{DD} \times \frac{AD_{RESULT}}{1023} \end{aligned} \tag{9-5}$$

将式(9-5)中的 $V_{OUT}$ 代入式(9-4)，可以得到：

$$\begin{aligned} V_T &= \frac{V_{DD} - V_{DD} \times \dfrac{AD_{RESULT}}{1023}}{Range} \\ &= \frac{V_{DD} \times (1023 - AD_{RESULT})}{1023 \times Range} \end{aligned} \tag{9-6}$$

为了确保接入电路的所有二极管都处于正确的偏置状态，两种范围模式下 $V_{DD}$ 的最小值通常需要满足表 9-8 中所列出的最小 $V_{DD}$ 条件。

**表 9-8　高/低范围模式下的 $V_{DD}$ 最小值**

| $V_{DD}$ 最小值，高范围(TSRNG = 1) | $V_{DD}$ 最小值，低范围(TSRNG = 0) |
| --- | --- |
| 3.6 V | 1.8 V |

3) 测算 $V_{DD}$

由式(9-6)可以看出，$V_{DD}$ 的变化将直接影响 $V_T$ 的结果，因此对于 $V_{DD}$ 不够稳定的系统来说，在计算 $V_T$ 前测算 $V_{DD}$ 就变得很有必要。测算 $V_{DD}$ 可以采用以下方法：

(1) 使能固定参考电压模块 FVR，将输出电压设为 2.048V，即 FVRCONbits.ADFVR = 0b10。

(2) 将 ADCC 的输入选择设为 FVR，即 ADPCH = 0x3f。

(3) 对 FVR 的输出信号进行 A/D 转换，并利用下式计算 $V_{DD}$：

$$V_{DD} = \frac{2.048 \times (2^n - 1)}{AD_{RESULT}} \tag{9-7}$$

其中，$n = 10$，为 ADCC 模块的分辨率。

由于单片机内部总线上存在干扰信号，因此无论是使用 ADCC 来测量 FVR 的输出信号，还是测量温度指示模块的输出信号，都需要采用一些方法来过滤干扰，其中比较常用是对被测信号进行多次采样，再对转换结果取平均值。平均运算可以通过软件来实现，也可以利用 A/D 模块的硬件来自动实现。PIC16(L)F18877 系列单片机的 ADCC 模块自身具备计算功能，可以将采样转换得到的数据进行处理，这些处理包括累加、平均、爆发式平均、低通滤波等。这里使用爆发式平均(burst average)功能，它可以对输入信号进行连续 A/D 采样转换，并自动计算平均值保存到寄存器 ADRES 中。

4) 温度指示模块的校准

二极管的前向电压 $V_T$ 和温度存在线性关系，要确定线性关系，需要知道两个参数，一个是斜率，另一个是偏移量。半导体器件由于在生产过程中存在差异，因此不同的个体在电气参数方面也会存在差异。对于单片机的温度指示模块来说，不同单片机个体的二极管的电气参数不尽相同，因此前向电压 $V_T$ 和温度的关系曲线也存在差异，也就是说曲线的斜率和偏移量不完全相同，其中主要差别是偏移量的差别。为了让每个单片机都能较为准确地指示温度值，每个单片机都需要事先进行校准。校准的方法通常有以下两种：

(1) 单点校准。单点校准是选取一个接近于单片机正常工作状态时的温度作为校准点，这个温度点的选取要考虑单片机正常工作状态时的环境温度以及软件的工作状态，因为软件在全速运行时和停止运行时(比如休眠状态)器件的温度会有较大不同。单点校准的作用主要是确定温度偏移量 $T_{OFFSET}$，它无法校准 $V_T$ 和温度的曲线斜率。用户可以使用斜率的特征值(如式(9-3))来计算偏移量 $T_{OFFSET}$。偏移量的定义为实际测试温度 $T_{TEST}$ 和公式计算出的温度值 $T_A$ 的差值，即

$$T_{OFFSET} = T_{TEST} - T_A$$

结合式(9-3)和式(9-6)，可以得到

$$\begin{aligned} T_{OFFSET} &= T_{TEST} - 530.43 + V_T / 0.00138 \\ &= T_{TEST} - 530.43 + \frac{V_{DD} \times (1023 - AD_{RESULT})}{1023 \times Range \times 0.00138} \end{aligned}$$

在校准温度点获得的温度偏移量 $T_{OFFSET}$，可以作为常量保存在 EEPROM 中供后续估算温度使用。最终的温度估算值 $T_{CALCULATE}$ 为

$$T_{CALCULATE} = T_A + T_{OFFSET}$$

$$= 530.43 - \frac{V_T}{0.00138} + T_{OFFSET}$$

(2) 双点校准。单点校准的方法是假设二极管前向电压和温度曲线的斜率是固定的，但实际上每个单片机的曲线斜率是存在一定差异的，但和温度偏移量的差异相比，斜率差异相对较小。双点校准是选取两个温度点进行测试校准，根据两点决定一直线的原理，双

点校准可以确定实际的电压温度曲线斜率，而不是像单点校准那样使用一个特征值作为斜率，因此双点校准方法具有更高的精准度，但由于需要对两个温度点进行校准，因此双点校准过程相对复杂，耗时也更长。

假设两个校准点的温度分别为 $T_1$ 和 $T_2$，两次 A/D 转换的结果分别为 $AD_{RESULT1}$ 和 $AD_{RESULT2}$，两个校准温度下的二极管前向电压分别为 $V_{T1}$ 和 $V_{T2}$，则

$$V_{T1} = T_C \times T_1 + V_F$$

$$V_{T2} = T_C \times T_2 + V_F$$

两式相减得到以下公式：

$$V_{T2} - V_{T1} = T_C \times (T_2 - T_1)$$

因此温度系数 $T_C$ 的表达式为

$$T_C = \frac{V_{T2} - V_{T1}}{T_2 - T_1}$$

$$= \frac{\dfrac{V_{DD} - \dfrac{V_{DD} \times AD_{RESULT2}}{2^n - 1}}{Range} - \dfrac{V_{DD} - \dfrac{V_{DD} \times AD_{RESULT1}}{2^n - 1}}{Range}}{T_2 - T_1}$$

$$= \frac{V_{DD} \times (AD_{RESULT1} - AD_{RESULT2})}{(2^n - 1) \times Range \times (T_2 - T_1)}$$

温度偏移量 $T_{OFFSET}$ 可以根据两个温度点中的一个来计算获得，方法和单点校准中的方法相同。

5) 温度指示模块的局限性

(1) 通过该模块获得的温度精度不够高，对于要求精度达到小于 5℃的应用，该模块可能不适用。

(2) 如果单片机引脚需要输出大的驱动电流，则检测到的温度会有较大波动。

(3) 如果使用室温作为校准温度，那么不建议使用该模块测量高于 85℃的温度。

### 2. 实验所需硬件

1) 演示板

本演示使用 Microchip 的 8 位机通用开发板 Explorer 8，产品编号为 DM160228。

2) 编程/调试器

Explorer 8 通用开发板支持包括 ICD3、ICD4、PICkit3、PICkit4 和 SNAP 在内的多种编程调试器。

### 3. 演示结果

演示代码采用单点校准的方法，温度检测结果通过 Explorer 8 演示板的 LCD 显示，同时通过演示板的 232 转 USB 接口发送到电脑，利用串口工具 Tera Term 在屏幕上打印。其

结果如图 9-24 所示。

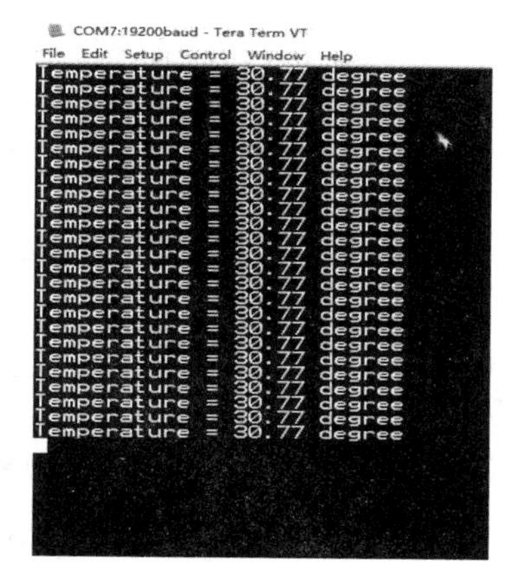


图 9-24　温度模块演示结果

## 9.5 引导程序(Bootloader)示例

设计人员在开发一个嵌入式产品时，除了要考虑如何完成系统定义的各项功能外，还需要充分考虑产品在售后阶段的固件升级问题。固件升级是添加产品功能以及消除当前版本设计缺陷的有效方法。在实际产品中，控制芯片绝大部分都是通过焊接工艺固定在电路板上的，如果将芯片从电路板上拆下来再进行固件升级，那么不仅操作复杂，而且二次焊接容易导致虚焊以及造成芯片物理损坏。为了解决这个问题，设计人员通常采用在程序中添加引导程序(Bootloader)的方法。

### 1. 实验原理

1) Bootloader 的基本功能

Bootloader 程序一般存放在芯片存储区的低端地址区域，当芯片上电后会首先运行 Bootloader 程序来检测是否需要做固件升级，如果检测到上位机发出的固件升级命令或者其他手动请求信号，Bootloader 将进入引导状态，在约定的端口上接收上位机的后续命令，并依次执行，直到完成固件升级任务并重新启动系统。如果 Bootloader 在芯片上电后并未收到固件升级的命令，那么它将判断芯片的代码区是否已经烧写了用户应用代码，如果芯片上已经存有用户应用代码，那么 Bootloader 将转去执行应用代码，否则 Bootloader 将继续等待上位机的命令。由于 Bootloader 可以访问芯片的所有存储区(包括数据区和应用代码区)，因此它具有最高的安全权限。目前 Bootloader 和上位机进行通信的常用端口包括 UART、$I^2C$、USB、CAN 等，本书将着重介绍基于 UART 的 Bootloader，图 9-25 所示为基于 UART 的 Bootloader 的工作框图。

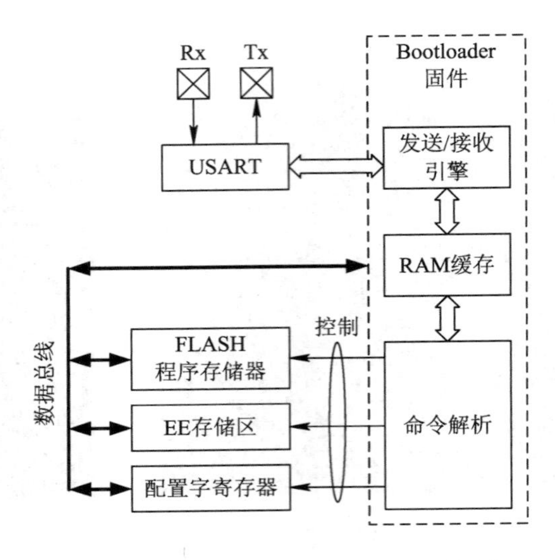


图 9-25　基于 UART 的 Bootloader 工作框图

2) Bootloader 在程序空间的位置

下面以 PIC16(L)F18877 系列单片机为例介绍 Bootloader 在芯片程序区的位置。通常来说，Bootloader 的存储位置有两种。第一种是将 Bootloader 程序放在芯片程序区的低地址区，如图 9-26 中的左图所示，Bootloader 保存在 0x0000～0x03FF 区域内(假设 Bootloader 的大小不超过 0x0400 个 WORD)，0x0400～0x7FFF 的区域用于保存用户的应用代码。这种方式的优点是芯片复位后会直接执行 Bootloader 程序，缺点是需要对中断向量做重映射，因为 Bootloader 程序区和芯片的中断向量区域重合。第二种是将 Bootloader 程序存放在芯片存储区的高地址区，如图 9-26 中的右图所示，Bootloader 位于 0x7C00～0x7FFF 的空间内。这种情况需要在复位向量 0x0000 处添加跳转指令，将 PC 指针指向 Bootloader，但不需要对中断向量做重映射。

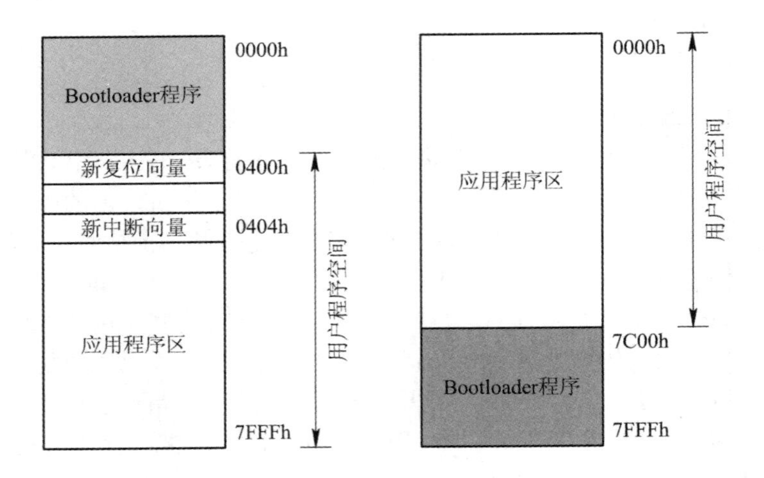


图 9-26　Bootloader 在程序区的保存位置

3) Hex 文件

PIC 单片机使用 Intel Hex 文件来保存芯片代码和数据，因此需要介绍一下 Hex 文件的数据格式和定义。Hex 文件是一个文本文件，用户可以使用任何文本编辑器打开它。Hex 文件中包含多条数据记录，这些数据记录具有以下的格式：

:BBAAAATTHHHH……………………………………………………………HHCC

其中：

BB——两位二进制数，标明此条记录包含的数据字节数。

AAAA——四位二进制数，标明此条记录的起始存放地址。

TT——两位二进制数，标明此条记录的类型：

00：表明此记录是数据记录；

01：表明此记录是 Hex 文件的结尾；

02：表明此纪录是段地址记录；

04：表明此记录是线性扩展地址记录。

HH…HH——此记录中包含的数据，数据的字节数和 BB 相等。

CC——位于 CC 之前的所有内容(不包含“:”)的校验和(所有的 2 位十六进制数求和后取补码)。

例如，

:100F90000E1022000E1023000C1121000C1524004D

其中：冒号后的十六进制数“10”表示此数据记录包含 16 个数据字节；“0F90”表示此记录的起始存放地址是 0F90；其后的“00”表示此记录为数据记录；之后的“0E”开始一直到末尾的“00”为此记录包含的 16 个数据字节；最后的“4D”为校验和。

4) Bootloader 通信协议

上位机和带有 Bootloader 的下位机之间采用事先约定的协议进行通信，这个协议可以由用户自行定义。本节介绍的是 Microchip 定义的一个基于 UART 的 Bootloader 协议。

上位机在对下位机发送命令前，首先会发送同步字节 0x55，让下位机实现自动波特率设置。随后发送读版本指令，从下位机获取 Bootloader 版本、器件 ID、行擦除的大小、写锁存器的数量等信息。获得这些信息后，上位机将发送擦除命令，通知下位机根据指令中包含的地址信息对本机目标区域进行擦除。擦除完成后，上位机会将目标地址和目标数据发给下位机，下位机根据要求完成编程操作。完成所有数据的编程后，上位机将命令下位机计算校验和(Checksum)并将计算得到的值回传给上位机，上位机将收到的校验和与根据本地的 Hex 产生的校验和进行比较。如果两者相等，则说明应用程序已经通过 Bootloader 正确写入了下位机的片上程序区，随后上位机将发送命令，通知下位机进行软件复位重启。Bootloader 指令如表 9-9 所示。

表 9-9　Microchip UART Bootloader 指令

| 十六进制值 | 命　令 | 描　　述 |
|---|---|---|
| 0 | 读取版本 | 获取 Bootloader 版本信息以及芯片擦写参数等信息 |
| 1 | 读下位机的 FLASH | 根据上位机命令要求读取 FLASH 的指定区域数据 |
| 2 | 写下位机的 FLASH | 根据上位机命令要求对 FLASH 的指定区域进行编程 |
| 3 | 擦除 FLASH | 根据上位机命令要求擦除 FLASH 的指定区域 |
| 4 | 读 EEPROM | 根据上位机命令要求读取 EEPROM 的指定位置数据 |
| 5 | 写 EEPROM | 根据上位机命令要求对 EEPROM 的指定位置进行编程 |
| 6 | 读配置字 | 根据上位机命令要求读取配置字的指定区域数据 |
| 7 | 写配置字* | 根据上位机命令要求写配置字(*PIC16 不支持配置字的自写操作) |
| 8 | 计算校验和 | 计算上位机命令中指明的地址区域的校验和 |
| 9 | 复位 | 通知 Bootloader 做软件复位 |

每个 Bootloader 命令至少包含 9 个字节，其基本结构如下：

[命令] [数据长度] [解锁序列] [地址][数据]

其中：

[命令]：长度为 1 字节，具体内容请参看表 9-9 中的指令列表。

[数据长度]：长度为 2 字节，低字节在前，高字节在后。

[解锁序列]：长度为 2 字节，对于擦和写指令，此处为[0x55] [0xAA]，对于其他指令，此处为[0x00] [0x00] 。

[地址]：长度为 4 个字节，低字节在前，高字节在后。

[数据]：长度为 0～64 字节，为下位机发送给上位机的数据。

下位机在收到上位机的指令后，会根据实际执行情况发送以下数据作为应答：

[0x01]——指令成功执行。

[0xFF]——不支持该指令。

[0XFE]——地址错误。

以下为部分指令的参考流程示例,在发送每个指令前，上位机都会首先发送同步头 0x55。

① 读版本指令[0x00]。

例如，上位机发送 9 个 0：

```
[0x00] 0x00 0x00 0x00 0x00 0x00 0x00 0x00 0x00
```

指令解析：读取包括版本、器件 ID、编程参数等在内的一系列信息。

下位机将发送以下 26 个字节进行应答，依次是：

同步头：

```
0x55            //1 字节
```

收到的指令字串：

```
0x00 0x00 0x00 0x00 0x00 0x00 0x00 0x00 0x00    //9 字节
```

Bootloader 版本：

```
0x06 0x00        //2 字节
```

最大数据包大小：

```
0x00 0x01 (即数据长度为 0x0100)        //2 字节
```

未使用：

```
0x00 0x00    //2 字节
```

器件 ID：

```
0x75 0x30    //2 字节，假设器件为 PIC16F18877
```

未使用：

```
0x00 0x00    //2 字节
```

行擦除大小：

```
0x40  (64 字节，即 32 个字)    //1 字节
```

写锁存器数量：

```
0x40  (64 字节，即 32 个字)    //1 字节
```

配置字：

```
0xFF 0xFF 0xFF 0xFF            //4 字节
```

② 读 FLASH 指令[0x01]：

例如，上位机发送 9 个字节：

```
[0x01] [0x40 0x00] 0x00 0x00 [0x00 0x05 0x00 0x00]
```

指令解析：从地址 0x0500 开始读取 0x0040 个字节。

下位机将发送以下 74 个字节进行应答，依次是：

同步头：

```
0x55       //1 字节
```

收到的指令字串：

```
0x01 0x40 0x00 0x00 0x00 0x00 0x05 0x00 0x00       //9 字节
```

Flash 存储区内容：

```
{ 0x500-0x53F 地址区域的 64 个低位字节内容}      //64 字节
```

③ 写 FLASH 指令[0x02]：

例如，上位机发送 73 个字节：

```
[0x02] [0x40 0x00] 0x55 0xAA [0x00 0x05 0x00 0x00] [需要写入 FLASH 的 64 个字节数据]
```

指令解析：将指令中的 64 个字节数据写入从 0x0500 地址开始的 FLASH 程序区。

下位机在完成指令后回复 11 个字节，依次是：

同步头：

```
0x55      //1 字节
```

收到的指令字串：

```
0x02 0x40 0x00 0x55 0xAA 0x00 0x05 0x00 0x00      // 9 字节
```

写入成功标志：

```
0x01    // 1 字节，这里假设下位机成功完成了写 FLASH 指令
```

④ 擦 FLASH 指令[0x03]。

例如，上位机发送 9 个字节：

```
[0x03] [0xEC 0x00] 0x55 0xAA [0x00 0x05 0x00 0x00]
```

命令解析：从 0x0500 地址开始擦除 0x00EC 个行。

下位机在完成指令后回复 11 个字节，依次是：

同步头：

```
0x55        //1 字节
```

收到的指令字串：

```
0x03 0xEC 0x00 0x55 0xAA 0x00 0x05 0x00 0x00      //9 字节
```

擦除成功标志：

```
0x01       //1 字节，这里假设下位机成功完成了擦除指令
```

⑤ 写 EEPROM 指令[0x05]。

例如，上位机发送 14 个字节：

```
[0x05] [0x05 0x00] 0x55 0xAA [0x00 0xF0 0x00 0x00] [需要写入 EEPROM 的 0x0005 个字节数据]
```

指令解析：将指令中的 5 个字节写入从 0xF000 地址开始的 EEPROM 中。

下位机在完成指令后回复 11 个字节，依次是：

同步头：

```
0x55        //1 字节
```

收到的指令字串：

```
0x05 0x05 0x00 0x55 0xAA 0x00 0xF0 0x00 0x00      //9 字节
```

写入成功标志：

```
0x01    //1 字节，假设写入操作成功
```

⑥ 计算校验和指令[0x08]。

例如，上位机发送 9 个字节：

```
[0x08] [0x00 0x3B] 0x00 0x00 [0x00 0x05 0x00 0x00]
```

命令解析：计算从地址 0x0500 到地址 0x0500+0x3B00/2 区域内的校验和。

下位机在完成校验和计算后将回复 12 个字节，依次是：

同步头：

```
0x55     //1 字节
```

收到的指令字串：

```
0x08 0x00 0x3B 0x00 0x00 0x00 0x05 0x00 0x00      //9 字节
```

校验和结果：

```
0x15 0x4D     //2 字节，假设下位机计算的校验和结果为 0x4D15
```

⑦ 复位指令[0x09]。

例如，上位机发送 9 个字节：

```
[0x09] 0x00 0x00 0x00 0x00 0x00 0x00 0x00 0x00
```

命令解析：通知下位机进行软件复位。

下位机回复 11 个字节，依次是：

同步头：

```
0x55        //1 字节
```

收到的命令字串：

```
0x09 0x00 0x00 0x00 0x00 0x00 0x00 0x00 0x00        //9 字节
```

指令成功标志：

```
0x01      // 1 字节
```

5) 上位机工具

Microchip 提供了一个基于 JAVA 的上位机工具 Bootloader Host Application，用户可以前往网址 Unified Bootloader Host Application 下载这个工具。

打开工具窗口后，用户需要首先完成以下设置：

(1) 在 Device Architecture 项中选择“PIC10/PIC12/PIC16/PIC18 MCUs”。

(2) 在“8-Bit Architecture”项中选择“PIC16”。

(3) 在“Communication Type”项中选择“UART”。

(4) 在 Bootloader Offset(Byte Address)项中输入“0x800”。

(5) 单击下拉菜单栏中的 Settings→Serial，选择活动的串口号以及波特率等相关配置。

(6) 单击下拉菜单栏中的 Files→Open/load file(*.hex),将需要烧写的 Hex 文件加载进来。

(7) 如果 Hex 文件中包含 EEPROM 的数据，则需要勾选主界面中的“Program EEData”。

上述操作完成后可以单击 Program Device 按钮进行下载。上位机工具界面如图 9-27 所示。

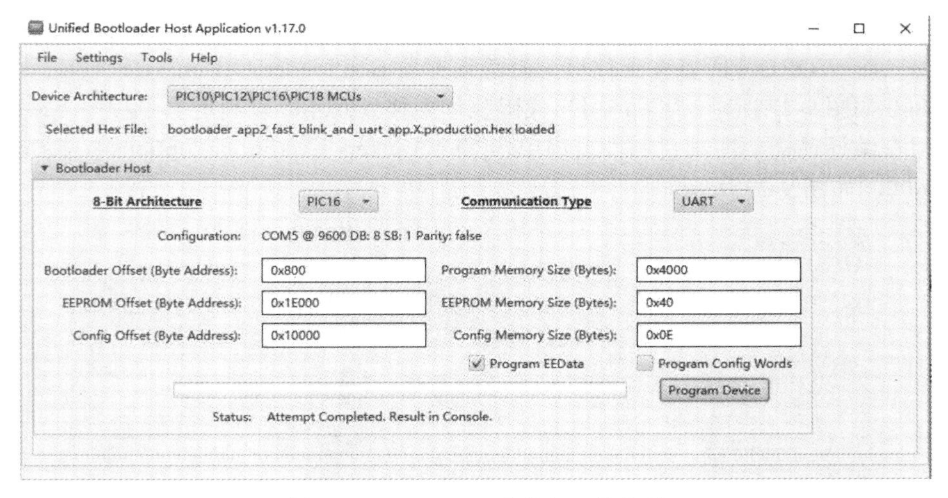


图 9-27　Bootloader 上位机工具界面

6) Bootloader 代码的保留区域设置

希望 Bootloader 代码位于程序空间的 0x0000～0x03FF 范围内，因此在编译 Bootloader 工程时需要对 Linker 进行如下的设置：

(1) 打开工程属性窗口。

(2) 在工程属性窗口中用鼠标左键单击 XC8 Linker。

(3) 在工程属性窗口的 Option categories 中选择 Memory model。

(4) 在 ROM ranges 项中，输入 0-3ff。

详情如图 9-28 所示。

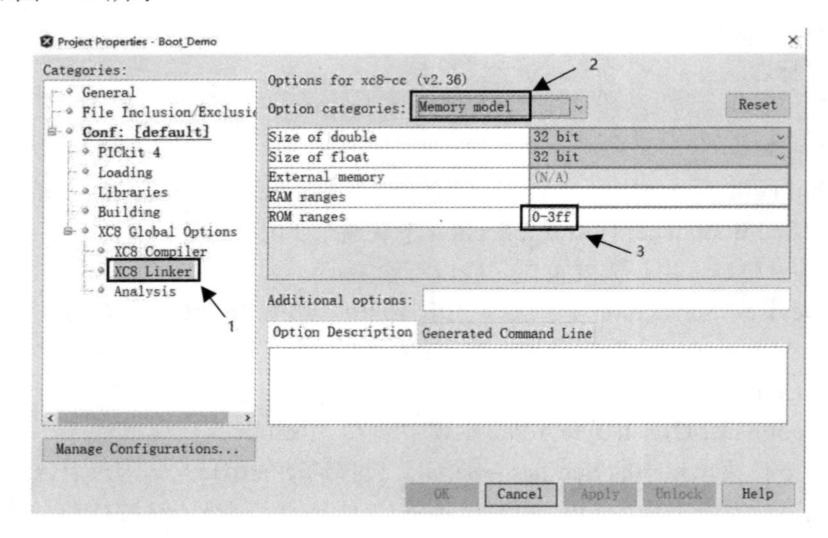


图 9-28　Bootloader 代码的保留区域设置

7) 用户代码偏移量的设置

Bootloader 上位机发送给下位机的用户 Hex 文件在生成时需要加入偏移量，这是因为下位机的低端地址区保留的是 Bootloader 代码，本示例中将 0x00～0x3FF 地址段作为引导程序 Bootloader 的存储区，因此用户代码可以从地址 0x400 开始存放。由于 PIC16 的地址指向的是一个 WORD，所以在上位机工具的设置项 Bootloader Offset(Byte Address)中需要输入 0x800 如图 9-27 所示。为了将用户代码整体搬移到 0x400 以满足引导程序下载的需要，用户项目在编译前需要在项目属性窗口单击 XC8 Linker→Additional options→在 Codeoffset 中键入 400，如图 9-29 所示。

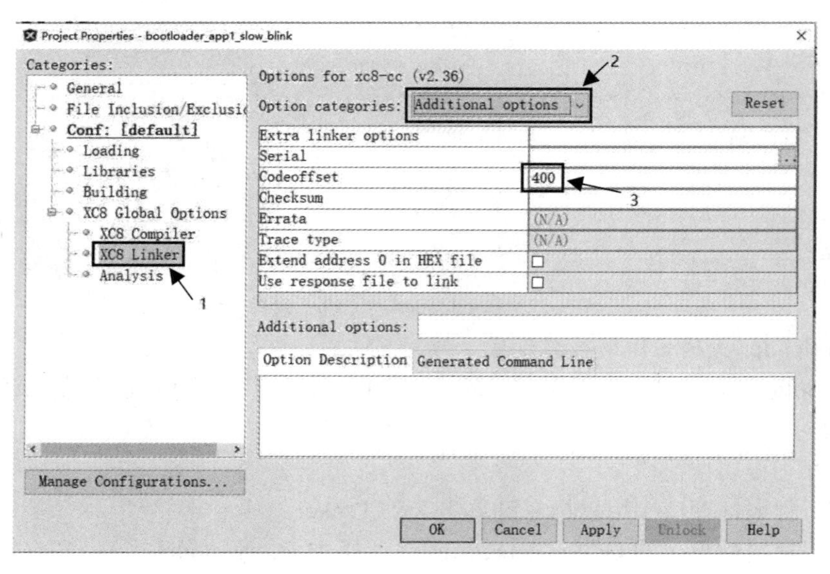


图 9-29　X IDE 中用户代码偏移量的设置

8) Bootloader 程序的配置字

用户的应用程序 Hex 文件中也会包含配置字信息。由于 PIC16 单片机不支持片上程序对配置字区进行写操作，因此用户 Hex 文件中的配置字信息不会被写入下位机的配置字区。这就要求 Bootloader 项目使用和用户项目相同的配置字。

### 2. 演示所需硬件

1) 演示板

本项目使用 Microchip Explorer 8 通用开发板(DM160228)，其外观如图 9-30 所示。本项目涉及的硬件选项如下：

(1) S2 开关：手动进入 Bootloader 模式的按键。

(2) RD0(LED1)：Bootloader 状态指示灯。

(3) RD3(LED4)：由应用程序控制闪灯频率。

(4) RC6: UART Tx 引脚。

(5) RC7: UART Rx 引脚。

图 9-30　Microchip Explorer 8 通用开发板

2) 编程/调试器

Explorer 8 通用开发板支持包括 ICD3、ICD4、PICkit3、PICkit4 和 SNAP 在内的多种编程调试器，用户可以选用上述工具中的任一款。

### 3. 演示流程和结果

1) 程序流程

开机上电后，Bootloader 每 50 ms 检测 S2 开关是否按下，如检测到开关按下，则延时 30 ms 后再次检测(用于防止误判)，如果仍然检测到按键按下，则点亮 LED1，表示程序进入 Bootloader 等待状态，以等待接收上位机的指令。如果在 3 s 内没有按键按下，则 Bootloader 将检测程序空间的 0x400 地址是否非空，如果非空，则表示存在用户代码，Bootloader 将跳转到 0x400 去运行用户代码；如果 0x400 为空，则点亮 LED1，进入 Bootloader

等待状态。

在 Bootloader 等待状态下，下位机将首先等待上位机通过串口发送过来的同步头 0x55，如果接收到同步头但发生溢出，则继续等待下一个同步头。如果未发生溢出，则串口将继续等待上位机的后续指令。在收到第三个数据字节后，Bootloader 程序将根据第一个字节判断收到的指令是否是写 FLASH 或者写 EEPROM 指令，如果是的话，则根据第二和第三个字节来确定此指令的完整长度。当完整的指令被接收后，Bootloader 将判断是什么指令，并执行该指令。执行结束后，Bootloader 将根据协议发送应答数据给上位机。上位机在发送完所有数据后指示下位机进行软复位，Bootloader 执行软复位指令后就结束了本次任务。

2) 3 种情况下的测试结果

(1) 在下位机只包含 Bootloader 的情况下，上位机可以通过下位机的 Bootloader 将用户程序(LED 快闪程序或 LED 慢闪程序)写入下位机。

(2) 上位机通过串口可以完成应用程序的更新，例如，将 LED 快闪程序写入下位机以替换原来的慢闪程序，或者用 LED 慢闪程序替换原来的快闪程序。

(3) LED 快闪程序中加入了串口中断服务程序，用于将接收到的串口数据原文发回给上位机，使用的波特率为 19200。此 Bootloader 示例程序也是使用串口中断来接收上位机的指令，因此通过此试验可以验证 Bootloader 的串口中断程序和用户应用程序的串口中断程序是否存在冲突。此实验的测试工具使用串口调试助手，实验结果显示当上位机运行串口调试助手向下位机的串口发送数据时，下位机可以成功回传接收到的数据，详情如图 9-31 所示。

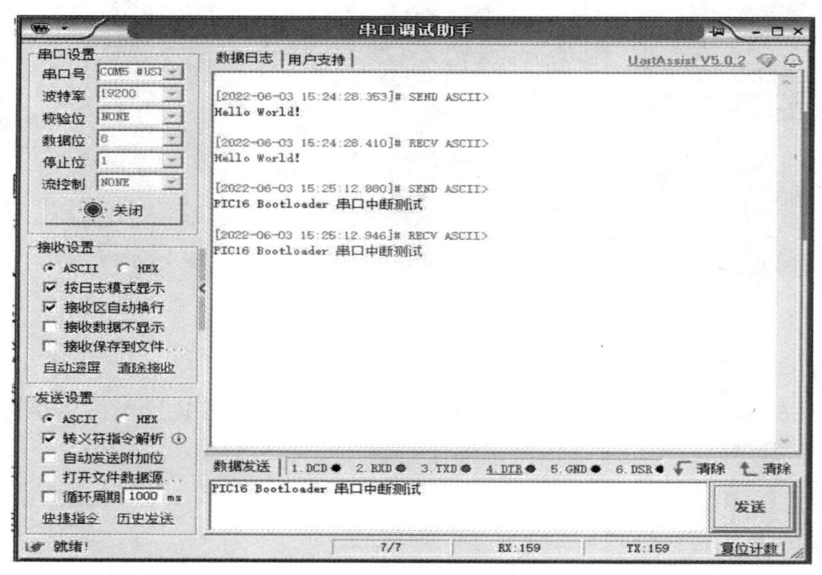


图 9-31　串口调试助手测试界面和结果

另外，LED 快闪程序中也包含了 EEPROM 的数据初值，用户可以通过勾选上位机软件中的“Program EEData”来验证 Bootloader 的写 EEPROM 功能。如果 Hex 文件中不包含 EEPROM 数据，则不要勾选上位机软件中的“Program EEData”。